U0235464

NANOMATERIALS

纳米材料前沿

编委会

主　任　万立骏

副主任（按姓氏汉语拼音排序）

包信和　陈小明　成会明

刘云圻　孙世刚　张洪杰

周伟斌

委　员（按姓氏汉语拼音排序）

包信和　陈小明　成会明

顾忠泽　刘　畅　刘云圻

孙世刚　唐智勇　万立骏

王春儒　王　树　王　训

杨俊林　杨卫民　张洪杰

张立群　周伟斌

“十三五”国家重点出版物
出版规划项目

纳米材料前沿

Electrospinning of Nanofibers

纳米纤维静电纺丝

杨卫民　李好义　阎　华　吴昌政　编著

化学工业出版社
·北　京·

本书依据作者研究团队首创的聚合物熔体微分静电纺丝技术以及国内外纳米纤维静电纺丝的最新研究进展，从工艺的角度出发，着重介绍了熔体静电纺丝技术的原理、模拟分析及工艺进展，并介绍了熔体静电纺丝的工业化技术及应用，最后对聚合物纳米静电纺丝技术的未来进行了展望。

本书可供从事纳米纤维静电纺丝及其相关领域研究的人员及高等院校相关专业学生参考使用。

图书在版编目（CIP）数据

纳米纤维静电纺丝/杨卫民等编著. —北京：化学工业出版社，2017.11（2021.4重印）
（纳米材料前沿）
ISBN 978-7-122-30469-8

Ⅰ.①纳…　Ⅱ.①杨…　Ⅲ.①纳米材料－静电－纺丝－研究　Ⅳ.①TQ340.64

中国版本图书馆CIP数据核字（2017）第201323号

责任编辑：韩霄翠　仇志刚
文字编辑：陈　雨
责任校对：边　涛
装帧设计：尹琳琳

出版发行：化学工业出版社
（北京市东城区青年湖南街13号　邮政编码100011）
印　　装：北京瑞禾彩色印刷有限公司
710mm×1000mm　1/16　印张$14^{1}/_{2}$　字数235千字
2021年4月北京第1版第2次印刷

购书咨询：010-64518888
售后服务：010-64518899
网　　址：http://www.cip.com.cn
凡购买本书，如有缺损质量问题，本社销售中心负责调换。

定　　价：88.00元

版权所有　违者必究

总序

SERIES PREFACE

纳米材料是国家战略前沿重要研究领域。《中华人民共和国国民经济和社会发展第十三个五年规划纲要》中明确要求："推动战略前沿领域创新突破，加快突破新一代信息通信、新能源、新材料、航空航天、生物医药、智能制造等领域核心技术"。发展纳米材料对上述领域具有重要推动作用。从"十五"期间开始，我国纳米材料研究呈现出快速发展的势头，尤其是近年来，我国对纳米材料的研究一直保持高速发展，应用研究屡见报道，基础研究成果精彩纷呈，其中若干成果处于国际领先水平。例如，作为基础研究成果的重要标志之一，我国自2013年开始，在纳米科技研究领域发表的SCI论文数量超过美国，跃居世界第一。

在此背景下，我受化学工业出版社的邀请，组织纳米材料研究领域的有关专家编写了"纳米材料前沿"丛书。编写此丛书的目的是为了及时总结纳米材料领域的最新研究工作，反映国内外学术界尤其是我国从事纳米材料研究的科学家们近年来有关纳米材料的最新研究进展，展示和传播重要研究成果，促进学术交流，推动基础研究和应用基础研究，为引导广大科技工作者开展纳米材料的创新性工作，起到一定的借鉴和参考作用。

类似有关纳米材料研究的丛书其他出版社也有出版发行，本丛书与其他丛书的不同之处是，选题尽量集中系统，内容偏重近年来有影响、有特色的新颖研究成果，聚焦在纳米材料研究的前沿和热点，同时关注纳米新材料的产业战略需求。丛书共计十二分册，每一分册均较全面、系统地介绍了相关纳米材料的研究现状和学科前沿，纳米材料制备的方法学，材料形貌、结构和性质的调控技术，常用研究特定纳米材料的结构和性质的手段与典型研究结果，以及结构和性质的优化策略等，并介绍了相关纳米材料在信息、生物医药、环境、能源等领域的前期探索性应用研究。

丛书的编写，得到化学及材料研究领域的多位著名学者的大力支持和积极响应，陈小明、成会明、刘云圻、孙世刚、张洪杰、顾忠泽、王训、杨卫民、张立群、唐智勇、王春儒、王树等专家欣然应允分别担任分册组织人员，各位作者不懈努力、齐心协力，才使丛书得以问世。因此，丛书的出版是各分册作者辛勤劳动的结果，是大家智慧的结晶。另外，丛书的出版得益于化学工业出版社的支持，得益于国家出版基金对丛书出版的资助，在此一并致以谢意。

众所周知，纳米材料研究范围所涉甚广，精彩研究成果层出不穷。愿本丛书的出版，对纳米材料研究领域能够起到锦上添花的作用，并期待推进战略性新兴产业的发展。

万立骏

识于北京中关村

2017年7月18日

前言

FOREWORD

自然界的纳米纤维如蜘蛛丝和纳米纤维素等，以其优异的性能而广受关注，但由于天然资源匮乏和生产成本偏高等原因，限制了大规模产业化发展。如何实现纳米纤维的人工制备是人类的百年梦想。为此，全球范围的众多研究者开展了诸如直接拉伸法、相分离法、模板法、自组装法、气流纺丝法、离心纺丝法等多种途径的艰难探索，近年来，脱颖而出的静电纺丝技术已成为纳米纤维这一新材料领域的研究热点。

静电纺丝技术探索虽然起源于20世纪30年代，但直到90年代才真正被关注，近20年来得到了蓬勃发展。它在材料适用性、工艺可控性、形貌多样性等方面表现出了巨大的优势和广阔的应用前景，通过材料选择、形貌控制和多种功能化后处理等，利用静电纺丝技术制备的纳米纤维已经广泛用于能源、电子、生物医药、卫生防护、催化剂负载等领域。据统计，截至2017年3月，以“静电纺丝”为关键词检索的学术论文标题数就多达26万条。我国从事静电纺丝技术和应用研究者已达数万人。因此，很有必要对近期研究成果进行归纳总结，为推动纳米纤维的产业化发展提供理论支撑。

众所周知，静电纺丝技术与纳米纤维的著作已经有几本面世，但主要是围绕溶液静电纺丝技术的材料配方和纤维形貌展开，鲜见关于无溶剂绿色环保的熔体静电纺丝技术的详细描述，而且对于静电纺丝工艺及装置的创新成果的介绍也相对较少。因此，本书在简要介绍静电纺丝历史、纺丝原理及工艺的基础上，通过大量研究实例描述了熔体静电纺丝技术工艺特点和难点，装备进展与应用创新，特别是围绕本团队首创的聚合物熔体微分静电纺丝新原理、新方法、新技术和新装备进行了较为系统的介绍，充分展现出该创新方法相对于传统毛细管法的明显优势。最后，对聚合物静电纺丝技术的未来发展方向提出了一些看法。

本书著述的聚合物熔体微分静电纺丝原创成果，是团队广大师生近十年来接力研究成果的高度浓缩。除封面所列的编著者以外，还有谭晶、程礼盛、丁玉梅、何雪涛、刘勇等老师，邓荣坚、郝明凤、赵凤雯、王欣、陈宏波、钟祥烽、夏令涛、刘兆香、李小虎、吴卫逢、马帅、张罗、马小路、马穆德、李轶、秦永新、张艳萍、陈晓青、杜琳等同学为本书所列创新成果做出了重要贡献。同时，我们由衷地感谢王德禧、王笃金、刘国民、刘东升、杨小平等老师对我们这项科研工作的开展给予的大力支持，以及姚穆、俞建勇、胡平、丁彬、李从举、刘太奇等老师对我们给予的热情指导；还要特别感谢国家重点研发计划（2016YFB0302000）、国家自然科学基金（51603009）和北京市自然科学基金（2141002）等为我们的研究工作提供了经费保障。

本书在万立骏院士领衔的编委会指导下确定篇章结构和内容取舍标准，撰写时间比较宽裕，历时三年数易其稿。但由于作者水平所限，书中难免有疏漏之处，希望广大读者批评指正，帮助我们不断完善，从而为促进纳米新材料领域的知识创新和技术进步贡献绵薄之力。

杨卫民

2017年6月

目录 CONTENTS

Chapter 1

第1章

绪论

001

1.1 聚合物纳米纤维与静电纺丝的发展 002

1.1.1 纳米纤维及其制备技术 003

1.1.2 静电纺丝技术发展简史 005

1.2 聚合物静电纺丝技术分类与特点 010

参考文献 013

Chapter 2

第2章

聚合物溶液静电纺丝技术

017

2.1 聚合物溶液静电纺丝原理 018

2.1.1 泰勒锥 019

2.1.2 阈值（临界）电压 019

2.1.3 射流稳定运动段 020

2.1.4 射流不稳定运动段 021

2.1.5 射流直径的计算 022

2.1.6 电晕现象 024

2.2 聚合物溶液静电纺丝材料 025

2.3 聚合物溶液静电纺丝设备 027

2.4 聚合物溶液静电纺丝过程 032

2.4.1 溶液黏度 033

2.4.2 溶液表面张力和电导率 033

2.4.3 电场 034

2.4.4 收集距离 034

2.4.5 进料速率 035

2.4.6 环境参数 035

参考文献 036

Chapter 3

第3章
聚合物熔体静电纺丝技术
039

3.1 聚合物熔体静电纺丝装置 040

3.2 聚合物熔体微分静电纺丝的提出 045

3.3 聚合物熔体静电纺丝材料 049

3.4 聚合物熔体微分静电纺丝射流间距的理论分析 051

3.4.1 射流间距的定义 051

3.4.2 射流间距分析模型的建立 052

3.4.3 射流间距模型的数学分析 053

3.5 聚合物熔体微分静电纺丝射流间距的实验研究 058

3.5.1 匀强电场强度对射流间距的影响 060

3.5.2 最大电场强度对射流间距的影响 062

3.5.3 熔体黏度对射流间距的影响 065

3.5.4 进给流量对射流间距的影响 066

3.6 小结 067

参考文献 068

Chapter 4

第4章
聚合物静电纺丝的模拟分析
071

4.1 静电纺丝建模相关研究进展 072

4.2 熔体静电纺丝中电场分布规律 074

4.2.1 有限元模拟方法简介 074

4.2.2 电场模型建立与参数选择 075

4.2.3 纺丝喷头对电场分布规律的影响 084

4.2.4 不同接收电极的电场模拟和实验对比 090

4.2.5 辅助结构对纺丝电场的影响 094

4.3 拔河效应介观模拟分析 096
4.3.1 耗散粒子动力学简介 097
4.3.2 弹簧系数对拔河效应的影响 101
4.3.3 聚合物链长对拔河效应的影响 103
4.3.4 聚合物黏度对拔河效应的影响 104
4.4 射流细化的理论分析 106
4.4.1 模型的建立 106
4.4.2 理论分析 108
参考文献 112

Chapter 5

第5章
熔体微分静电纺丝工艺
115

5.1 电场 116
5.1.1 纺丝电压对纤维直径的影响 116
5.1.2 纺丝距离对纤维直径的影响 119
5.2 分子量与熔体黏度 121
5.2.1 纤维的制备 122
5.2.2 聚合物分子量对熔体微分电纺纤维的影响 123
5.3 进给流量 127
5.4 气流辅助工艺 130
5.4.1 气流辅助装置 130
5.4.2 气流速度与纤维直径的关系 132
5.5 小结 133
参考文献 134

Chapter 6

第6章 静电纺丝的工业化技术

137

6.1 溶液静电纺丝工业化技术 138

6.1.1 多针头静电纺丝设备 138

6.1.2 无针多射流静电纺丝设备 141

6.2 熔体静电纺丝工业化技术 150

6.2.1 熔体微分静电纺丝单喷头设备 151

6.2.2 熔体微分静电纺丝4喷头设备 156

6.2.3 熔体微分静电纺丝32喷头设备 158

6.2.4 设备设计流程与关键点 163

参考文献 164

Chapter 7

第7章 静电纺丝纳米纤维的应用研究进展

167

7.1 静电纺丝纳米纤维在环境污染治理中的应用 168

7.1.1 高效过滤 169

7.1.2 催化氧化 170

7.1.3 吸附 172

7.1.4 固定酶及其他 176

7.2 生物医药领域的应用 177

7.2.1 药物缓释 178

7.2.2 组织工程 180

7.2.3 伤口敷料 183

7.2.4 小结 184

7.3 静电纺丝纳米纤维在能源领域的应用 185
7.3.1 锂离子电池材料 185
7.3.2 燃料电池材料 188
7.3.3 超级电容器材料 189
参考文献 190

Chapter 8

第8章
静电纺丝纳米捻线
199

8.1 概述 200
8.2 纳米纤维捻线的制备方法 201
8.3 展望 208
参考文献 208

Chapter 9

第9章
聚合物纳米纤维静电纺丝技术的未来
211

索引 214

NANOMATERIALS

纳米纤维静电纺丝

Chapter 1

第1章
绪论

1.1 聚合物纳米纤维与静电纺丝的发展

1.2 聚合物静电纺丝技术分类与特点

1.1 聚合物纳米纤维与静电纺丝的发展

纳米技术（nanotechnology）是一种多学科交叉的综合技术，主要研究结构尺寸分布在0.1～100nm范围的材料性质、制备方法及其先进应用。纳米技术的实质是通过特定技术在纳米级微粒的表面让原子或者分子重新按照一定规律进行排列组合，从而组成特殊结构，使材料表现出一定的特性。1993年，第一届国际纳米技术大会（INTC）对纳米技术进行了细化，促进了纳米技术的飞速发展，激发了世界各国诸多优秀科学研究者们探索和研究的热情。纳米技术开始不断在发展中前进，在前进中走向成熟。

20世纪70年代，科学家开始涉足纳米科技，从不同角度提出构思。1974年，日本科学家在描述精密机械加工时，首次提出“纳米技术”一词，将“纳米”与技术有机地结合在一起。根据纳米技术的开展，1982年，德国跨出了纳米第一步，发明了扫描隧道显微镜，使原子、分子世界呈现在人们面前，让纳米技术的研究有了新的依托和衡量标准，促进了纳米科技的发展。

随着德国对纳米技术的青睐，美国开始拉开纳米序幕，1990年，美国加州IBM实验室操纵氙原子排成“IBM”字母。

1990年7月，在美国成功举办了纳米科学技术第一届国际会议，这标志着纳米科技时代的到来[1]，引起了材料领域和物理领域的热潮，形成了全面性“纳米热”。

1991年，日本饭岛博士发现了碳纳米管，这种物质在体积相同的情况下，质量是钢的1/6，强度为钢的10倍，并被认为是最佳纤维材料，这推动了纳米技术研究和发展的高潮。

1993年，中国科学院真空物理研究室将原子摆布“写”出“中国”字样，将中国推向国际纳米科技领域的大军中。

1999年后，纳米技术开始市场化，基于纳米产品的经营额也很高，全年营业额突破500亿美元，可见纳米产品的未来市场非常广阔。

2001年，各国纷纷投入大量人力物力，开始纳米之旅，制订纳米技术的相关战略计划，抢占先机。在日本，成立了科技研发中心，开始着力研究纳米材料，在新五年科技基本计划中正式列入了纳米技术，并将此作为研究的重要内容；在美国，纳米技术被看作新阶段工业革命发展的重点，不断增加基础研究投入；在德国，纳米技术研究网成立，着力于纳米技术的开拓；在中国，设立了纳米科技“973计划”，并鼓舞了纳米科技产品的高新企业，天津石化公司化纤厂研制出远红外涤纶纳米短纤维，并挺进美国，还应用纳米技术研发了抗菌、抗紫外线等其他功能纤维[2]。纳米技术在各国各领域开始逐步蓬勃发展。

纳米材料是纳米技术研究的核心目标，其在三维尺度中至少有一维处于纳米尺度，并且具备特殊性能。从广义上定义的话，纤维直径≤1000nm的纤维均可称为纳米纤维，静电纺丝法制备的纳米纤维就是一种一维纳米材料。随着人们生活质量的日益提高，人们开始不断加强环保并试图改善环境。空气质量与工业废水处理日益成为人们所关注的重要问题，而纳米纤维由于比表面积大及特有的表面吸附性，使其在空气净化与工业废水处理方面有着很大的应用前景。纳米材料用量少，有难以想象的高性能和高附加值，应用非常广泛，例如纳米复合高分子材料，纳米除臭、保鲜、抗菌材料等。纳米材料的极小尺寸使气体通过的扩散速度极大，比传统材料要快几千倍，从而使纳米材料可很好地应用于过滤、海水淡化等环保领域，前景广阔[3]。纳米材料在生物医药、高性能织物、未来建筑材料等方面的应用也非常广泛，将深刻影响21世纪人类衣食住行的各个方面。

1.1.1
纳米纤维及其制备技术

人们把长径比超过1000的纤细物质称作纤维。具有一定柔韧性和强度的纤维在我们日常生活中随处可见，分为天然纤维、人造纤维和合成纤维。天然纤维是一种可以在自然界中直接取得的纤维，在纺织纤维的年总产量中约占50%，根据不同来源可以分成三类：植物纤维、动物纤维和矿物纤维；人造纤维是用像木材、芦苇等含有蛋白质或纤维素的原材料，经过诸多的化学处理或机械加工而制备的纺织纤维，如我们常用的人造棉；合成纤维是首先从煤、石油和天然气等一些物质中加工提炼出有机物质，然后将这些物质经过化学合成和机械加工制备而成的纤维，比如涤纶、丙纶、氨纶及氯纶等。

纤维的弹性模量较大，受力形变小，强度高，这使其在日常用品、环保薄膜、建筑防渗防裂纤维和医用品等领域应用很广，传统的微米级纤维或者超细纤维即可满足一般生活生产的需求。而随着生活质量的提高，新材料制备技术的进步，对纤维的性能提出了新的需求，比如在保证质轻的基础上要求赋予纤维导电、抗菌、高比表面积、高疏水性、高透气性等一种或多种特殊性能，这就为纳米纤维制备技术提供了新需求和广阔的发展空间。纳米纤维具有高比表面积，更多的分子或功能原子团暴露在材料表面，显示出多种普通粗纤维所不具有的特殊性能。这种小尺寸效应、表面或界面效应、量子尺寸效应以及宏观量子隧道效应[4]主要表现在化学、物理性质等方面。比如，可作为质子或离子穿透的隔膜或高性能电极材料用于电池材料中；可以作为催化剂载体将功能催化剂分布在纤维表面参与到合成工艺中；可以作为高敏传感器件，作为生物检测或气体检测的关键元件。

纳米纤维的广泛应用和特殊性能使其对制造技术的要求相对较高，这也间接推进了纳米纤维制备技术的发展。然而，用液晶纺丝、胶体纺丝、熔融纺丝和溶液纺丝等传统加工方法很难制备真正的纳米纤维，用这些方法一般只能制备直径为5 ～ 500μm的纤维，纤维直径较大。因此，不断深入研究制备纳米纤维的新方法和新技术，并将不同纳米纤维的非凡特性应用于各个领域，将发挥材料的巨大潜力。

如表1.1所示，制备纳米纤维的方法目前已经有很多种，比如拉伸法[5]、相分离法[6]、自组装法[7]、模板聚合法[8,9]和静电纺丝法[10,11]等。拉伸法与纤维制造工业中的干法纺丝的纺丝工艺相似，制得的纤维一般较长，为单根纤维。而要想被拉伸成纳米纤维必须是某些黏弹性材料，能承受较大的应力牵引形变，因此，这种方法的可用原料要求较高。模板聚合法是一种用纳米多孔膜作为模板制备纳米纤维或中空纳米纤维的方法，其可用原料有金属、半导体、导电聚合物、碳素纳米管和原纤维等多种，但制备连续纳米长纤维相当困难。相分离法是一种制备纳米微孔膜的方法，该工艺不但过程复杂，需要将聚合物物料均匀溶解到溶剂中，然后冷却分离，进而萃取出溶剂，而且固体聚合物转化成纳米微孔膜所需时间长、效率低[6]。自组装法顾名思义就是自发地组装现有组分，制备出其他预想图案和功能的过程，这个过程也相当耗时。目前，对于制备一维或准一维纳米材料的方法，相关研究报道也已有很多，包括很多物理方法和化学方法，常用的物理方法包括电弧放电、激光沉积、有机金属气相沉积等方法，化学方法有碳纳米管模板法、氧化铝模板法、水热法等方法[12]。然而，这些方法对实验装置的要求非常高，条件非常苛刻，制备的很多一维纳米材料长径比都有限。静电纺丝技术却可以克服这些缺点，可制备长径比大于1000的一维连续超细纤维，制备条件温和，适用面广泛，操作过程简单，生产效率较高[13]。自20世纪末，人们开始对静电纺丝进行深入的理论和实验研究，静电纺丝有望成为批量生产不同类型聚合物纳米纤维的主要手段和有效方法[14]，目前学术界和工业界普遍认为静电纺丝技术是21世纪纳米纤维工业化最有希望的工艺方法。

表1.1　几种制备微纳米纤维的先进工艺对比

制备方法	纤维直径	影响因素	发展阶段
拉伸法	≥1μm	高聚物黏弹性	已产业化
熔喷法	通常在5μm及以上	喷口尺寸、气流参数、体系黏度	已成熟产业化
双组分丝法	一般大于100nm	两相黏度比、组分比、拉伸速率	趋于成熟产业化
模板聚合法	几到几百纳米	模板中孔形态、尺寸设计等	实验室
自组装法	可低至几十纳米	组分机构、溶剂等	实验室
相分离法	≥100nm	高聚物浓度、凝胶化温度等	实验室
溶液静电纺丝法	几十到几千纳米	溶液参数、工艺参数、环境	产业开发期
熔体静电纺丝法	≥200nm	熔体参数、工艺参数	中试

1.1.2
静电纺丝技术发展简史

静电纺丝技术又简称为电纺技术，该技术通过引入静电力，通过对聚合物流体的拉伸作用，使聚合物纤维直径达到微纳米尺度[15]。图1.1是静电纺丝的原理图，可以看到，聚合物溶液或熔体被置于强静电场中，在不加电场时，溶液或熔体受表面张力和重力作用，在毛细管末端呈球形；当电场较弱时，静电斥力小于液体表面张力，毛细管末端的液滴还保持球形的形状；当电源电压逐渐升高时，静电斥力也逐渐增大，球形液滴被逐渐拉伸成锥形；当电源电压等于临界电压V_c时，此时静电斥力与液体表面张力平衡，毛细管末端所形成的锥体被称为泰勒锥（Taylor cone），其锥形的角度为49.3°；当电源电压继续升高，此时静电斥

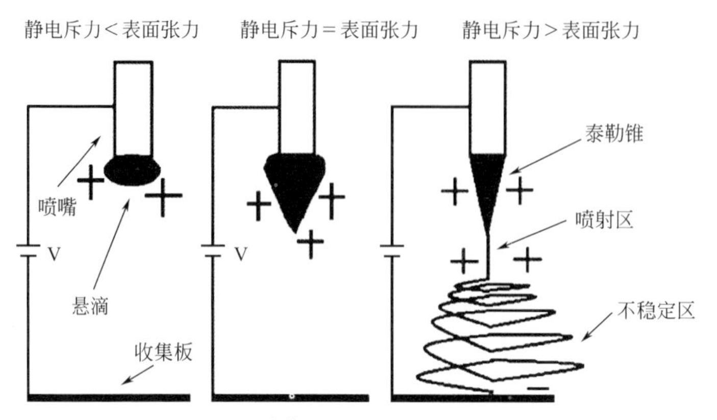

图1.1 **静电纺丝技术原理**[16]

力就会大于液体表面张力，液体喷射流就会从泰勒锥末端喷出，高速飞向收集板。静电纺丝就是基于此原理进行的。

由于静电纺丝技术能够将多种聚合物及复合材料通过极简易的方式制备成连续的纳米纤维，所以无论是在研究领域还是在商业应用方面，都获得了广泛的关注。近年来，制备微纳米纤维的静电纺丝技术研究不断从设备、材料、成型到模拟、实验及两者结合的工艺过程控制，再到多领域的交叉融合，取得了显著成果，推动纺丝技术不断向前发展。静电纺丝技术涉及很多学科，目前静电纺丝也和其他方法结合起来用于制造功能性纳米纤维，学科交叉相当明显。因此，多领域的交叉和结合也将推动纺丝技术不断发展，从而获得更符合实际需求的纤维及其制品。

静电纺丝技术的发展历程相当长久，其历史可以从Gilbert[17]的发现和静电雾化讲起。约400年前，Gilbert（电磁科学之父）首次发现当在一个表面平滑的液滴一定距离处放置一个摩擦过的琥珀，液滴就会变形为锥体状，这一发现首次展示了液体在电场中受力变形的基本现象。

1731年，Gray[18]对静电力作用下的水滴变化进行了观察；1744年，Bose[19]首次描述了液体的静电喷雾过程；然后到1884年，Rayleigh[20]深入研究了电场中薄流体的稳定判据；1898年，Larmor[21]利用电动力学解释了带电介电流体的受激发过程。这些初步研究拉开了研究者对静电纺丝这一工艺的认识和研究序幕。

如表1.2所示，1902年，Cooley[22]和Morton[23]公开了电场力下液体喷射纺丝的两项专利。20世纪第一份关于该领域的研究论文则出现在1914年，Zeleny[24]实验研究了在电场作用下射流离开喷头后的断裂现象。接着，Macky[25]和Nolan[26]

分别研究了强电场作用下水滴的变形，但没有理论阐述。1934 ～ 1944年之间，Formhals[27 ~ 29]发明了三种实验设备用于静电纺丝纤维制造，是比较详细的关于纺丝设备公开专利的开端，目前很多设计都是基于这一阶段的设计思想（表1.2）。1952年，Vonnegut和Neubauer[30]揭示了静电雾化粒径大小可以通过电场进行操纵，这一结论激发了广泛的研究热情。

表1.2 美国专利中1966年之前的静电纺丝技术与设备

日	月	年	申请人	专利号
4	2	1902	J F Cooley	692631
29	7	1902	W J Morton	705691
22	1	1929	K Hagiwara	1699615
2	10	1934	A Formhals	1975504
21	7	1936	C L Norton	2048651
13	4	1937	A Formhals	2077373
22	2	1938	A Formhals	2109333
10	5	1938	A Formhals	2116942
19	7	1938	A Formhals	2123992
16	5	1939	A Formhals	2158415
16	5	1939	A Formhals	2158416
6	6	1939	A Formhals	2160962
1	8	1939	E K Gladding	2168027
16	1	1940	A Formhals	2187306
29	6	1943	A Formhals	2323025
14	12	1943	F W Manning	2336745
30	5	1944	A Formhals	2349950
18	10	1966	H L Simons	3280229

1969年，Taylor[31]推导出了泰勒锥稳态平衡的阈值电压，并得出泰勒锥角度为49.3°。在此之前，1964年，Hendricks[32]也获得了阈值电压的经验公式。尽管很多研究者进行了研究，但这些公式只适用于弱导电、单分子体系的锥-射流模型。1966年，Simons[33]申请了利用静电纺丝方法制备超薄极轻且拥有各种图案的无纺布的专利，其中将正极浸入到聚合物溶液中，而负极连接到接收无纺布的带子上，发现低黏度的聚合物溶液制备的纤维更短更细，而黏度高的溶液体系制备

的纤维连续性更好。1971年，Baumgarten[34]研制了可以批量化制备0.05 ～ 1.1μm丙烯酸纤维的设备，该设备中使用了不锈钢喷针，其流量通过输液泵来控制。

进入20世纪80年代，在纳米科技研究热潮的激发下，因静电纺丝工艺可连续制备从数纳米到数微米范围内的超细纤维材料，研究者对静电纺丝的研究进入一个高峰期。尤其是进入90年代之后，美国阿克隆大学的Reneker研究小组对静电纺丝进行了广泛而深入的研究[15,35]，其结果引起了科研工作者的广泛关注。发表于“Nanotechnology”杂志上的静电纺丝综述文章[15]，至今他引次数突破了3000次。2000年以后，静电纺丝的研究热潮一浪高过一浪，世界各国科研机构及工业界对其表现出极大的兴趣，先后有一些公司试水批量化制备（表1.3）。研究方向也从开始的简单设备搭建与基本纺丝体系的工艺实验，逐步转向对静电纺丝工艺及原理的分析和解释，并在此基础上形成了调控静电纺丝纤维结构的诸多新方法和新规律，也对制备的纤维展开了广泛深入的应用研究。

表1.3 进行静电纺丝批量化生产的公司

公司名称	国家或地区	规模及特征	方法	功能
杜邦公司	美国	100 ～ 1000nm	多喷针	滤材
Nanostatic公司	美国	幅宽1 ～ 2m，速度100m/min	多喷针	—
Donaldso公司	美国	650mm幅宽	多喷针	—
Sandler	德国	—	—	气体过滤材料
Elmarco公司	捷克	1.6m幅宽	无针	空气过滤
宝翎公司	日本	1m幅宽	—	薄膜
台湾纺织所	中国台湾	1.6m幅宽	无针滚筒	—
江西先材科技	中国	年产2亿平方米聚酰亚胺	—	锂电池隔膜

根据“Scifinder”的检索结果显示，近十年来静电纺丝研究的相关文献数量逐年递增，如图1.2所示，截至2016年6月底，以“electrospinning”检索到的文献就达30000多篇。

熔体静电纺丝技术是静电纺丝技术的重要组成部分。观察熔体静电纺丝的研究历史会发现，由于缺乏对纺丝机理的深入认识以及纺丝设备的相对复杂性，其研究相对溶液静电纺丝少之又少[36]。最早提及熔体静电纺丝的要追溯到1936年Norton[37]的专利。而真正涉及熔体静电纺丝的文章直到1981年才出现在学术期刊中，作者Larrondo和John Manley发表了三篇系列文章[38 ～ 40]，只在第一篇中详细描述了聚丙烯（PP）和聚乙烯（PE）的纺丝过程及纤维直径的基本表征，而其他两篇文章分别描述的是纺丝模型和电场中液滴的变形分析。但这至少说明即便是导电性差的聚合物熔体也可进行静电纺丝，为以后熔体静电纺丝的发展提供了研究依据。直到20年后才出现了第二篇相关文章，Reneker和Rangkupan[41]在文章中研究了几种主要热塑性聚合物在真空环境下的单针纺丝过程，这篇文章在一定程度上引起了熔体静电纺丝研究的回归。自此之后对于熔体静电纺丝的研究相对有了增多，截至2016年6月底，相关研究文献及相关专利总共达600篇左右（图1.3）。可以发现更多的材料学家加入到研究行列，这在很大程度上归功于熔体静电纺丝装置研究的进展，同时，由于熔体静电纺丝技术无溶剂使用的特点[36]，其在医药行业的诸多应用案例也吸引更多学者对该技术的关注和研究。

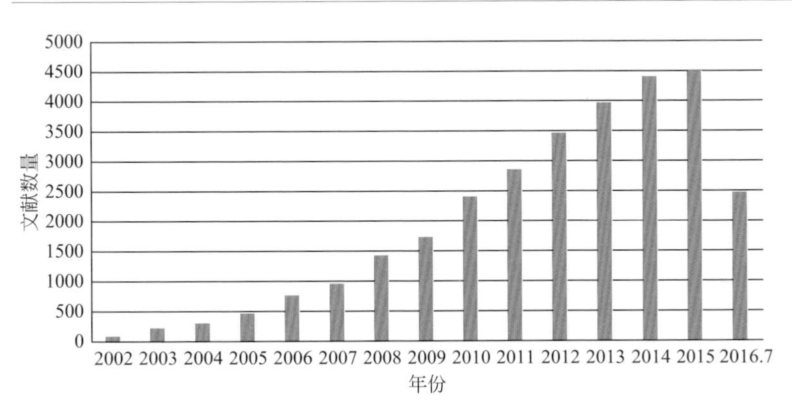

图1.2 以“electrospinning”为关键词在“Scifinder”检索到的文献统计

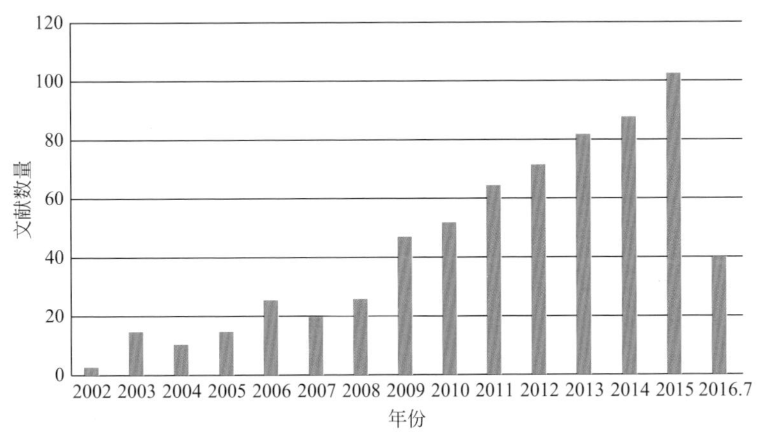

图1.3 以“melt electrospinning”为关键词在“Scifinder”检索到的文献统计

1.2
聚合物静电纺丝技术分类与特点

静电纺丝技术按加工材料的特点一般分为溶液静电纺丝和熔体静电纺丝两种，顾名思义，溶液静电纺丝以聚合物溶液为原材料进行纺丝，而熔体静电纺丝则对热塑性聚合物熔体进行加工。熔体静电纺丝和溶液静电纺丝相比，由于材料本身的区别，进而引起两种纺丝工艺的诸多差异。聚合物熔体属于高分子流体的浓厚体系，而纺丝溶液一般是稀溶液；聚合物熔体一般属于绝缘性较好的介电材料，而聚合物溶液的导电性较好；聚合物熔体成纤过程是射流和环境热交换固化过程，而溶液是溶剂挥发成纤的过程。具体来说主要表现在以下几个方面。

（1）熔体黏度

溶液静电纺丝中，溶液体系黏度必须要在一定的范围（5 ～ 20Pa·s）才能顺利纺丝。熔体静电纺丝也是一样，熔体黏度过高，电场力无法克服黏度阻力进行纺丝，而分子量过小引起的低黏度在纺丝时可能产生微球，无法形成纤维。在熔体静电纺丝中普遍存在的问题是熔体黏度过高，使得制备的纤维较粗，或者无法进行纺丝。因此，研究者通过各种方法降低体系黏度，以期望获得更细的纤维。根据不同研究者的参数，其熔体黏度范围主要在20 ～ 200Pa·s，大多数研究者在文章中利用熔体流动速率来表征熔体黏度，其应用范围主要在300 ～ 2000g/10min。

（2）加载电压

1969年，Taylor推导出了阈值电压，也就是说，当加载电压超过这个值时，就可打破电场力和液滴表面张力的平衡，从而射流开始喷射。1964年，Carson也得到相似的公式，认为阈值电压和流体表面张力直接相关。低黏度聚合物熔体的表面张力和溶液体系相近，然而纺丝电压却为溶液静电纺丝电压的2倍以上，这从侧面说明了熔体本身的高介电性，必须加以20 ～ 100kV的高压静电使得聚合物熔体极化带电，从而诱发射流的产生。

溶液静电纺丝中通常将5 ～ 20kV的高压静电加载到注射器针管等射流发生

端，而大多数熔体静电纺丝研究者也采取了相同的策略，但是熔体静电纺丝装置中射流发生端也往往是熔体塑化端，这就使得研究者不得不采取间接加热塑化的手段，或者采用直接加热但和针头用绝缘材料隔离起来的措施。这在一定程度上限制了喷头的多样化设计。后面在装置进展中将提到一些研究者有效的解决措施。

增加纺丝电压是获得更细纤维的普遍措施，但是熔体静电纺丝中增加电压超过一定程度时，就会引起电晕放电或者空气击穿，出现发生器报警终止电压加载的问题。因此，Rangkupan等提出了真空熔体纺丝，提高了击穿电压阈值，加载电压可以到1 ～ 30kV/cm而不击穿，获得了最细到300nm的纤维。但是这种方法如果面向批量化，可能需要在太空中去完成。

（3）射流特点

不同于溶液静电纺丝中射流要经过稳定段和不稳定段最后固化沉积，熔体静电纺丝几乎无鞭动过程。但是在一些黏度较低的聚合物熔体纺丝过程中，也观察到了旋转甚至鞭动的现象。溶液静电纺丝中，溶剂挥发和射流鞭动是纤维细化的主要原因。而熔体静电纺丝无溶剂的挥发，在很大程度上限制了射流的细化；电荷在熔体表面的自由度没有溶液静电纺丝高，无法形成如同溶液静电纺丝过程中出现的不稳定电荷，不易产生鞭动不稳定现象。

（4）纤维形态

纤维细度影响着材料的比表面积、孔隙率以及过滤阻力，从而间接决定着纤维的产品性能和应用场合。溶液静电纺丝纤维直径普遍在100 ～ 1000nm，其孔隙在2 ～ 465μm范围，因而适合于空气的透过，而像液体、细胞或是粗颗粒物可能被阻隔。相比而言，报道的熔体静电纺丝制备的纤维普遍在1μm以上（表1.4），

表1.4　熔体静电纺丝工艺制备的主要聚合物材料纤维细度

聚合物	纤维直径/μm	流量/（mL/h）	工艺特点
PP	0.310	0.078	5%NaCl
PE	5.5 ～ 14.3	—	0.6mm针
PA	0.9 ～ 1.8	1.2	270℃
PLA	0.2 ～ 0.3	0.61	气流辅助
TPU	1.7 ～ 2.53	0.087	激光塑化
PET	1.69 ～ 3.28	0.01 ～ 0.09	激光塑化
PCL	0.27 ～ 2.0	0.05	风枪塑化

(a) (b)

图1.4　熔体静电纺丝（a）及溶液静电纺丝（b）制备纤维电镜照片

一些通过激光瞬间高温加热、添加降黏剂和加入无机盐的方式使得纤维细度达到1μm以内，使用气流辅助的方案，则可使得纤维直径达到200～300nm，然而能到达此细度范围的材料较单一，所需要的制备装置较复杂。因此，熔体静电纺丝在纤维细化上仍然需要继续深入研究，以和溶液静电纺丝纤维性能匹敌，从而在应用上更好地发挥其绿色制造和高强度的特性。

另外，如图1.4所示，由于溶液静电纺丝过程存在溶剂蒸发，导致所制备纤维表面存在大量溶剂蒸发留下的孔洞，而熔体静电纺丝直接对聚合物加热形成熔体，在纺丝过程中不存在溶剂蒸发，原材料100%转化为纤维，所制备纤维表面密实光滑，不存在孔洞缺陷，这也使两者所制备纤维的力学性能有所差异，由于无孔洞存在，熔体静电纺丝纤维强度较溶液静电纺丝纤维更高。

（5）纺丝效率

大多数溶液静电纺丝单针供给速度为0.01～1mL/h，而除去大部分溶剂后，只有1%～30%的聚合物固化成丝。熔体静电纺丝根据研究者供给速度的统计，单针熔体流量为0.1～1mL/h，100%全部转化为纤维，尽管如此，这样的纺丝效率仍然很难达到市场要求。表1.5为通过一系列无针静电纺丝工艺的尝试，使得纺丝效率有所提高，目前Elmarco公司第二代产业化线能够达到278g/h纤维膜生产效率。而无针的熔体静电纺丝工艺所报道的纺丝效率为每喷头12.5g/h，还有很大的提升空间。同溶液静电纺丝一样，熔体静电纺丝单根射流要获得最佳细化效果，必定对应着一个最佳的微流供给量，因此，必定要通过提高单位射流发生面积上的射流根数来提高纺丝效率，也就是说，要在不影响射流细化的前提下，降低射流间距。

表 1.5　静电纺丝装置的效率统计

结构	具体微分结构	单个产率/（g/h）
点喷式	传统针头	0.01 ～ 0.1
直线式	直线激光	0.36 ～ 1.28[42]
	电线涂覆	288[43]
曲线式	圆周曲线	4.2[44]
	圆盘曲线	6.85[45]
平面式	双层磁液	0.12 ～ 1.2[46]
曲面式	滚筒喷丝	1.25 ～ 12.5[47]
	溅射喷丝	0.44 ～ 6[48]
	气泡喷丝	0.06 ～ 0.6[49]
立体式	金字塔式	2.3 ～ 5.7[50]
	圆锥线圈	0.86 ～ 2.75[51]
	螺旋线圈	2.94 ～ 9.42[52]

（6）环境温湿度条件

溶液静电纺丝中，环境温度及湿度影响溶液黏度以及溶剂挥发速率，间接地影响了纤维细度、表面孔特征及纤维可纺性。熔体静电纺丝中由于不使用溶剂，环境湿度对纺丝过程影响不明显，但是当环境湿度过大时，过高的电压加载将更容易引起空气击穿。Zhmayev 等[53]研究了环境温度对熔体静电纺丝的影响，发现通过提高喷头附近的环境温度，纤维细度具有显著变化；Warner 等[54]指出纺丝路径温度对纤维直径的影响较大，因此建立了纺丝路径温度可控的装置，并描绘了纺丝区域不同位置的温度三维分布图。因此，在熔体静电纺丝中，为了避免空气击穿，要尽量避免湿度过高，在纺丝精度控制要求高的场合，也需要对纺丝路径温度进行精确控制，以获得较细的纤维。

参考文献

[1] 宗亚宁，喻红芹 . 纳米纺织纤维的制造技术 [J]. 中原工学院学报，2004, 14(4): 56-60.

[2] 罗益锋 . 高科技纤维的最新动向 [J]. 高科技纤维与应用，2004, 28(6): 1-7.

[3] Fang, Jian, Niu HaiTao, Lin Tong, et al. Applications of electrospun nanofibers[J]. Chinese Science Bulletin, 2008, 53(15): 2265-2286.

[4] 唐珊珊 . 高分子 / 无机复合纳米材料的制备及其物

性研究[D]. 吉林: 东北师范大学, 2007.
[5] Ondarcuhu T, Joachim C. Drawing a single nanofibre over hundreds of microns[J]. Europhysics Letters, 1998, 42(2): 215-220.
[6] Ma P X, Zhang R. Synthetic nano-scale fibrous extracellular matrix[J]. Journal of Biomedical Materials Research, 1999, 46(1): 60-72.
[7] Liu G J, Ding J F, Qiao L J, et al. Polystyrene-block-poly (2-cinnamoylethyl methacrylate) nanofibers-preparation, characterization, and liquid crystalline properties[J]. Chemistry: A European Journal, 1999, 5(9): 2740-2749.
[8] Feng L, Li S, Li H, et al. Super-hydrophobic surface of aligned polyacrylonitrile nanofibers[J]. Angewandte Chemie-International Edition, 2002, 41(7): 1221-1223.
[9] Martin C R. Membrane-based synthesis of nanomaterials[J]. Chemistry of Materials, 1996, 8(8): 1739-1746.
[10] Deitzel J M, Kleinmeyer J D, Hirvonen J K, et al. Controlled deposition of electrospun pol y(ethylene oxide) fibers[J]. Polymer, 2001, 42(19): 8163-8170.
[11] Fong H, Reneker D H. Electrospinning and formation of nano fibers. //Salem D R. Structure formation in polymeric fibers[M]. Munichi: Hanser Gardner publications, 2001.
[12] Xia Y, Yang P. Guest editorial: chemistry and physics of nanowires[J]. Advanced Materials, 2003, 15(5): 351-352.
[13] Frenot A, Chronakis I S. Polymer nanofibers assembled by electrospinning[J]. Current Opinion in Colloid & Interface Science, 2003, 8(1): 64-75.
[14] Doshi J, Reneker D H. Electrospinning process and applications of electrospun fibers[J]. Journal of Electrostatics, 1995, 35(2): 151-160.
[15] Reneker D H, Chun I. Nanometre diameter fibres of polymer, produced by electrospinning[J]. Nanotechnology, 1996, 7(3): 216.
[16] Taylor G. Electrically driven jets [J]. Proceedings of the Royal Society of London. A. Mathematical and Physical Sciences, 1969, 313(1515): 453-475.
[17] Tucker N, Stanger J J, Staiger M P, et al. The history of the science and technology of electrospinning from 1600 to 1995[J]. J Eng Fibers Fabr Spec Issue-Fibers, 2012, 7: 63-73.
[18] Gray S. A letter concerning the electricity of water, from Mr. Stephen Gray to Cromwell Mortimer, MD Secr. RS[J]. Philosophical Transactions, 1731, 37(417-426): 227-260.
[19] Bose G M. Die Electricität nach ihrer Entdeckung und Fortgang mit poetischer Feder entworffen.- Wittenberg, Joh. Joachim Ahlfelden(1744)[M]. Joh Joachim Ahlfelden, 1744.
[20] Rayleigh L. On the circulation of air observed in Kundt's tubes, and on some allied acoustical problems[J]. Philosophical Transactions of the Royal Society of London, 1884, 175: 1-21.
[21] Larmor J. Note on the complete scheme of electrodynamic equations of a moving material medium, and on electrostriction[J]. Proceedings of the Royal Society of London, 1898, 63(389-400): 365-372.
[22] Cooley J F. Apparatus for electrically dispersing fluids. US 692631[P]. 1902-02-04.
[23] Morton W J. Method of dispersing fluids[J]. US patent, 1902, 705: 691.
[24] Zeleny J. The electrical discharge from liquid points, and a hydrostatic method of measuring the electric intensity at their surfaces[J]. Physical Review, 1914, 3(2): 69.
[25] Macky W A. The deformation of soap bubbles in electric fields[C]//Mathematical Proceedings of the Cambridge Philosophical Society. Cambridge University Press, 1930, 26(03): 421-428.
[26] Nolan J J, O'Keeffe J G. Electric Discharge from Water Drops[C]//Proceedings of the Royal Irish Academy. Section A: Mathematical and Physical Sciences. Hodges, Figgis & Co, 1931: 86-98.
[27] Formhals A. Process and apparatus for preparing artificial threads: US1975504[P]. 1934-10-02.
[28] Formhals A. Method and apparatus for spinning: US2160962[P]. 1939-06-06.
[29] Formhals A. Artificial thread and method of producing same: US2187306[P]. 1940-01-16.
[30] Vonnegut B, Neubauer R L. Production of

monodisperse liquid particles by electrical atomization[J]. Journal of Colloid Science, 1952, 7(6): 616-622.

[31] Taylor G. Electrically driven jets[J]. Proceedings of the Royal Society of London. A Mathematical and Physical Sciences, 1969, 313(1515): 453-475.

[32] Hendricks C H. Patterns of fetal and placental growth: the second half of normal pregnancy[J]. Obstetrics & Gynecology, 1964, 24(3): 357-365.

[33] Simons H L. FIG-URE: US 3280229[P]. 1966-10-18.

[34] Baumgarten P K. Electrostatic spinning of acrylic microfibers[J]. Journal of Colloid and Interface Science, 1971, 36(1): 71-79.

[35] Fang X, Reneker D H. DNA fibers by electrospinning[J]. Journal of Macromolecular Science, Part B: Physics, 1997, 36(2): 169-173.

[36] Hutmacher D W, Dalton P D. Melt electrospinning[J]. Chemistry, an Asian journal, 2011, 6(1): 44-56.

[37] Norton C L. Method of and apparatus for producing fibrous or filamentary material: US 2048651[P]. 1936-07-21.

[38] Larrondo L, John Manley R St. Electrostatic fiber spinning from polymer melts. I. Experimental observations on fiber formation and properties[J]. Journal of Polymer Science: Polymer Physics Edition, 1981, 19(6): 909-920.

[39] Larrondo L, John Manley R St. Electrostatic fiber spinning from polymer melts. II. Examination of the flow field in an electrically driven jet[J]. Journal of Polymer Science: Polymer Physics Edition, 1981, 19(6): 921-932.

[40] Larrondo L, John Manley R St. Electrostatic fiber spinning from polymer melts. III. Electrostatic deformation of a pendant drop of polymer melt[J]. Journal of Polymer Science: Polymer Physics Edition, 1981, 19(6): 933-940.

[41] Rangkupan R, Reneker D H. Electrospinning Process of Molten Polypropylene in Vacuum[J]. Journal of Metals, Materials and Minerals, 2003, 12(2): 81-87.

[42] Shimada N, Tsutsumi H, Nakane K, et al. Poly(ethylene-co-vinyl alcohol)and Nylon 6/12 nanofibers produced by melt electrospinning system equipped with a line-like laser beam melting device[J]. Journal of applied polymer science, 2010, 116(5): 2998-3004.

[43] 2G纳米蜘蛛NS8S1600纳米纤维量产设备[DB/OL]. http: //nanofiber. com. cn/? page_id=988, 2003.

[44] 杨卫民, 钟祥烽, 李好义, 等. 一种熔体微分静电纺丝喷头: 201310159570. 0[P]. 2013-07-31.

[45] 郝明磊. 转杯式静电纺丝装置及其性能研究[D]. 上海: 东华大学, 2012: 19-23.

[46] Yarin A L, Zussman E. Upward needleless electrospinning of multiple nanofibers[J]. Polymer, 2004, 45(9): 2977-2980.

[47] Thoppey N M, Bochinski J R, Clarke L I, et al. Unconfined fluid electrospun into high quality nanofibers from a plate edge[J]. Polymer, 2010, 51(21): 4928-4936.

[48] Tang S, Zeng Y, Wang X. Splashing needleless electrospinning of nanofibers[J]. Polymer Engineering & Science, 2010, 50(11): 2252-2257.

[49] Liu Y, He J H. Bubble electrospinning for mass production of nanofibers[J]. International Journal of Nonlinear Sciences and Numerical Simulation, 2007, 8(3): 393-396.

[50] Jiang G, Zhang S, Qin X. High throughput of quality nanofibers via one stepped pyramid-shaped spinneret[J]. Materials Letters, 2013, 106: 56-58.

[51] Niu H, Lin T, Wang X. Needleless electrospinning. I. A comparison of cylinder and disk nozzles[J]. Journal of Applied Polymer science, 2009, 114(6): 3524-3530.

[52] Lin T, Niu H, Wang X, et al. Electrostatic spinning assembly: US 13124742[P]. 2009-10-14.

[53] Zhmayev E, Cho D, Joo Y L. Nanofibers from gas-assisted polymer melt electrospinning[J]. Polymer, 2010, 51(18): 4140-4144.

[54] Warner S, Fowler A, Ugbolue S, et al. Cost-Effective Nanofiber Formation-Melt Electrospinning[R]. NTC Project: F05-MD01: a6, 2006.

NANOMATERIALS

纳米纤维静电纺丝

Chapter 2

第2章 聚合物溶液静电纺丝技术

2.1 聚合物溶液静电纺丝原理

2.2 聚合物溶液静电纺丝材料

2.3 聚合物溶液静电纺丝设备

2.4 聚合物溶液静电纺丝过程

2.1 聚合物溶液静电纺丝原理

带电液体为低黏度或小分子体系时，当超过某一临界电压而产生微小液滴的现象被称为静电雾化[1]，学术界普遍认为溶液静电纺丝是静电雾化中的一种特例。如果带电流体为黏度较高的大分子或者说是具有一定链段长度的高分子溶液，当电场力克服溶液表面张力后，就会形成泰勒锥[2]。如图2.1所示，当加载电压超过电压阈值时，射流产生，射流经过直线稳定段和不稳定运动阶段后，由于溶剂挥发，形成纤维沉积，这一完整过程被称为溶液静电纺丝[3]。本节将介绍溶液静电纺丝技术的基本理论。

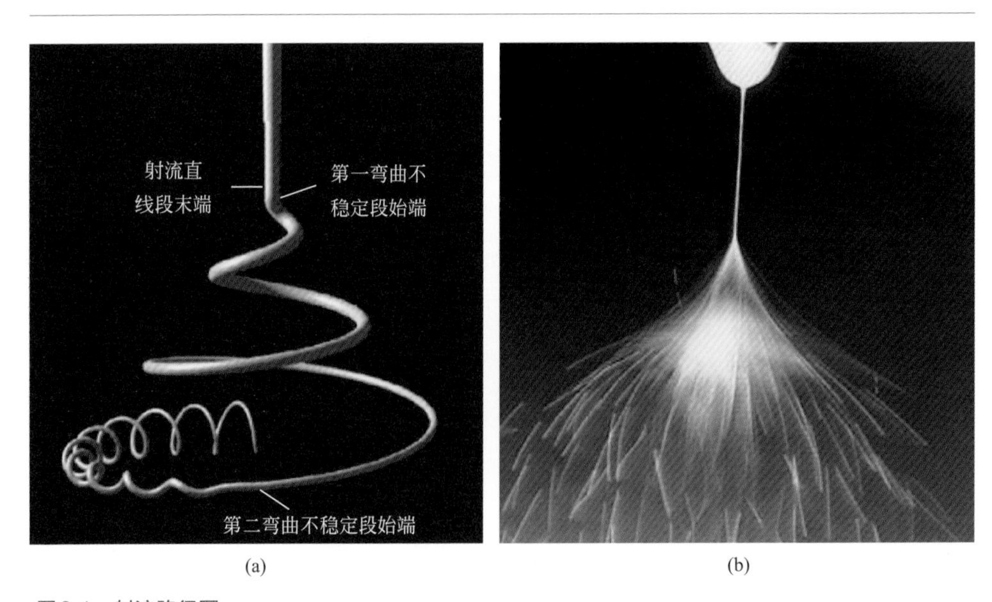

图2.1 射流路径图

（a）示意图；（b）氙气灯和线光源综合作用下的照片

2.1.1
泰勒锥

处在电场中的带电液滴会发生变形[4]，关于其形状变化的建模分析一直是研究的热点。静电纺丝过程开始于电场中带电液滴变形，然后产生泰勒锥，直到加载电压超过一定阈值，才会产生射流。泰勒锥的电荷分布及成型机理一直是静电纺丝理论研究的重点。

液滴在电场中的形变和液滴的面电荷密度及电荷梯度相关，研究者通过建立模型，获取了不同情况下液滴的面电荷密度。Theron等[5]认为体电荷密度是可通过实验参数推导的定值，即通过射流的电流与体积流率的比值求得；Doshi等[6]则认为面电荷密度和泰勒锥开始产生射流时的半径以及体电荷密度相关：

$$q=\frac{\rho d}{4}\times 10^{-7} \tag{2.1}$$

其中q为面电荷密度，d为靠近泰勒锥尖端的射流直径，ρ为体电荷密度；Hohman等[7]则指出面电荷密度和射流直径相关。尽管如此，对于泰勒锥及射流的电荷分布还缺乏深入的理论认识，也缺乏可控的实验和精确的表征。

在加载电场之前，液体只受到表面张力、重力和黏弹力作用，在针尖或是喷头表面形成一个近似椭球的液滴，当作用一个外加的电场，电荷转移到了液滴表面，于是液滴受到电场力作用开始变形，经过几十毫秒的时间，液滴变形为一个锥体，在射流形成之前，这个锥体的极限角度被称为泰勒锥（Taylor cone），Taylor曾建立了一个决定方程式来计算这个角度，并预测半锥角为49.3°，后来Yarin[8]的模型认为这个角度更小（33.5°）。

2.1.2
阈值（临界）电压

静电雾化过程中，在电场力作用下，随着电压的逐渐增加，处在液滴表面的电荷数增加，从而产生一个驱使液滴向外运动的电荷斥力，即静电压力$\sigma^2/2\varepsilon_0$（其中ρ为面电荷密度，ε_0为真空介电常数），而液滴同时受到阻止液滴表面积增加的表面张力$2\gamma/R$，这一非稳态平衡公式可描述为：

$$\Delta P=\frac{2\gamma}{R}-\frac{\sigma^2}{2\varepsilon_0} \tag{2.2}$$

当公式中静电压力和表面张力相等时，可以看作是分裂为液滴的极限状态，也被称为瑞利稳定极限[4]。Taylor[2]研究了黏性流体在电场力下的纺丝过程，并给出了泰勒锥射流产生的临界电压V_c的计算公式：

$$V_c^2=\frac{4H^2}{L^2}\left(\ln\frac{2L}{R}-\frac{3}{2}\right)(0.117\pi\gamma R_0) \tag{2.3}$$

式中，H为纺丝距离；L为喷头伸出极板的距离；γ为表面张力；R_0为喷头半径。

对于悬垂半球形液滴，Hendricks等[9]对其变成锥形液滴的平衡关系进行了研究，获得了经验关系式：

$$V_c=300\sqrt{20\pi\gamma R} \tag{2.4}$$

式中，V_c为临界电压；γ为表面张力；R为悬垂液滴半径。

2.1.3
射流稳定运动段

当施加了大于阈值的电压后，泰勒锥尖端射流形成，沿着泰勒锥所在的中心线先要经过一段稳定阶段，然后再进入不稳定阶段。Rutledge等[10]基于对射流上电流及电阻特征的分析获得了射流直线段距离长度L的关系式：

$$L^5=\frac{\beta\rho^2(\ln x)^2h_0^3\kappa^4Q^6}{EI^5} \tag{2.5}$$

式中，β为通过射流表面的介电不连续性参数；ρ为密度；x为射流长度和喷头末端直径h_0的比值；κ为溶液的电导率；E为施加的电场强度；I为电流；Q为溶液流量。

2.1.4
射流不稳定运动段

静电纺丝时，聚合物射流下落是一个三维“鞭动”过程，该过程非常复杂，具有随机性和无规律性。开始时直线下落，随后射流开始做不稳定运动，最终形成无序的网状纤维不断堆积在接收装置上，这个过程就是所谓的“射流鞭动”。目前，静电纺丝过程中的鞭动及相关动态变化已引起研究者们的热情投入。

Reneker等[11～13]研究发现鞭动可以更大程度地拉伸射流，使射流不断弯曲而快速拉长，从而获得超细纤维，这是射流拉伸原理研究的一大进展。李山山[14]采用数值模拟方法研究了静电纺丝的鞭动过程，得出的实验结果如图2.2所示，可以看出随着时间的推进，在三维空间射流经历了弯曲、螺旋和成环三个过程，而且发现随着射流的运动，鞭动振幅越来越大，同时纤维的直径不断减小。如图2.3所示，随着纺丝的下落运动，射流不断变化形成弯曲的环状打圈形式，从而可能形成连珠状、扁平状、螺旋状、树枝状等不同形态的纤维[15]。

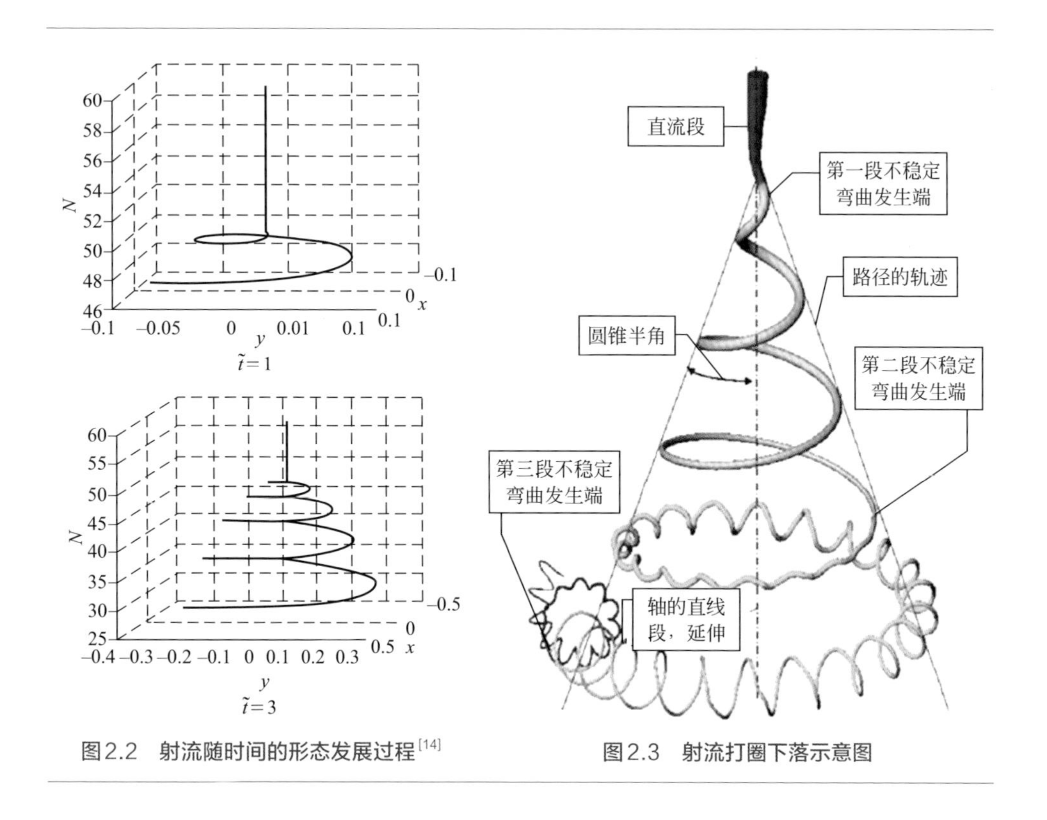

图2.2　射流随时间的形态发展过程[14]

图2.3　射流打圈下落示意图

由以上研究可以看出，射流不稳定过程也是运动传递的过程。具体分为三种不稳定现象：两种轴对称的曲张不稳定性和一种非轴对称的不稳定性。第一种不稳定性（静电瑞利不稳定性）和表面张力相关，在高的电场下可能被抑制；第二种及第三种不稳定性受流体导电性的影响较大。因此，纺丝过程中不稳定现象取决于具体流体的性质和加载电压。Fridrikh等[16]研究了射流不稳定程度，获得了纤维直径和鞭动程度的关系式［式（2.6）］，关系式中忽略了流体的非牛顿流体特性及溶剂挥发和弹性效应的影响。由下方关系式可以知道随着溶液带电能力的提升，可以有效减小纤维直径，这一结论也多次被实验所证实，研究者通过在流体体系中加入离子盐等成分来提高纺丝体系的带电能力。

$$r_t = \left[\gamma \varepsilon \frac{Q^2}{I^2} \times \frac{2}{\pi\left(2\ln\phi - 3\right)} \right]^{1/3} \tag{2.6}$$

式中，r_t为末端直径；γ为聚合物液体表面张力；Q为液体流速；I为电流；ε为介电常数；ϕ为不稳定性无量纲化波长。

2.1.5 射流直径的计算

通过理论计算获得射流直径，从而指导生产实际，以某特定目标纤维直径，确定纺丝工艺控制参数是静电纺丝理论研究的重点。目前获得射流直径的具体关系式主要有两种方法：一种是通过转移电流和传导电流之间的关系推导出射流半径；另一种是通过本征关系方程式获得射流直径关系式。

所谓转移电流就是单位时间内作为纤维的一部分被带走并随纤维一起沉积的电荷量，传导电流就是把射流看作具有一定电阻的电线，单位时间内在电线上转移的电荷量。Baumgarten[17]假设射流在固化前为圆柱形导电液体，得到了带电量与电压和半径的关系：

$$q = 4\pi V \varepsilon r$$

式中，ε为环境介电常数；V为施加的电压；r为射流半径。

求得单位质量电荷密度：

$$\frac{q}{m}=\frac{4\pi V\varepsilon r}{\rho\pi r^3}=\frac{4\varepsilon V}{\rho r^2} \tag{2.7}$$

转移电流为：

$$I_t=\frac{4\varepsilon VQ}{\rho r^2} \tag{2.8}$$

轴向传导电流为：

$$I_c=\pi r^2 kk_1\frac{V}{r} \tag{2.9}$$

令$K=kk_1$为转移电流与传导电流的比值，可得到射流半径r的关系式：

$$r=\sqrt[3]{\frac{4\varepsilon Q}{K\pi k\rho}} \tag{2.10}$$

尽管如此，上面的关系式仍然需要获得转移电流和传导电流的比值。Spivak[18]等从质量守恒、电荷守恒和动量守恒的关系式出发，建立了射流半径和流体表面张力、射流电流和流体流量之间的关系式：

$$\frac{\mathrm{d}}{\mathrm{d}z}\left[R^{-4}+\left(N_{\mathrm{W}}R\right)^{-1}-N_{\mathrm{E}}^{-1}R^2-N_{\mathrm{R}}^{-1}\left(\frac{\mathrm{d}R^{-2}}{\mathrm{d}Z}\right)^c\right]=1 \tag{2.11}$$

式中，R为射流无量纲半径；Z为无量纲坐标轴；c为流动指数；N_{W}为射流惯性与表面张力的比值，N_{E}为欧拉数倒数，即射流惯性和电场力的比值；N_{R}为射流惯性与黏性力的比值；Z为射流轴线方向。由此可推导出射流沿着泰勒锥端轴线顶端开始的距离Z和射流半径$r(z)$之间的关系式为：

$$r(z)=\left(\frac{\rho Q^3}{2IE\pi^2}\right)^{1/4}Z^{-1/4} \tag{2.12}$$

Rutledge[10]的课题组通过分析获得了射流半径与相关纺丝参数的数学关系式：

$$r=\frac{\sqrt{6\mu\rho Q^2}}{\pi IE}\times\frac{1}{Z} \tag{2.13}$$

2.1.6
电晕现象

电晕现象是一种处于气体或液体介质中的带电体表面发生的局部放电现象。当局部电场强度超过某一临界值时，气体就会发生局部电离，发出蓝色的荧光，这种带电体周围出现的放电现象就是“电晕现象”。电晕与周围的电场有一定的关系，电场强度越大，越容易发生电晕现象，而且发生的电晕越剧烈。

在静电纺丝中，由于纺丝喷头上接高电压正极，容易形成电晕，在纺丝区产生很多空气阳离子，该区空气运动速度急剧增加，这也使得该处的空气流动速度比喷射速度高出三个数量级[19]，另外，也有很多其他研究涉及和分析了电晕现象[20～23]，如图2.4所示。图中左端部分是纺丝喷头，与高压电正极相连接，处于右端的部分是纤维收集板，并使之接地。由图可以看出电晕放电下空气分子的流动情况及其周围产生的电场。

科学家们对此的研究还较少，Tripatanasuwan等[24]研究了带电射流的路径并记录了电晕的强度和位置，观察了泰勒锥锥尖周围流动喷气的电晕放电现象，得出结论：如果喷头表面或泰勒锥周围的电场很强，其场强超过某一临界值时，就会出现电晕放电现象。图2.5显示了泰勒锥附近的电晕放电现象，设置液滴和金属板之间的负电势为25kV，在电晕射流形成之前，泰勒锥尖端周围才可发出火

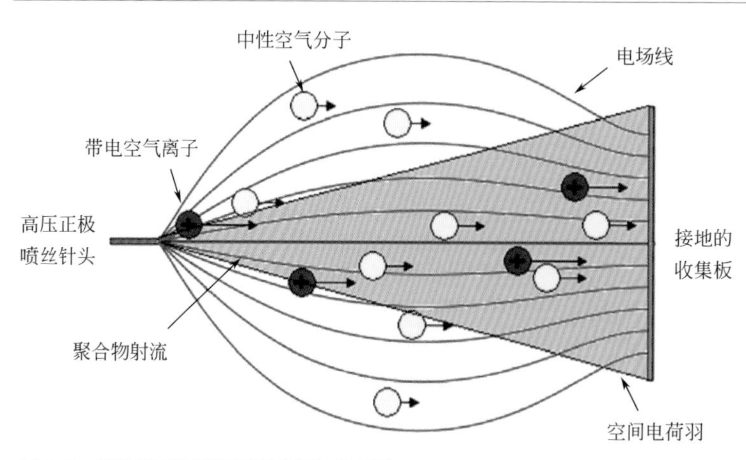

图2.4　静电纺丝射流的空气流动示意图

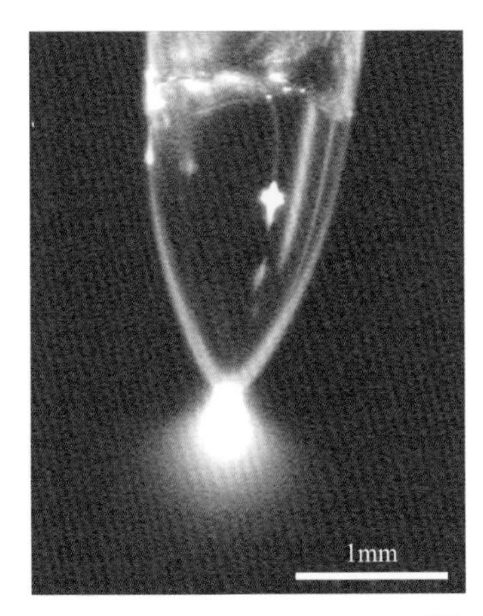

图2.5 泰勒锥附近的电晕放电[24]

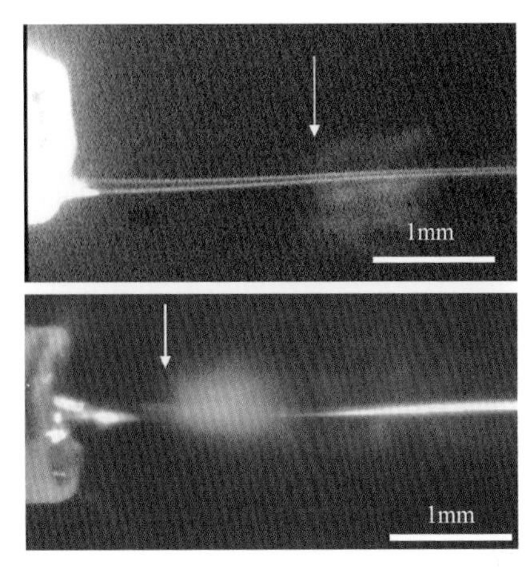

图2.6 射流电晕现象[24]

花状的电晕；而电晕喷射后的泰勒锥尖端和金属板间的负电势值大于5kV时，沿射流方向在尖端下面1～2mm的位置可以看到电晕现象。从图2.6可以看到，负电势为12kV时发生电晕现象（标白色箭头的位置），测量其喷射半径为（30±5）μm。如果设定尖端和金属板之间为正电势，则当正电势超过10kV时，射流处也会发生电晕现象。

2.2 聚合物溶液静电纺丝材料

在溶液静电纺丝过程中，为了实现静电纺丝，纺丝基质必须呈液态，即聚合物溶液，而在形成纤维之前，聚合物溶液会从针头尖端被拉伸出来，溶液的电性质、表面张力与黏度、所使用溶剂的挥发速率等性质对所形成的纤维形态都有着重大影响。目前，能够用于静电纺丝的聚合物已多达200多种，包括各种合成聚合物、天然聚合物或者两者的混合聚合物等，不同聚合物材料所制备的纳米纤维被应用到多种领域，展现出静电纺丝纤维广阔的应用前景。

在生物医药领域，例如组织工程支架、细胞工程等方面，天然聚合物由于具备更好的生物相容性及低免疫原性，其相对合成聚合物更适合应用于生物医学领域。有些天然高分子材料由于本身携带特定的蛋白质序列，其结合细胞能力更强，例如RGD（精氨酸、甘氨酸/天冬氨酸）等。近年来，关于胶原蛋白、明胶、弹性蛋白以及丝素蛋白等天然高分子材料的静电纺丝研究逐渐增多，通过报道可以看出天然高分子材料制备组织支架相对其他材料具有更好的临床医学性能。

天然高分子材料虽然具有更为优越的生物相容性能，但其易变性，力学性能弱及不易控制等也限制了其在其他领域的应用。相比之下，合成高分子可控性强，具备良好的力学性能，且更容易降解，利用合成高分子材料制备的纳米纤维应用更为广泛，目前合成高分子材料静电纺丝纤维已广泛应用于伤口敷合、空气过滤、生物医药、生化防护等领域。

一般常用于溶液静电纺丝的聚合物及所纺纤维的应用领域总结如表2.1所示。

表2.1　溶液静电纺丝材料种类及其纤维应用[25]

高分子材料种类	纤维应用	研究者
聚丙交酯（PGA）	无纺组织支架	Boland等
聚氯乙烯	药物载体	Lee等
聚苯乙烯	过滤膜，催化剂等	Megelsk等
尼龙6	防护织物	Gibson等
聚乳酸-乙醇酸（PLGA）	生物应用，伤口愈合	Zong等
聚己内酯（PCL）	骨组织工程	Yoshimoto等
聚（L-乳酸）（PLLA）	3D细胞培育板	Fertala等
聚乳酸	传感器，过滤膜	Zong等
聚氧化乙烯	微电子导线，过滤膜	Huang等
聚丙烯腈	碳纳米纤维	Wang等
聚碳酸酯	防护织物，过滤膜	Kfishnappa等
聚氨酯（PU）	防护织物，过滤膜	Khil等
聚乙烯-乙烯醇（PEVA）	无纺组织支架	Kenawy等
聚苯乙烯（PS）	皮肤组织工程	Sun等
纤维蛋白	伤口愈合	Wnek等
聚乙烯醇/醋酸纤维素	生物材料	Ding等
醋酸纤维素	吸附膜	Zhang等
聚乙烯醇	生物传感器，伤口敷料	Jia等
丝素蛋白，丝素/聚氧化乙烯	纳米纤维支架	Jin等

续表

高分子材料种类	纤维应用	研究者
丝素	生物应用	Zarkoob 等
丝素蛋白	伤口愈合用纤维膜	Min 等
丝素/壳聚糖	伤口敷料	Park 等
壳聚糖/聚氧化乙烯	药物传输，伤口愈合	Duan 等
明胶	伤口愈合用支架	Huang 等
透明质酸	医用植入物	Um 等
纤维素	亲和膜	Ma 等
明胶/聚苯胺	组织工程支架	Li 等
胶原/壳聚糖	生物材料	Chen 等

溶液静电纺丝使用聚合物溶液，聚合物种类决定了静电纺丝纤维的性质及应用。而溶液静电纺丝过程中，首先，溶质需要能在溶剂中溶解；其次，由于溶质需在溶剂挥发后固化成纤，所使用的溶剂应具有良好的挥发性、蒸气压力、合适的沸点等。溶剂种类也对纺丝过程有着重要影响，目前使用较多的有氯仿、乙醇、二甲基甲酰胺（DMF）、三氟乙酸混合物静电纺丝酸和二氯甲烷等有机溶剂，这些溶剂的挥发性较好，在静电纺丝过程中可快速挥发，保证射流迅速成纤，但一般都具有毒性，需在通风橱中进行纺丝，且残留的溶剂对所纺纤维在生物工程应用中有一定的负面影响。对此，近年来一些水溶性聚合物，例如聚氧化乙烯、聚乙烯醇、聚乙烯吡咯烷酮等，利用水为溶剂，所纺纤维无有毒溶剂残留，更有利于生物应用研发。但水的挥发活性较差，以水为溶剂对聚合物溶液的浓度有着更高的要求。

2.3 聚合物溶液静电纺丝设备

静电纺丝设备的基本组成主要包括溶液腔体、纺丝头、高压静电发生器和接收设备。大部分静电纺丝设备将高压电极接到纺丝头上，将接收电极接地，通过纺丝头和接收设备之间的高压静电场（部分研究形成高压交变电场[26]）作用于聚合物溶液，在聚合物溶液的连续微量供给下，当电压超过一定值时形成泰勒锥，继而形成连续射流后在接近接收板时固化成丝。

为了实现聚合物流体参数、射流过程和收集过程稳定可控的目的，也为了通过设备改进来获得特殊的纳米纤维形态或产量，静电纺丝设备近百年来不断进化，近十年来快速发展，逐渐进入百花齐放的阶段。基于喷头形式、电极加载方式和接收设备等的差异，目前已经形成了如表2.2所示的多种多样的纺丝装置，已经报道的比较突出的相关创新设备有核壳结构纳米纤维加工设备、三维拓扑结构的纳米纤维加工设备、多喷针纳米纺丝机、无针“纳米蜘蛛”、海岛结构静电纺丝设备、离心静电纺丝设备和气泡式静电纺丝设备等。

表2.2　静电纺丝创新设备列表

类型名称	设备示意图	特点及单位	报道时间及文献
基本的单毛细管静电纺丝设备	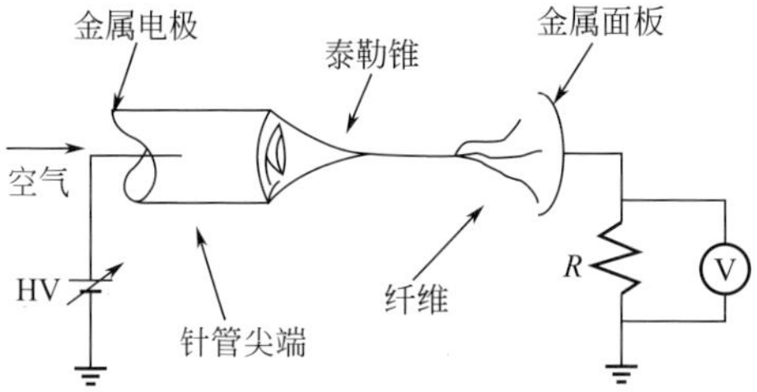 金属电极 泰勒锥 金属面板 空气 HV 针管尖端 纤维 R V	基本纺丝设备（阿克隆大学，美国）	2001[10]
平行板电极静电纺丝设备	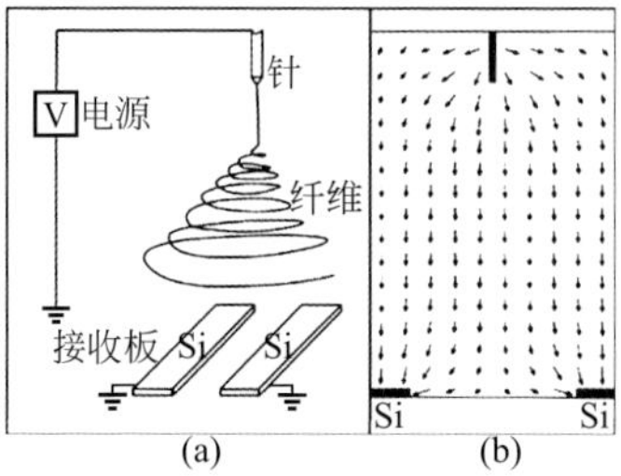 针 V 电源 纤维 接收板 Si Si Si Si (a) (b)	取向排列的纳米纤维（华盛顿州立大学，美国）	2003[27]
气流辅助静电纺丝设备	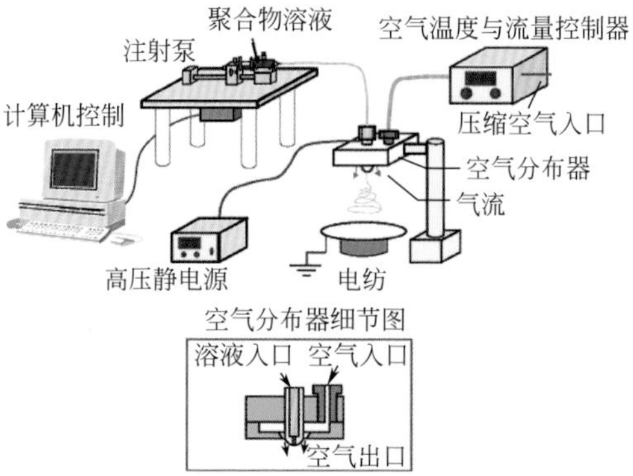 聚合物溶液 注射泵 空气温度与流量控制器 计算机控制 压缩空气入口 空气分布器 气流 高压静电源 电纺 空气分布器细节图 溶液入口 空气入口 空气出口	促进纤维细化（石溪大学，美国）	2004[28]

续表

类型名称	设备示意图	特点及单位	报道时间及文献
近场直纺静电纺丝设备	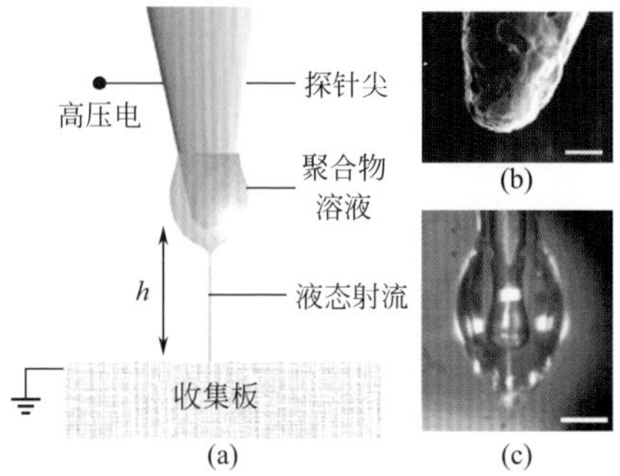 高压电 探针尖 聚合物溶液 h 液态射流 收集板 (a) (b) (c)	可控高精度收集（加利福尼亚大学，美国）	2006[29]
核壳结构纳米纤维纺丝设备	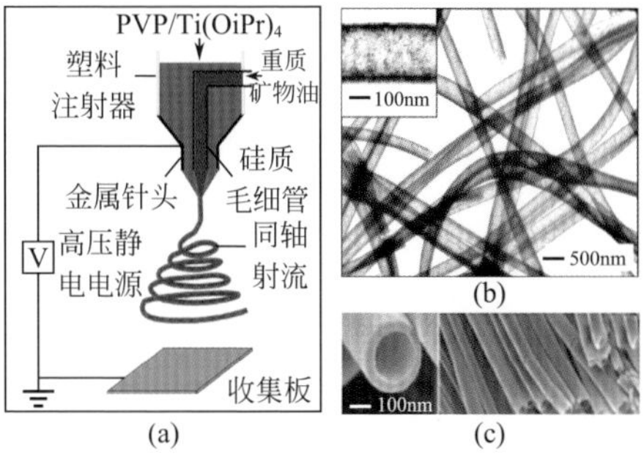 PVP/Ti(OiPr)$_4$ 塑料注射器 重质矿物油 硅质 金属针头 毛细管 V 高压静电电源 同轴射流 收集板 (a) 100nm 500nm (b) 100nm (c)	制备核壳结构纳米纤维（华盛顿大学，美国）	2004[30]
海岛结构静电纺丝设备	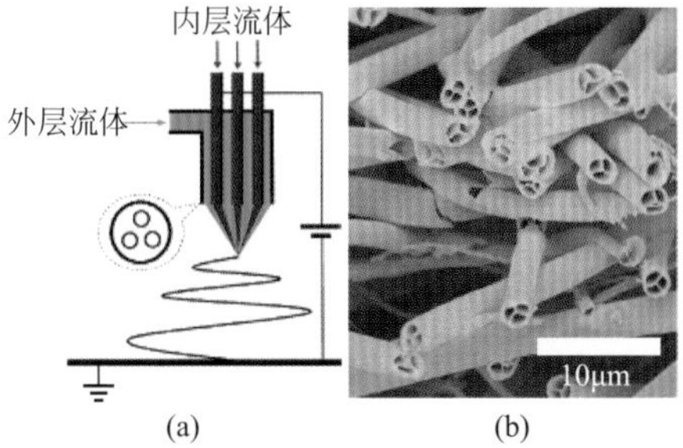 内层流体 外层流体 (a) 10μm (b)	获得多通道结构（中国科学院，中国）	2007[31]
立体电极静电纺丝设备	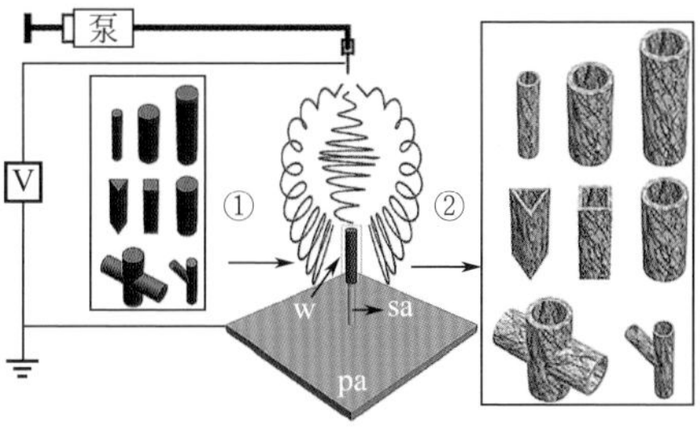 泵 V ① ② w sa pa	获得三维拓扑结构（中国科学院，中国）	2008[32]

续表

类型名称	设备示意图	特点及单位	报道时间及文献
磁场辅助静电纺丝设备	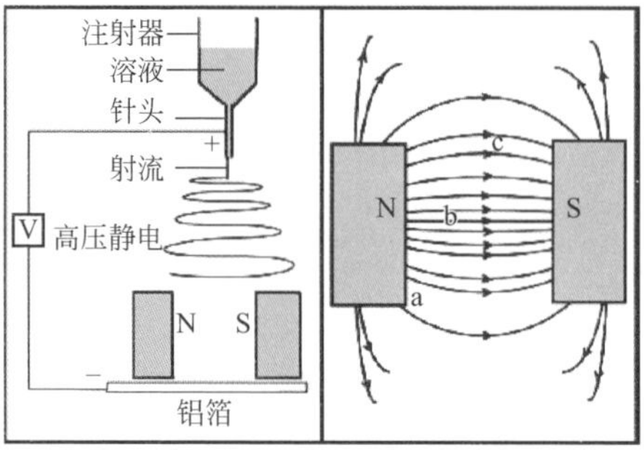 注射器 溶液 针头 射流 V 高压静电 N S 铝箔 (a) N b c a S (b)	促进纤维取向排列（国家纳米科学和技术中心，中国）	2007[33]
阵列毛细管静电纺丝设备	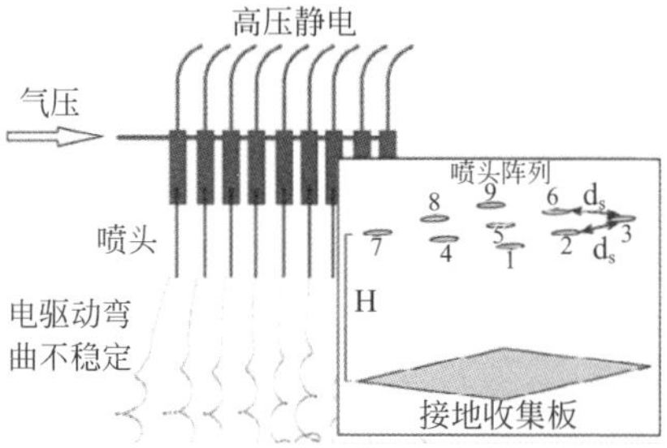 高压静电 气压 喷头 电驱动弯曲不稳定 喷头阵列 H 接地收集板	提高纺丝效率，场强间影响大（以色列理工大学，以色列）	2005[34]
离心静电纺丝设备	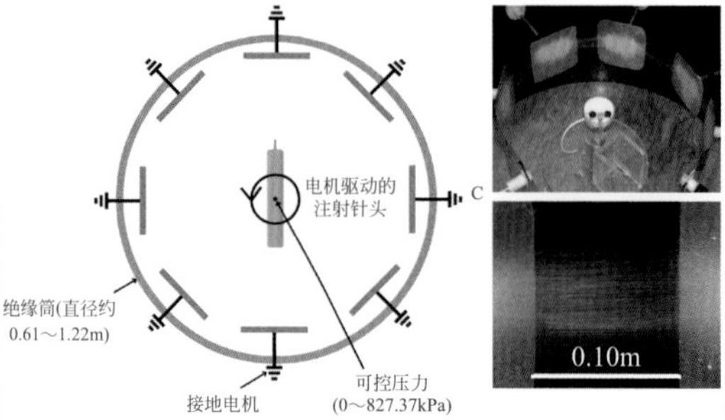 电机驱动的注射针头 绝缘筒(直径约0.61～1.22m) 接地电机 可控压力(0～827.37kPa) 0.10m	高度取向高产率的纳米纤维（华盛顿大学，美国）	2012[35]
磁场辅助无针静电纺丝设备	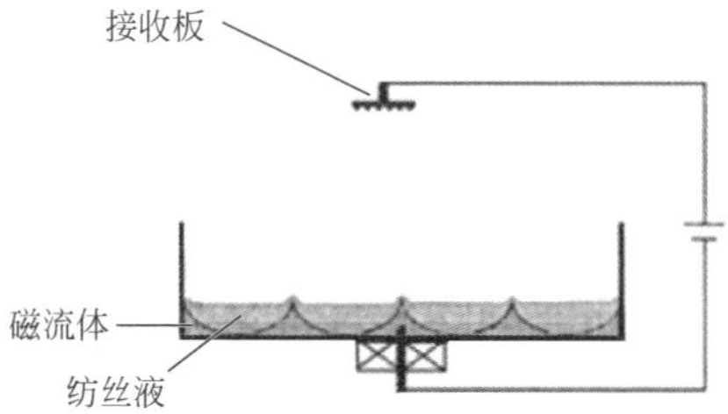 接收板 磁流体 纺丝液	提高纺丝效率（以色列理工大学，以色列）	2004[36]

续表

类型名称	设备示意图	特点及单位	报道时间及文献
气泡式静电纺丝设备	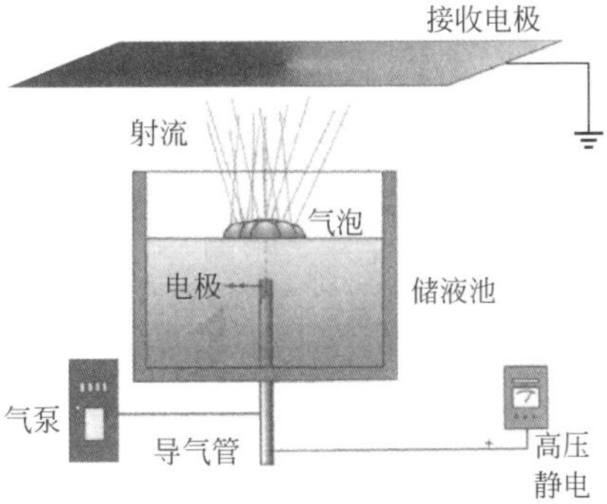	提高纺丝效率（东华大学，中国）	2007[37]
多孔管无针静电纺丝设备	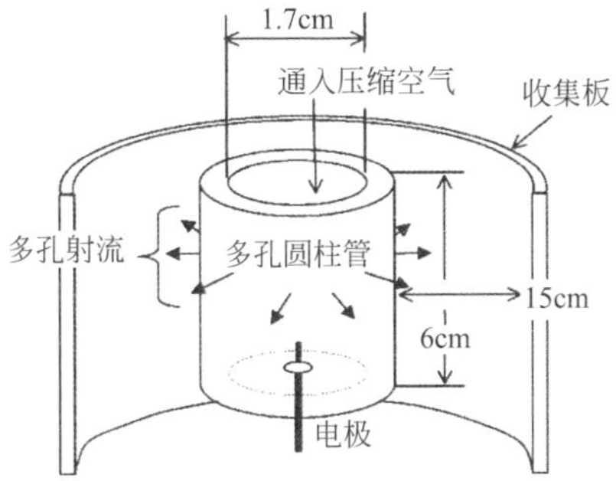	提高纺丝效率（阿克隆大学，美国）	2006[38]
锥形线圈无针静电纺丝设备	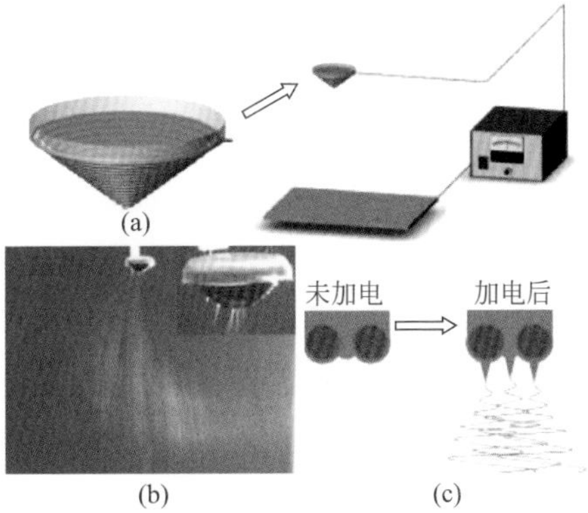	提高纺丝效率，降低纺丝电压（迪肯大学，澳大利亚）	2009[39]
盘式无针静电纺丝设备	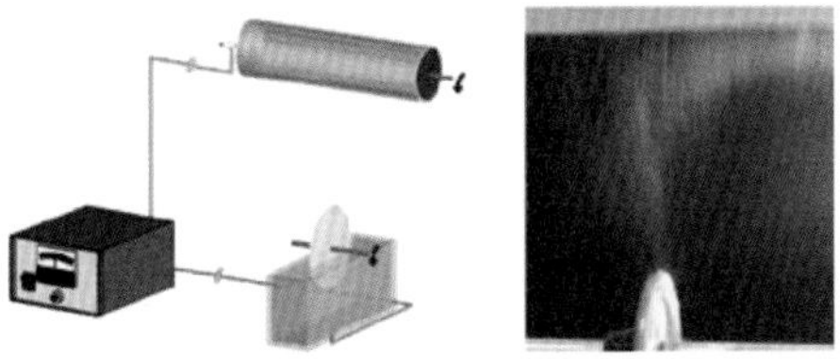	提高纺丝效率（迪肯大学，澳大利亚）	2009[40]

续表

类型名称	设备示意图	特点及单位	报道时间及文献
螺旋线圈无针静电纺丝设备		提高纺丝效率（迪肯大学，澳大利亚）	2009[41]
辊子式无针静电纺丝设备	收集电极 基材 V 纳米纤维成型过程 纺丝电极 纺丝液 储槽	提高纺丝效率［爱尔玛科（Elmarco）公司，捷克］	2004[42]
直线无针静电纺丝设备	收集电极 基材 静止电极系统 在接触点处将溶液供给纺丝电极 移动供液装置(往复移动)	单电极丝往复液槽涂覆方法，提高纺丝产量［爱尔玛科（Elmarco）公司，捷克］	2009[43]

静电纺丝设备的发展与创新根据目的不同可以分为三种：以纤维细化为目的的静电纺丝新原理新工艺开发，以提高纺丝效率为目的的纺丝系统创新，以及以特种纳米纤维结构或取向形态为目的的纺丝喷头或接收设备创新。

2.4 聚合物溶液静电纺丝过程

静电纺丝过程由多种参数共同影响，主要可分为溶液参数、工艺参数和环境参数。溶液参数主要包括溶液黏度、电导率及表面张力等，工艺参数包括电场强度、收集距离和进料流量等。这些参数中的每一个都会显著影响纤维形态，通过适当地参数设置，我们可以得到所需形态和直径的纳米纤维。除了这些变量，环境参数包括环境的湿度和温度等也对纤维形成有一定影响。

2.4.1 溶液黏度

基本的静电纺丝过程是带电溶液或熔体在电场力、表面张力和黏滞阻力的综合作用下逐步经历泰勒锥产生、射流喷射、射流直线稳定段及不稳定鞭动段，然后固化收集到接收设备上的系列过程。对于溶液静电纺丝，聚合物溶液体系链缠结程度影响最终纤维的可纺性，如果链缠结明显，会导致喷针堵塞或者无法成纤的问题；如果链段过短，溶液过稀，就会制备出聚合物微球或珠串结构。因此，合理选择溶质，调控聚合物的分子量、溶液浓度及黏度，有利于获得适当范围的溶液黏度，顺利制备纳米纤维。

不同聚合物溶液可纺的溶液浓度是不同的，就溶液参数而言，溶质分子量和浓度对溶液黏度有着决定性影响。静电纺丝过程中，溶液形成泰勒锥并进一步成纤需要一个最小溶液浓度。在较低浓度下，聚合物链缠结程度低，容易形成聚合物颗粒与纤维的混合物；而随着浓度的增加，链缠结程度增强，链间摩擦增多，黏弹阻力增加，链段更容易舒展成长丝，在电场力、表面张力和黏弹阻力的作用下，纤维连续性更高，纤维直径更为均匀；当溶液浓度过高时，黏弹阻力占主导作用，溶液难以形成喷射流，从而无法形成纤维。所以合理选择溶液浓度对溶液静电纺丝纺制纤维有着十分重要的影响。而分子量决定着聚合物链的长度，聚合物链的长度则对聚合物链的缠结程度有着关键影响，其对溶液静电纺丝的影响与溶液浓度相似，溶液中必须溶有分子量足够大的溶质，形成足够多的链缠结，才能顺利进行静电纺丝。

2.4.2 溶液表面张力和电导率

在溶液静电纺丝中，聚合物溶液体系表面张力及电导率也是决定纺丝效果的重要因素。表面张力和电导率是纤维细化中最主要的力平衡因素，在溶液静电纺丝过程中，液滴除自身黏弹力的影响外，主要受电场力和表面张力的作用，而电场力对液滴起拉伸作用，倾向于拉伸伸展射流，增加射流表面积，表面张力则倾向于维持液滴球形表面，减少射流表面积，故合理选择电导率，调控溶液表面张力对最终形成的纤维形态有至关重要的影响。通过调控溶液黏度、溶剂成分或添加表面活性剂，都可以调控表面张力，从而减小临界电压，细化纤维和优化纤维形貌。另外，通过在聚合物溶液中加入适量盐、聚电解质或者高导电纳米填充物，对溶液带电能力进行调控，也可以对纺丝形貌及直径进行调控。

2.4.3 电场

在静电纺丝过程中，纺丝电压是静电纺丝过程的一个关键因素。由前文分析，只有在达到阈值电压之后，才会形成射流，而电压过高，则会导致射流被击穿，这就对所施加的电压有一定的范围要求。

电压对纤维形成的影响是显而易见的，在纺丝过程中增加所施加的电压，则增加了流体射流的静电斥力，这最终有利于纤维直径的缩小，在大多数情况下，较高的电压会增大溶滴所带库仑力，加速射流拉伸，导致纤维直径的减小。此外，使用较低黏度溶液时，高电压可能会促使射流形成二次喷丝，从而降低纤维直径。而一些研究也表明，增大电压会加速溶剂的蒸发，有利于提高纺丝效率。

2.4.4 收集距离

收集距离一般指电极到纤维收集板的距离，通过控制这一距离来控制溶液静电纺丝制备纤维形态已成为一种常用方法。溶液静电纺丝法在纤维形成之前需要有足够的距离来满足溶剂顺利挥发，以使纤维达到完全干燥的要求，这就对收集距离有一个最小距离需求。已有研究发现，收集距离过短或过长都会导致串珠纤维的形成，且对不同聚合物纺丝过程，收集距离对纺丝纤维形态的影响效果是不同的。例如，Chuanxue Zhang等[44]在对PVA进行静电纺丝研究时发现，当收集距离从8cm增大到15cm的过程中，所纺纤维形态及尺寸并无明显变化；而Lee[45]等在研究PVC溶液的纺丝性能过程中发现，当收集距离由10cm增大到15cm后，所制备的PVC纤维直径平均降低了约300nm。这表明收集距离对纤维尺寸有着巨大的影响作用。

2.4.5
进料速率

在溶液静电纺丝中，注射器中聚合物溶液的流动速率对纤维转化速率有着十分重要的影响。一般而言，在较低的进料速率下，溶液射流速率变慢，溶剂有充分的时间挥发，对纤维形成更有利；而在较高进料速率下，单位时间聚合物链段更为聚集，链段在同一时间内拉伸不够充分，所形成纤维的直径及孔径会相应增大。但进料速率过低也会导致溶液流不连续，容易造成纺丝过程的中断。故控制一定范围的进料速率对所纺得纤维的形态有着重要的影响。

2.4.6
环境参数

静电纺丝环境参数对纺丝过程的影响目前还缺乏充分研究，任何聚合物溶液和周边环境的相互影响都可能对静电纺丝纤维的形态有所影响，主要表现在环境湿度对成纤效果的影响上。环境湿度很低的情况下，空气较为干燥，溶剂会相应较为容易挥发，纤维干燥效果会更好；另外，Li等[46]也提出过环境湿度过高也可能会导致静电纺丝纤维发生放电现象。不过当前研究对环境参数的具体影响尚不足，仍需要进一步深入。

参考文献

[1] Von Brocke A, Nicholson G, Bayer E. Recent advances in capillary electrophoresis/electrospray-mass spectrometry[J]. Electrophoresis, 2001, 22(7): 1251-1266.

[2] Taylor G. Electrically driven jets[C]//Proceedings of the Royal Society of London A: Mathematical, Physical and Engineering Sciences. The Royal Society, 1969, 313(1515): 453-475.

[3] Yarin A L, Koombhongse S, Reneker D H. Taylor cone and jetting from liquid droplets in electrospinning of nanofibers[J]. Journal of Applied Physics, 2001, 90(9): 4836-4846.

[4] Frs L R. On the equilibrium of liquid conducting masses charged with electricity', Lond[J]. Edinb Dublin Philos Mag J Sci, 1882, 14: 87.

[5] Theron S A, Zussman E, Yarin A L. Experimental investigation of the governing parameters in the electrospinning of polymer solutions[J]. Polymer, 2004, 45(6): 2017-2030.

[6] Doshi J, Reneker D H. Electrospinning process and applications of electrospun fibers[C]//Industry Applications Society Annual Meeting, 1993. Conference Record of the 1993 IEEE. IEEE, 1993: 1698-1703.

[7] Hohman M M, Shin M, Rutledge G, et al. Electrospinning and electrically forced jets. I. Stability theory[J]. Physics of Fluids (1994-present), 2001, 13(8): 2201-2220.

[8] Yarin A L, Koombhongse S, Reneker D H. Taylor cone and jetting from liquid droplets in electrospinning of nanofibers[J]. Journal of Applied Physics, 2001, 90(9): 4836-4846.

[9] Hendricks C H. Patterns of fetal and placental growth: the second half of normal pregnancy[J]. Obstetrics & Gynecology, 1964, 24(3): 357-365.

[10] Rutledge G C, Li Y, Fridrikh S, et al. Electrostatic spinning and properties of ultrafine fibers[J]. Annual Report(M98-D01), 2001: 1-10.

[11] Tian S, Ogata N, Shimada N, et al. Melt electrospinning from poly(L-lactide)rods coated with poly (ethylene-co-vinyl alcohol)[J]. Journal of Applied Polymer Science, 2009, 113(2): 1282-1288.

[12] Yarin A L, Koombhongse S, Reneker D H. Bending instability in electrospinning of nanofibers[J]. Journal of Applied Physics, 2001, 89(5): 3018-3026.

[13] Reneker D H, Yarin A L, Zussman E, et al. Electrospinning of nanofibers from polymer solutions and melts[J]. Advances in Applied Mechanics, 2007, 41: 43-346.

[14] 李山山. 静电纺聚酰亚胺纤维的制备及结构性能研究[D]. 上海：东华大学, 2010.

[15] Reneker D H, Yarin A L. Electrospinning jets and polymer nanofibers[J]. Polymer, 2008, 49(10): 2387-2425.

[16] Fridrikh S V, Jian H Y, Brenner M P, et al. Controlling the fiber diameter during electrospinning[J]. Physical Review Letters, 2003, 90(14): 144502.

[17] Baumgarten P K. Electrostatic spinning of acrylic microfibers[J]. Journal of Colloid and Interface science, 1971, 36(1): 71-79.

[18] Spivak A F, Dzenis Y A, Reneker D H. A model of steady state jet in the electrospinning process[J]. Mechanics Research Communications, 2000, 27(1): 37-42.

[19] Zhmayev E, Cho D, Joo Y L. Electrohydrodynamic quenching in polymer melt electrospinning[J]. Physics of Fluids(1994-present), 2011, 23(7): 073102.

[20] Go D B, Maturana R A, Fisher T S, et al. Enhancement of external forced convection by ionic wind[J]. International Journal of Heat and Mass Transfer, 2008, 51(25): 6047-6053.

[21] Bandyopadhyay A, Sen S, Sarkar A, et al. Investigation of forced convective heat transfer enhancement in the presence of an electric field-a finite element analysis[J]. International Journal of Numerical Methods for Heat & Fluid Flow, 2004, 14(3): 264-284.

[22] Zhao L, Adamiak K. EHD flow in air produced by electric corona discharge in pin-plate configuration[J]. Journal of Electrostatics, 2005, 63(3): 337-350.

[23] Filatov Y, Budyka A, Kirichenko V. Electrospinning of micro-and nanofibers: funda-

mentals in separation and filtration processes[J]. J Eng Fibers Fabrics, 2007, 3: 488.
[24] Tripatanasuwan S, Reneker D H. Corona discharge from electrospinning jet of poly(ethylene oxide)solution[J]. Polymer, 2009, 50(8): 1835-1837.
[25] 马贵平，方大为，刘洋等. 电纺丝制备纳米纤维及其应用[J]. 材料科学与工程学报，2012, 30(2): 312-323.
[26] Sarkar S, Deevi S, Tepper G. Biased AC electrospinning of aligned polymer nanofibers[J]. Macromolecular Rapid Communications, 2007, 28(9): 1034-1039.
[27] Li D, Wang Y, Xia Y. Electrospinning of polymeric and ceramic nanofibers as uniaxially aligned arrays[J]. Nano Letters, 2003, 3(8): 1167-1171.
[28] Um I C, Fang D, Hsiao B S, et al. Electro-spinning and electro-blowing of hyaluronic acid[J]. Biomacromolecules, 2004, 5(4): 1428-1436.
[29] Sun D, Chang C, Li S, et al. Near-field electrospinning[J]. Nano Letters, 2006, 6(4): 839-842.
[30] Li D, Xia Y. Direct fabrication of composite and ceramic hollow nanofibers by electrospinning[J]. Nano Letters, 2004, 4(5): 933-938.
[31] Zhao Y, Cao X, Jiang L. Bio-mimic multichannel microtubes by a facile method[J]. Journal of the American Chemical Society, 2007, 129(4): 764-765.
[32] Zhang D, Chang J. Electrospinning of three-dimensional nanofibrous tubes with controllable architectures[J]. Nano Letters, 2008, 8(10): 3283-3287.
[33] Yang D, Lu B, Zhao Y, et al. Fabrication of aligned fibrous arrays by magnetic electrospinning[J]. Advanced Materials, 2007, 19(21): 3702-3706.
[34] Theron S A, Yarin A L, Zussman E, et al. Multiple jets in electrospinning: experiment and modeling[J]. Polymer, 2005, 46(9): 2889-2899.
[35] Edmondson D, Cooper A, Jana S, et al. Centrifugal electrospinning of highly aligned polymer nanofibers over a large area[J]. Journal of Materials Chemistry, 2012, 22(35): 18646-18652.
[36] Yarin A L, Zussman E. Upward needleless electrospinning of multiple nanofibers[J]. Polymer, 2004, 45(9): 2977-2980.
[37] Liu Y, He J H. Bubble electrospinning for mass production of nanofibers[J]. International Journal of Nonlinear Sciences and Numerical Simulation, 2007, 8(3): 393-396.
[38] Dosunmu O O, Chase G G, Kataphinan W, et al. Electrospinning of polymer nanofibres from multiple jets on a porous tubular surface[J]. Nanotechnology, 2006, 17(4): 1123.
[39] Wang X, Niu H, Lin T, et al. Needleless electrospinning of nanofibers with a conical wire coil[J]. Polymer Engineering & Science, 2009, 49(8): 1582-1586.
[40] Niu H, Lin T, Wang X. Needleless electrospinning. I. A comparison of cylinder and disk nozzles[J]. Journal of Applied Polymer Science, 2009, 114(6): 3524-3530.
[41] Wang X, Niu H, Wang X, et al. Needleless electrospinning of uniform nanofibers using spiral coil spinnerets[J]. Journal of Nanomaterials, 2012, 2012: 3.
[42] Petrik S, Maly M. Production nozzle-less electrospinning nanofiber technology[C]//MRS Proceedings. Cambridge University Press, 2009, 1240: 1240-WW03-07.
[43] 2G纳米蜘蛛™NS8S1600纳米纤维量产设备[DB/OL]. http: //nanofiber. com. cn/? page_id=988, 2003.
[44] Zhang C, Yuana X, Han Y, et al. Study on morphology of electrospun poly(vinyl alcohol) mats[J]. European Polymer Journal, 2005, 41(3): 423-432.
[45] Lee K H, Kim H Y, Bang H J, et al. The change of bead morphology formed on electrospun polystyrene fibers[J]. Polymer, 2003, 44(14): 4029-4034.
[46] Li X, Deng M, Liu Y, et al. Dissipative particle dynamics simulations of toroidal structure formations of amphiphilic triblock copolymers[J]. The Journal of Physical Chemistry B, 2008, 112(47): 14762-14765.

NANOMATERIALS

纳米纤维静电纺丝

Chapter 3

第3章 聚合物熔体静电纺丝技术

3.1 聚合物熔体静电纺丝装置

3.2 聚合物熔体微分静电纺丝的提出

3.3 聚合物熔体静电纺丝材料

3.4 聚合物熔体微分静电纺丝射流间距的理论分析

3.5 聚合物熔体微分静电纺丝射流间距的实验研究

3.6 小结

当前对静电纺丝技术的研究主要集中在溶液静电纺丝上，溶液静电纺丝制备纤维可达纳米级，但其所制备的纤维存在孔洞，对纤维力学性能有一定影响，且纺丝过程中存在有毒溶剂挥发造成一定污染、纺丝效率较低等问题。熔体静电纺丝制备纤维效率高，无溶剂污染等问题，近些年来渐渐成为研究热点。但目前对于熔体静电纺丝的研究主要集中在装置改进和纺丝工艺方面，理论研究比较少。初期研究者认为熔体静电纺丝基本特征遵循溶液静电纺丝的理论公式，但是由于熔体和溶液在链缠结程度及导电特性方面的本质区别，需要对其基本理论重新进行探讨和研究。Zhmayev等建模对熔体静电纺丝的稳定射流进行了理论分析，模型基于薄层流体动量方程、连续性方程、能量守恒方程、高斯定律和非等温Giesekus本构模型，另外还建立了对于半结晶聚合物的模型，两种模型都和实验结论较为吻合。这在一定程度上解释了熔体静电纺丝稳定射流是纤维细化不足的主要原因，但同时也有研究者在实验中观察到了不稳定态的剧烈摆动。因此，对于熔体静电纺丝的理论研究还需要很多深入的工作。本章主要介绍现有的熔体静电纺丝技术进展，以促进对静电纺丝技术的整体把握。

3.1 聚合物熔体静电纺丝装置

静电纺丝设备自从20世纪初期发明以来[1]，已经得到持续改进，研究者陆续提出了提高纤维产量、制备有序结构以及核壳结构等特殊结构目标纤维的新原理、新方法及新设备。传统的溶液静电纺丝中，使用最为广泛的是毛细管式纺丝喷头，尽管它在材料开发及功能化应用方面展现出诸多优势，但是在产业化生产中面临许多经济性和效率性问题，而兴起于20世纪80年代的熔体静电纺丝则具备更高的纤维转化率和制备效率，因此对于熔体静电纺丝原理及设备的研究渐渐成为静电纺丝研究的热点。

熔体静电纺丝设备区别于溶液静电纺丝设备的最大特点在于增加了精密塑化系统，但同时也需要加载数倍于溶液静电纺丝的静电电压，这就要求高压静电不和加热系统发生静电干扰和击穿，从而增加了纺丝设备的复杂性，也在一定程度

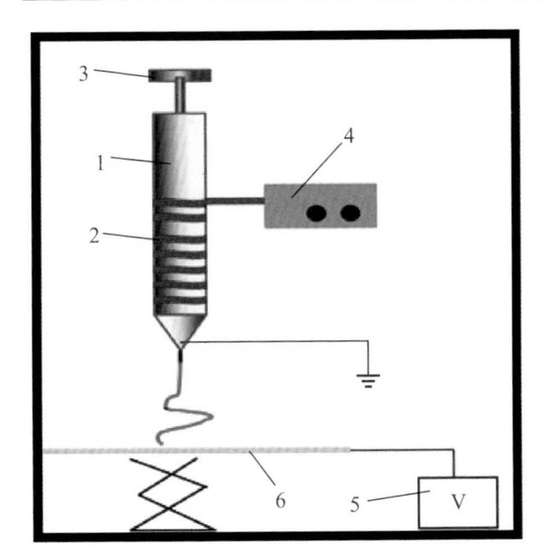

图3.1 熔体静电纺丝设备基本组成

1—供料系统；2，4—塑化系统；3—流量计量系统；5—高压电源设备；6—接收装置

上限制了熔体静电纺丝技术的发展。一台基本的熔体静电纺丝设备的组成如图3.1所示，主要有塑化系统（2，4）、供料系统（1）、流量计量系统（3）、接收装置（6）和高压电源设备（5）等。

熔体静电纺丝设备的塑化系统主要是通过热传递形式，将聚合物加热到其熔点之上，使得聚合物熔体黏度达到适合纺丝的范围。传统溶液静电纺丝工艺中通常将高压电极加载到纺丝毛细管或喷头上，熔体静电纺丝设备的研究者少有人突破这一思维定式。为了防止加载到喷头的高压静电和加热系统的静电干扰，大部分研究者采用了间接加热。间接加热主要包括循环水、循环油、循环气和红外辐照，也有一些学者突破这一定式，采用了热电阻直接加热方式，或采用激光加热的方法。其中循环水、循环油加热存在的问题是温度调节反馈较慢，油、水、气等介质存在泄漏的风险，且装置复杂；红外辐照在加热熔体的同时，也会将其他附件加热，这是不希望出现的情况。而激光加热存在熔体温度不可控的问题，在批量制备中成本和安全问题也需要解决。

表3.1按照时间顺序罗列了熔体静电纺丝装置的发展历程，可以看到2008年以前主要沿用溶液静电纺丝正纺，也就是把高压静电加载到纺丝喷头端，接收端接地；2008年后杨卫民组采用了电极倒置的方法，避免了电极正接的装置复杂问题，为纺丝喷头的灵活设计开辟了空间。

表3.1 熔体静电纺丝装置的发展历程

热源	设备简图	特点及单位	报道时间及文献
红外光	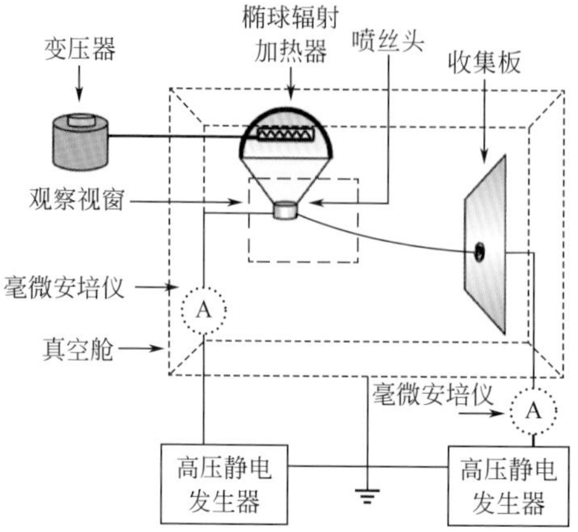 变压器 椭球辐射加热器 喷丝头 收集板 观察视窗 毫微安培仪 A 真空舱 毫微安培仪 A 高压静电发生器 高压静电发生器	实现快速间接加热，加热范围宽（朱拉隆功大学，泰国）	2003[2]
循环水	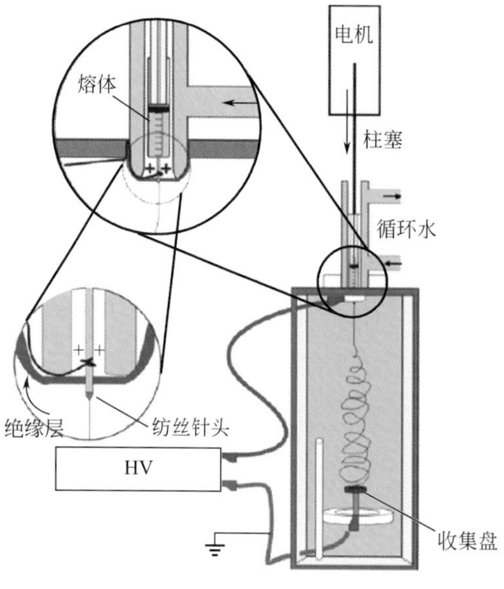 电机 熔体 柱塞 循环水 绝缘层 纺丝针头 HV 收集盘	电压正接，适合于纺丝温度低于水沸点的材料（南安普顿大学，英国）	2006[3]
热气流	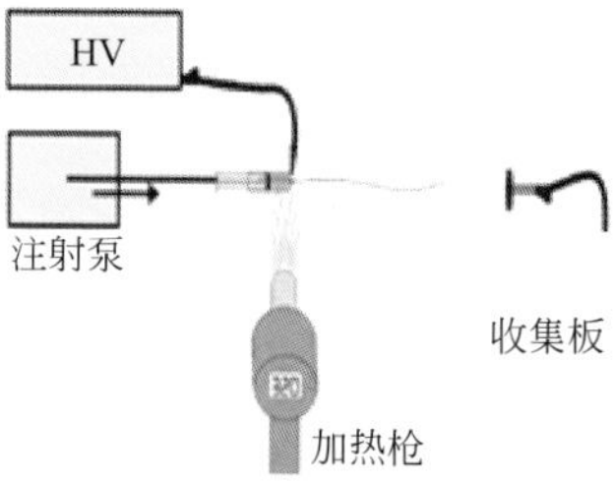 HV 注射泵 收集板 加热枪	亚琛工业大学，德国	2007[4]

续表

热源	设备简图	特点及单位	报道时间及文献
激光	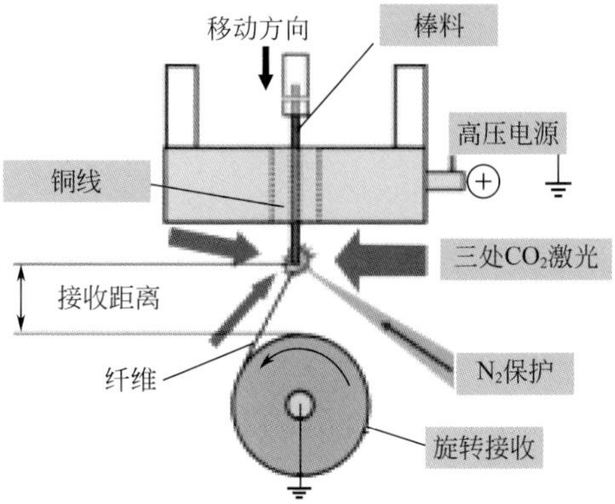	加热速度快，使得熔体快速瞬间达到低黏度（福井大学，日本）	2007[5]
电阻热	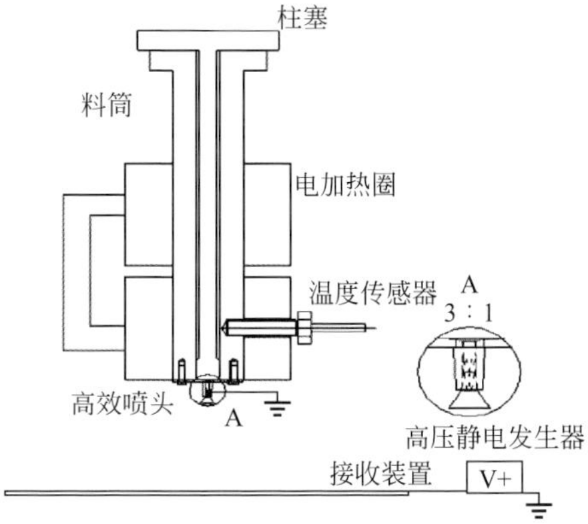	电极倒置，温度可控性好，可加热任何热塑性高聚物（北京化工大学，中国）	2009[6]
循环油	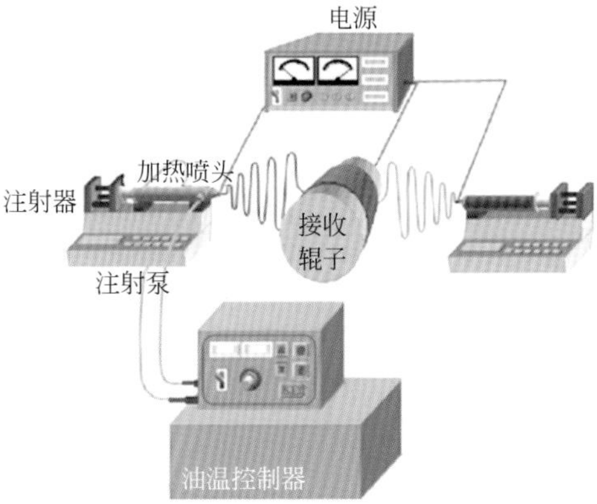	加热较慢，控温精确，温度调节慢（忠南国立大学，韩国）	2013[7]

续表

热源	设备简图	特点及单位	报道时间及文献
电阻热	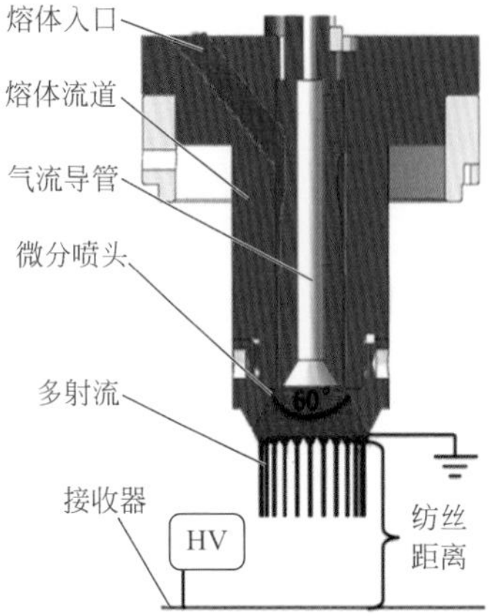	利用内外锥面获得多射流，温度可控，熔体分布均匀，可利用气流剪薄熔体层	2013[8～10]
电阻热		可批量化、模块化生产	2015[11,12]
电阻热	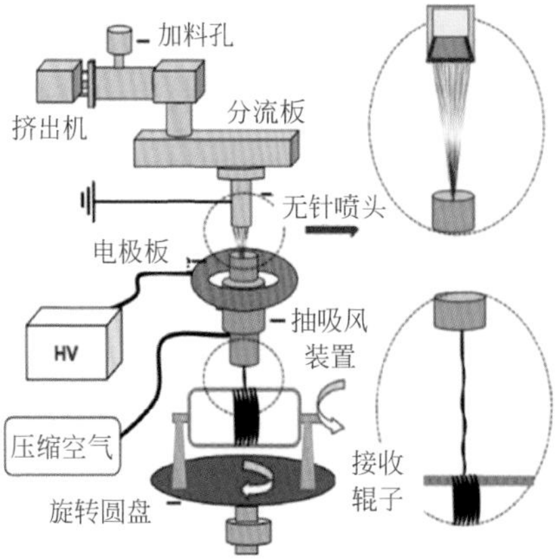	基于熔体微分电纺，可用于纳米捻线制备	2017[13,14]

续表

热源	设备简图	特点及单位	报道时间及文献
电阻热	挤出机 转接器 高压电源 (0～80kV) 双锥面 喷嘴 收集板	多层锥面都可产生多射流，纺丝效率提高	2017[15]

3.2 聚合物熔体微分静电纺丝的提出

溶液静电纺丝多采用毛细管针头纺丝，极易出现喷头堵塞的问题，且纺丝效率较低，无针静电纺丝技术的出现提高了纺丝效率。无针静电纺丝就是直接从流体表面进行静电纺丝，自由表面的流体在更高的电压作用下，自然地形成多个射流，避免了多毛细管式纺丝时毛细管电场之间的干扰和电场的削弱[16]。1974年美国发明专利公开了一种用于静电纺丝批量化生产的环状旋转金属电极装置，但是该专利技术并未见广泛应用。捷克2004年前后开发的无针静电纺丝设备[9]为面向产业化静电纺丝技术打开了一扇窗户，该设备使用了一根旋转的辊子进行无针纺丝，该技术一出现就迅速实现了产业化，并形成其国家品牌“纳米蜘蛛”。表3.2所统计文献中报道了各种形式的无针静电纺丝设备，其中捷克Elmarco公司的无针纺丝设备[17]和澳大利亚Tong[18]课题组螺旋线圈方案的纺丝效率比较突出，赵曙光等[19]改进版的螺旋叶片纺丝装置也进入了市场。

表3.2 不同形式的无针静电纺丝喷头

结构	具体微分结构	单个产率/(g/h)
直线式	直线激光	0.36 ～ 1.28[20]
	电线涂覆	288[21]
曲线式	圆周曲线	4.2[9]
	圆盘曲线	6.85[22]
平面式	双层磁液	0.12 ～ 1.2[23]
曲面式	滚筒喷丝	1.25 ～ 12.5[24]
	溅射喷丝	0.44 ～ 6[25]
	气泡喷丝	0.06 ～ 0.6[26]
立体式	金字塔式	2.3 ～ 5.7[27]
	圆锥线圈	0.86 ～ 2.75[28]

在溶液无针静电纺丝法的启发下，一些研究者尝试设计了一些无针熔体静电纺丝的方法。Shimada等[20]为了提高纺丝效率，利用线性激光器对EVOH片材进行熔体静电纺丝，在加载片材的直线金属片上获得了泰勒锥间距在5mm左右的多射流。原理如图3.2所示，通过对高分子片材进行激光加热熔融，在高压静电场的作用下可制备1μm左右的纤维，但是该装置复杂的激光发生器能耗高，且存在一定的安全性问题，产业化路径还不清晰。

为了提高纺丝产量，捷克利贝雷茨科技大学的Komarek等[29]提出了一种狭缝式的纺丝装置，如图3.3所示，通过衣架形流道获得了片层熔体，在电场力作用下，实验观察发现聚丙烯射流间距为6.3mm，黏度较低的材料射流分布较为均匀，黏度较高的材料射流间距大，射流分布不均。这种方法是一种无针熔体静电纺丝

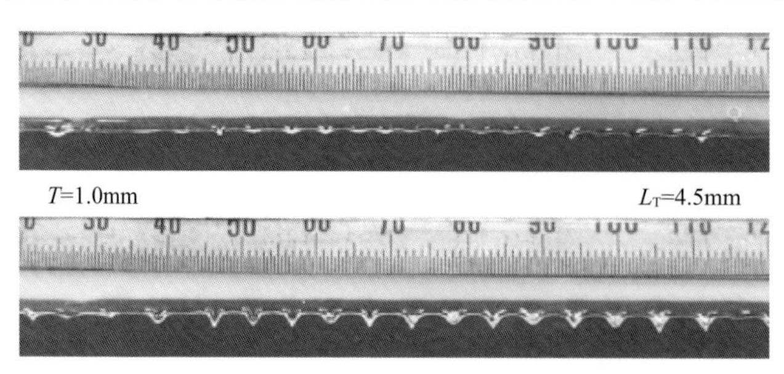

图3.2 线性激光器加热EVOH后熔体纺丝的多泰勒锥照片

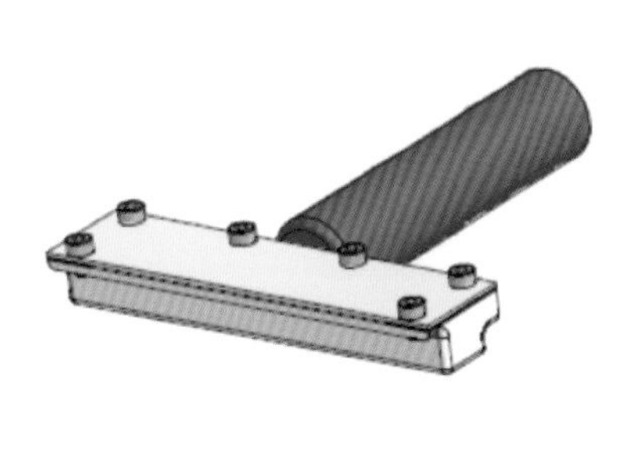
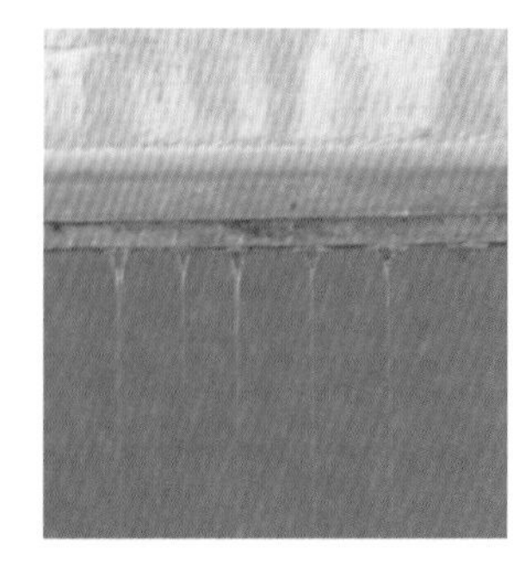

图3.3　狭缝式熔体静电纺丝装置及纺丝过程多射流照片

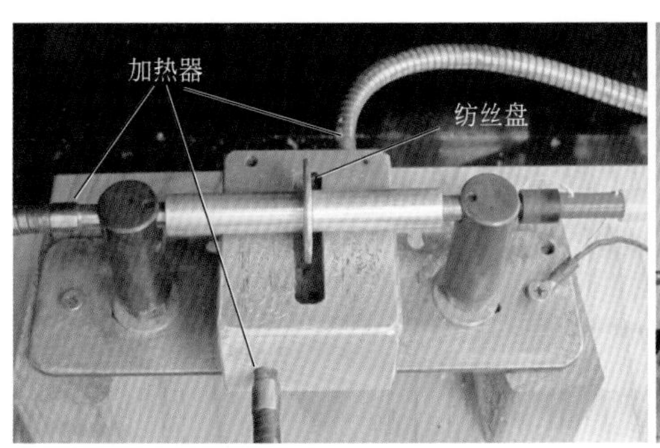

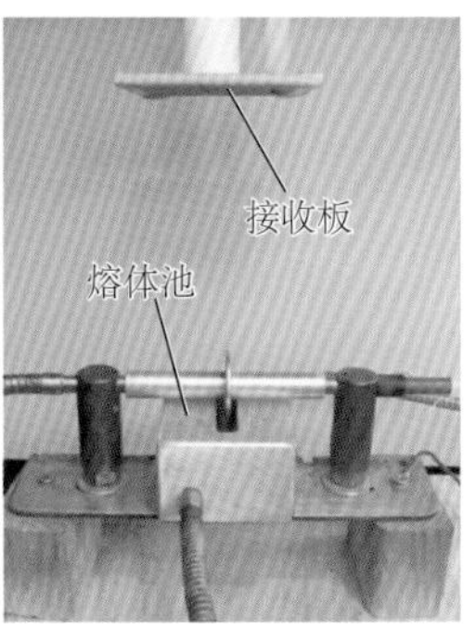

图3.4　盘式熔体静电纺丝装置照片

的较好选择，但是射流间距仍然较大，需要做好流道设计，满足微流量均匀分布。

澳大利亚的Fang等[30]采用了一种盘式熔体静电纺丝装置（图3.4），制备出的最细的一组样品为（400±290）nm，但是该装置对熔体黏度的要求十分苛刻，研究人员没有对射流的具体分布及射流间距进行表征和分析。

捷克Elmarco公司初期也进行了辊子式无针熔体静电纺丝的研究，但是限于纺丝原理对工艺和材料的要求比较高，在2007年终止研究。根据无针静电纺丝的特点，为了获得自由表面自然形成的多射流，需要加载的电压是普通毛细管式纺丝方法的3～5倍[31]，这就使得本来加载电压就要高达20～50kV的熔体静电纺丝工艺的电压加载到超过100kV，因此很容易导致空气击穿，影响或终止纺丝。

基于以上熔体静电纺丝原理工艺的缺陷，杨卫民[32]等提出了一种熔体静电纺丝新方法：熔体微分静电纺丝法。该方法受大自然中瀑布流及水满自溢的自然现象的启发（图3.5），当液体超过所在平面时，会克服表面张力作用，沿着同一水平面的整个边沿均匀下流，这正好能解决自由表面熔体均匀分布的难题。

图3.5 大自然瀑布照片

该熔体微分静电纺丝设备，除了最基本的加热塑化系统和静电发生装置外，还包括微流量进给装置、熔体流道和无针微分喷头，图3.6为不包含微流量进给系统的熔体微分静电纺丝设备示意图。它具有以下特点：① 针对熔体加热，传统的加热方式大部分采用间接加热，从而出现熔体温度可控性不好、装置过于复杂的问题，该设备将高压正极直接接到电极板接收端，这样并不影响射流的产生，但却彻底解放了接地的纺丝喷头，可以对其进行自由的设计，为工业化开发提供了基本技术支撑；② 微流量供给是实现稳定纺丝的重要一环，该设备通过步进电机控制的微型螺杆挤出量实现了微流量熔体供给；③ 熔体流道通过设计实现圆形横截面单流体过渡为线性或环形流体（图3.6中为环形流体），最终使熔体一致均分到微分喷头自由表面上；④ 无针微分喷头是具有线性或环形自由表面的熔体均布喷头，有直线性、伞形内锥面型和伞形外锥面型等几种[9,10]，可实现电场线在喷头端部的集中和电荷积聚，达到降低阈值电压的作用；⑤ 电加热系统是直接包裹在喷头及其上部流道的直接电阻加热装置，喷头接地，接收板接高压电极的方法则避免了电加热系统和高压静电的干扰。熔体微分静电纺丝过程为：供给喷头的微流量熔体在微分喷头表面展薄后，在电场力作用下，于喷头面下端均匀分布形成数十个泰勒锥，并在足够大的电场力作用下，喷射出多射流。

熔体微分静电纺丝中，弄清楚射流分布规律，探明控制射流根数的内在机理，是揭示熔体微分静电纺丝原理的关键。杨卫民等[32]集中通过模型分析和实验研究解决了这一问题，从而为工艺参数优化、纺丝装置的创新设计以及未来的理论研究提供了指导。

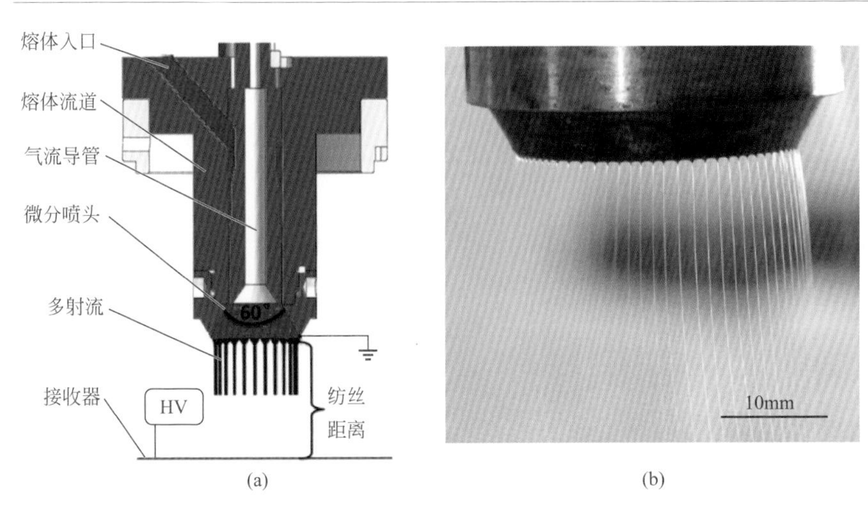

图3.6 （a）熔体微分静电纺丝设备示意图；（b）纺丝过程照片

3.3 聚合物熔体静电纺丝材料

熔体静电纺丝技术由于采用对聚合物加热熔融的方式进行纺丝，其纺丝过程无需溶剂，不存在溶剂挥发后形成的纤维孔洞，聚合物100%可转化为纤维，故其制备纤维的效率相比溶液静电纺丝技术有明显提高，且对材料的适应性更强，大多数可熔融的聚合物均可适用于熔体静电纺丝，另外还可纺制常温不溶的聚合物纤维。本节对当前用于熔体静电纺丝技术的聚合物及电纺加热方式进行了总结，如表3.3所示。

表3.3 熔体静电纺丝聚合物材料及电纺加热方式[33]

聚合物种类	静电纺丝装置	研究者
聚氨酯	氮气保护热传导式	Sanders等
聚丙烯	双螺杆挤出+接收板加高压	Lyons等

续表

聚合物种类	静电纺丝装置	研究者
聚（乙二醇-己内酯）	水浴循环加热	Dalton等
聚丙烯/降黏剂	热风枪	
PCL共混PEO-b-PCL	柱活塞热传导式	
聚（乙烯-乙烯醇）	二氧化碳激光加热	Ogata等
全芳香环聚酯		
PLA		
P(EVA)-PLLA		
PEVAL		
PP	真空辐射加热	Reneker等
聚萘二甲酸乙二醇酯		
聚丙烯	两段组合式加热装置	Kong等
聚丙烯/矿物油	柱活塞热传导式	袁晓燕等
聚乳酸	四段组合式加热装置	Joo等
	四段组合式加热+气体喷嘴	
尼龙6	四段组合式加热装置	
PET	二氧化碳激光加热	Takasaki等
PP		
P(LLA-CL)		
尼龙6		
PDLLA	传导式加热	Matthew等
PLGA	油浴循环加热	Sung等

3.4 聚合物熔体微分静电纺丝射流间距的理论分析

3.4.1 射流间距的定义

射流间距的研究始于多针多射流静电纺丝模型，被定义为多个毛细管阵列中毛细管和毛细管之间的距离［图3.7（a）］；2008年后，无针静电纺丝[34]射流间距被重新定义为自组织形成的多射流其最近射流之间的距离［图3.7（b）］。前者由于毛细管的位置人为地决定了射流间距，而毛细管的存在必然影响邻近毛细管的电场，不得不将毛细管间距设定到1cm以上，使得纺丝效率受到限制。后者由于是自发形成的射流间距，射流之间在一定的纺丝条件下达到稳态，射流间距取决于材料性质和工艺条件，有望小于5mm甚至更低，能够有效提高纺丝效率，简化纺丝设备。一定条件下射流间距的确定，有助于评估一定纺丝工艺和参数下单位纺丝表面的纺丝产量和纤维直径的关系，从而指导工艺和设备的确定。

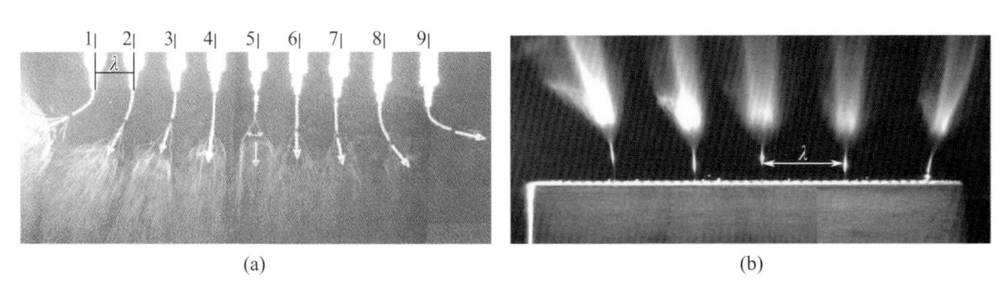

图3.7 （a）阵列毛细管式静电纺丝射流间距λ的定义[35]；（b）自由表面无针溶液静电纺丝中射流间距λ的定义[34]

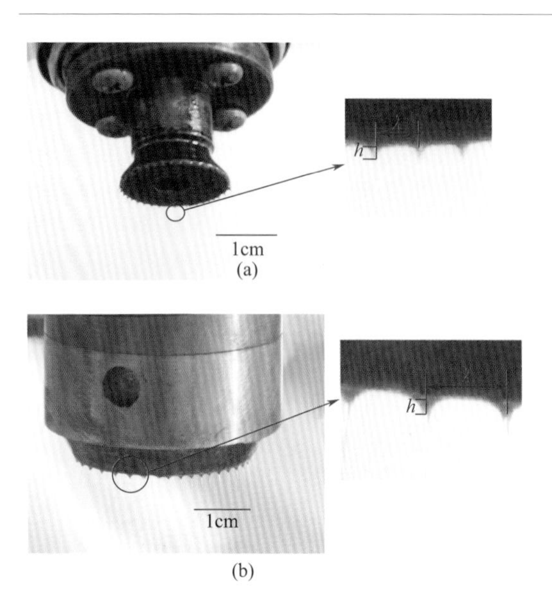

图3.8　熔体微分静电纺丝中射流间距λ的定义

射流间距可定义为如图3.7所示的邻近射流（或泰勒锥轴线）之间的距离，以每根射流所在泰勒锥的中轴线上的泰勒锥尖端点为射流间距λ的计算端点，以两种微分喷头为例，主要有外锥面喷头［图3.8（a）］和内锥面喷头［图3.8（b）］，因为泰勒锥排列成一个圆形，所以射流间距不能根据放大图片直接测量，需要将圆形的周长除以泰勒锥个数获得。其中h表示泰勒锥的高度。

3.4.2
射流间距分析模型的建立

溶液电纺无针分析方法，基于自由表面无针静电纺丝建立了射流间距分析模型。为了验证熔体微分静电纺丝射流间距的特点，Li等[10]采用溶液静电纺丝自由表面自组织分析方法[34]，以内锥面熔体微分静电纺丝喷头（英文简称ICS）为建模分析对象进行了分析。如图3.9所示，将多射流均布于底部边沿的内锥面微分喷头的内表面展开，就会形成一个扇形，扇形的长弧正是微分喷头的下边沿，也就是产生射流的边沿。假设这一长弧为沿其均匀产生并分布多射流的一条直线，如图3.9中的X轴，这条线长即为式（3.1）：

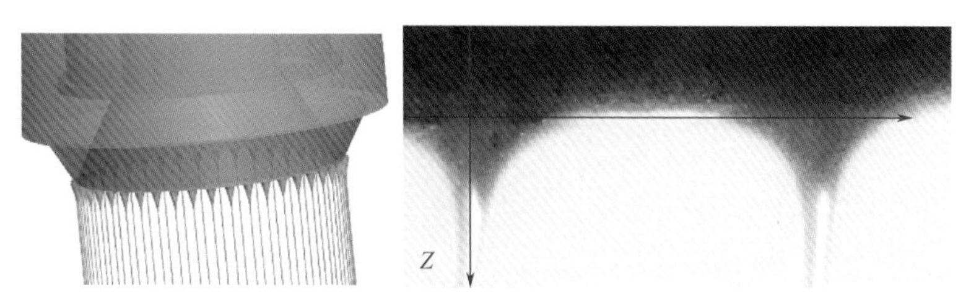

图3.9 内锥面熔体微分静电纺丝喷头和多射流泰勒锥展开后其模型X轴和Z轴的定义

$$L=\pi D \tag{3.1}$$

式中，D为ICS喷头下端沿直径；L为周长。

这种情况下，可以将喷嘴上的泰勒锥看作式（3.2）描述的沿着垂直X轴的一维波形。基于电流体动力学[36]，可以用复数的实部周期来描述沿着Z轴的垂直波幅：

$$\xi = A\exp\left[\mathrm{i}(kx-\omega t)\right] \tag{3.2}$$

式中，A、k、ω和t分别表示振幅、波数、角频率和时间。振幅即为实际泰勒锥高度或者射流高度，波数即为实际泰勒锥个数，角频率即为泰勒锥波形的角频率。该方程也可以简化为式（3.3）：

$$\xi = A\mathrm{e}^{qt}\exp(\mathrm{i}kx) \tag{3.3}$$

当电场强度E_0超过阈值电场强度E_c时，角频率的平方ω^2变为负值，此时ω变为纯粹的负值。虚数角频率如式（3.4）所示：

$$q=\mathrm{Im}(\omega) \tag{3.4}$$

3.4.3 射流间距模型的数学分析

根据朗道[36]对于连续流体的电流体动力学平衡方程定义：

$$\rho\frac{\mathrm{d}v}{\mathrm{d}t}+\nabla p=0 \tag{3.5}$$

式（3.5）描述了流体微元速度场和所受压力总和的平衡关系。式中，$\boldsymbol{\nu}$为$\boldsymbol{\nu}=\boldsymbol{\nu}\left[x(t),y(t),z(t),t\right]$，是随着时间变化的参数；$\rho$为流体密度；$p$为流体所受压力的总和。电压加载开启瞬时，喷头表面的熔体处在表面张力、重力场和电场的作用下，非零曲率的泰勒锥逐渐形成，因此，在突破阈值喷射之前，表现为振幅远远小于波长。这样流体的运动可以看作是一个速度势，定义该流体速度势为$\varPhi$，则有$\boldsymbol{\nu}=\nabla\varPhi$，假设熔体为不可压缩流体，可推出力平衡的简化欧拉公式[34]（3.6）：

$$\nabla\left(\rho\frac{\partial\varPhi}{\partial t}+p\right)=0 \tag{3.6}$$

式中，p为压力和。这个公式可进一步简化，将压力分解为以下几种：

① 重力场作用拉压力可表示为式（3.7）：

$$p_{\mathrm{g}}=\rho g\xi \tag{3.7}$$

② 毛细管压力同暴露于空气的外表面和表面张力系数相关，由Laplace Young公式[37]可得式（3.8）：

$$p_{\mathrm{c}}=-\gamma(\partial^2\xi/\partial x^2) \tag{3.8}$$

③ 静电压力同周围气体相对介电常数和电场强度相关，此电场强度为流体表面处的电场强度，喷头处的实际电场强度可由有限元分析获得，故静电压力表示为式（3.9）：

$$p_{\mathrm{e}}=\varepsilon E^2/2 \tag{3.9}$$

静电压力产生于流体表面诱导电荷在电场中受到的力，本模型中，一部分电荷集中在z=0的液体表面，此处的电场强度为E_0，设此处电势为φ_0；另一部分是由于静电力作用处在微波面上的诱导电荷所引起的电势差作用的静电压力，设此处电势为φ_1，根据波形定义，$\varphi_1=F\exp(-kz)\exp[\mathrm{i}(kx-\omega t)]$，$F$为一常数，在$\xi$处的波面为同$z$=0所在面的连续界面。根据电荷守恒，存在：$\phi_1(\xi)=-\phi_0(\xi)=E_0\xi$。据此可得式（3.10）：

$$E_1=-\nabla\varphi_1=\mathrm{i}kF\exp(-kz)\exp[\mathrm{i}(kx-\omega t)]=k\varphi_1 \tag{3.10}$$

根据经验诱导电荷产生的电场远小于加载的场强，即$E_1\ll E_0$，则静电压力继续化简可得式（3.11）及式（3.12）：

$$p_{\mathrm{e}} = \frac{\varepsilon E^2}{2}\bigg|_{Z=\xi} = \frac{1}{2}\varepsilon\left[E_0^2 + (kE_0\xi)^2 + 2(kE_0\xi)E_0\right] \quad (3.11)$$

$$p_{\mathrm{e}} \approx \frac{1}{2}\varepsilon E_0^2 + \varepsilon k E_0^2 \xi \quad (3.12)$$

将式（3.7）～式（3.12）代入到简化的欧拉公式（3.6），存在边界条件式（3.13）：

$$\int \nabla\left(\rho \frac{\partial \Phi}{\partial t} + p\right) \mathrm{d}t \bigg|_{Z=\xi} = 0 \quad (3.13)$$

即得到式（3.14）：

$$\rho \frac{\partial \Phi}{\partial t}\bigg|_{Z=\xi} + \rho g \xi - \gamma\left(\partial^2 \xi / \partial x^2\right) - \left(\frac{1}{2}\varepsilon {E_0}^2 + \varepsilon k {E_0}^2 \xi\right) = 0 \quad (3.14)$$

式中，ε为环境空气的相对介电常数；E_0为电场强度，γ为表面张力系数。内锥面边缘流体在电场力作用下的流体势为$\Phi(x,y,z,t)=\Phi(x,z,t)$，沿着射流方向$z$的速度在内锥面下端边缘可以建立速度势和速度的关系式（3.15）：

$$v_z = \frac{\partial \xi}{\partial t} = \frac{\partial \Phi(x,z,t)}{\partial z}\bigg|_{z=0} \quad (3.15)$$

其中式（3.16）是速度势：

$$\frac{\partial \xi}{\partial t} = -\mathrm{i}\omega A \exp\left[\mathrm{i}(kx - \omega t)\right] \quad (3.16)$$

根据波形特点，速度势可表达为式（3.17）：

$$\Phi(x,z,t) = B\exp(kz)\exp[\mathrm{i}(kx - \omega t)] \quad (3.17)$$

据式（3.16）和式（3.17）可得式（3.18）：

$$\frac{\partial \Phi(x,z,t)}{\partial z}\bigg|_{z=0} = kB\exp[\mathrm{i}(kx - \omega t)] \quad (3.18)$$

所以有式（3.19）：

$$B = -\frac{i}{k}\omega A \quad (3.19)$$

将式（3.17）和式（3.19）代入式（3.14），可以获得表达式（3.20）：

$$\frac{\rho\omega^2\xi}{k}\exp(k\xi) = \gamma\xi k^2 - \rho g\xi - \frac{1}{2}\varepsilon E_0^2 - \varepsilon k E_0^2\xi \tag{3.20}$$

因为在电压加载瞬间，ξ几乎为0，因此$\exp(k\xi)\approx 1$，上式两边关于ξ求时间t的一次导数，并简化可得式（3.21）：

$$\omega^2 = (\rho g + \gamma k^2 - \varepsilon E_0^2 k)k/\rho \tag{3.21}$$

当波数值满足角频率平方为正值时，此时形成稳定行波（稳定就是说对应固定的波数，其波幅为常数）；而当电场强度超过临界值时，波数的取值使得角频率平方为负值时，固定的波数对应的波幅不再稳定，波数倾向于过渡到角频率负数值且最小的数值对应的位置，此时满足表面能最小。式（3.21）可以表示为决定波形及射流特点的关于波数k的二次函数式（3.22），然后进行分析：

$$f(k) = \omega^2 = (\gamma k^2 - \varepsilon E_0^2 k + \rho g)k/\rho \tag{3.22}$$

当$f(k)=0$时，波面处在非稳态射流和稳态行波之间的临界值，此时获得的阈值可以通过设定$f(k)=\omega^2=0$计算，自然由$\partial\omega/\partial k=0$可推导出，其射流根数即波数$k$的阈值如式（3.23）所示：

$$k_{\mathrm{c}} = \varepsilon E_0^2/2\gamma \tag{3.23}$$

这一条件下电场强度为临界电场强度，为式（3.24）：

$$E_{\mathrm{c}} = \sqrt[4]{4\gamma\rho g/\varepsilon^2} \tag{3.24}$$

当加载电压小于这一电场强度时，一定电场作用下流体处于固定波数和波幅的状态，电场强度越小，波幅越小；当电场强度超过这一数值时，波幅不再稳定，射流产生，波幅无限大，波数稳定，波数随着电压的增大而增多。

可以根据材料的基本特性建立波数和角频率平方的关系曲线。以表3.4中材料聚丙烯PP6820在230℃下的基本参数为例，可以做出几种典型电场强度下的$f(k)$-k关系曲线，更加直观地分析不同电场强度条件下的函数$f(k)$特征。

表3.4　聚丙烯6820的基本参数

参数	γ/(N/m)	ρ/(kg/m^3)	g/(m/s^2)	ε/(F/m)
数值	0.025	750	9.8	8.85×10^{-12}

将其基本参数代入式（3.24）中可得：

$$E_c = 1.75 \times 10^6 \text{ V/m}$$

$$k_c = 542\text{m}^{-1}$$

$$f(k) = 3.33 \times 10^{-5} k^3 - 3.6 \times 10^{-2} k^2 - 9.8k$$

选取：

$$E_c = 1.75 \times 10^6 \text{ V/m}$$

$$E_1 = 1.5 \times 10^6 \text{ V/m}$$

$$E_2 = 2.0 \times 10^6 \text{ V/m}$$

可由公式（3.22）得到曲线$f(k_c)$、$f(k_1)$和$f(k_2)$。由图3.10可以看出，随着电场强度的增加，$f(k)$逐渐由正值过渡到负值，对于聚丙烯熔体，当场强达到临界场强时，行波波数约为542m^{-1}时，这时获得的波长即为临界射流间距。当电场强度超过这一临界值，行波波数继续增加，射流间距减小，角频率的平方达到方程的负值的极小值。

根据波长公式$\lambda = 2\pi/k$可得阈值射流间距公式（3.25）：

$$\lambda_c = 4\pi\gamma / \varepsilon E_0^2 \tag{3.25}$$

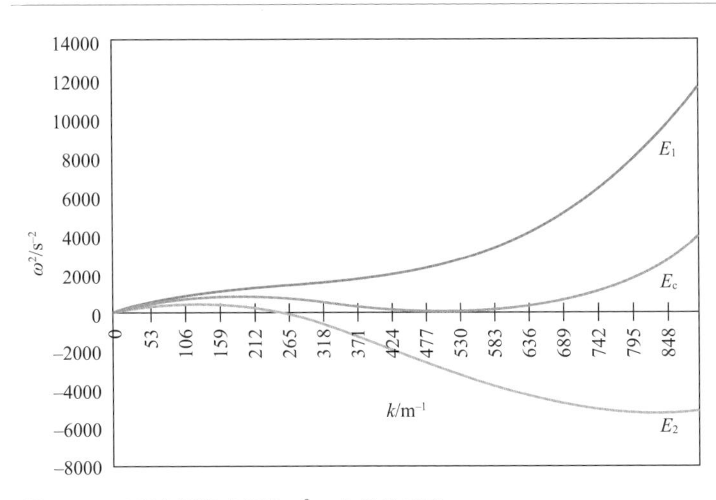

图3.10 不同电场强度下的ω^2−k曲线关系图

而对于加载电压超过临界电压的情况，如图3.10中的E_2，取值为该函数$f(k)$的负值的极小值。根据函数特点，当$\partial\omega^2/\partial k=0$时，可得到$k$对应$f(k)$的两个峰值解公式（3.26）：

$$k_{1,2}=\left[2\varepsilon E_0{}^2\pm\sqrt{\left(2\varepsilon E_0{}^2\right)^2-12\gamma\rho g}\right]\Big/6\gamma \tag{3.26}$$

取大值见式（3.27）：

$$k=\left[2\varepsilon E_0{}^2+\sqrt{\left(2\varepsilon E_0{}^2\right)^2-12\gamma\rho g}\right]\Big/6\gamma \tag{3.27}$$

根据波长公式$\lambda=2\pi/k$可得射流间距公式（3.28）：

$$\lambda_0=12\pi\gamma\Big/\left[2\varepsilon E_0{}^2+\sqrt{\left(2\varepsilon E_0{}^2\right)^2-12\gamma\rho g}\right] \tag{3.28}$$

由式（3.28）可知，射流间距与材料本身属性和外部加载电压相关，本身属性主要由密度和表面张力系数决定，而外部加载电压，主要取决于加载电压的形式和射流所在部分具体的电场线分布。由此公式也可以判定，射流间距并不取决于每根射流的流量。尽管这一公式具有指导性，但是这些结果都需要通过更多的实验来验证其正确性，明确这一公式的正确性和适用性。

3.5
聚合物熔体微分静电纺丝射流间距的实验研究

为了验证射流间距公式的适用性，Li等[10,11]采用了自己发明的两种微分喷头，分别安装在微分静电纺丝系统上，进行了实验研究。熔体静电纺丝设备如图3.11所示，主要由五部分组成：熔体入口、熔体流道、微分喷头、高压静电发生器（HV）和接收板。熔体由微流量挤出机来进行计量并输送到熔体入口，熔体流量控制范围为1～100g/h，控制精度为±0.1g/h；熔体分配流道用来引导单根熔体流转换为均布在微分喷头的环向流；喷头接地，高压正极加载到接收板，高压静

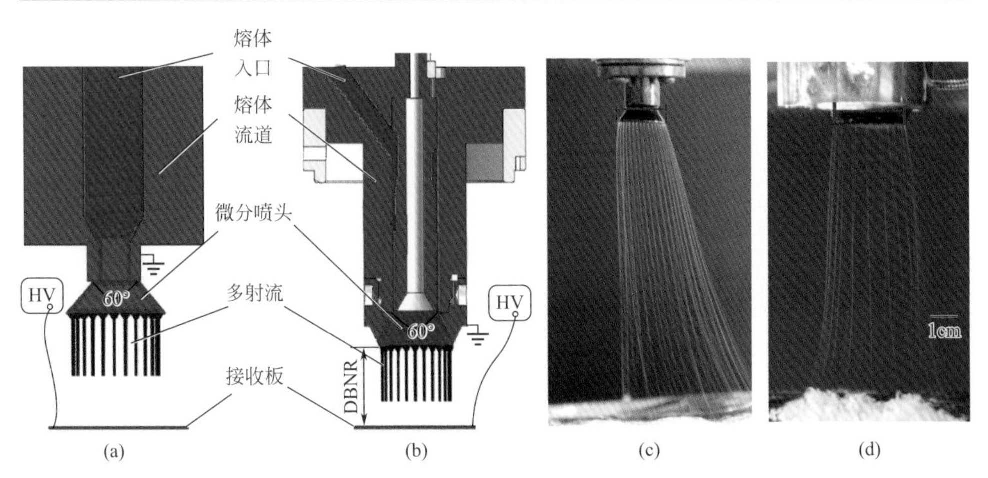

图3.11　熔体微分静电纺丝机两种主体喷头及纺丝过程照片

（a），（c）外锥面微分喷头（也叫伞形喷头）；（b），（d）内锥面微分喷头

电发生器购自天津东文公司，调压范围为0 ～ 80kV ；接收板为圆形铜板，铜板外径150mm，厚度3mm。

纺丝工艺过程如下：首先，熔体通过流道设计从圆柱状流体（截面）转换为环形流体（截面）；然后在微分喷头锥形表面形成一层薄而一致的熔体层；最后当加载电压超过一定值时，自组织的多射流沿着微分喷头下端面边沿喷射出来，成型纤维收集到接收板上。

所用的材料为聚丙烯（PP6820），从上海伊士通新材料发展有限公司购买熔体流动速率是2000g/10min。实验前将PP6820在高速粉碎机中粉碎2 ～ 3min，用16目筛网筛分，保证颗粒外径小于2mm，避免微型螺杆运行时螺杆被卡。

如图3.12所示，不同熔体微分静电纺丝条件下的多射流照片由照相机（Cannon 600D）在6×条件下拍摄，然后将获得的照片进行射流根数的平均计算获取射流间距，射流间距的计算方法为$\lambda = \pi D / n$，式中，D为微分喷头的尖端直径，n为通过计数拍得的相片上的多射流根数。

PP6820的黏度由DHR-2流变仪（TA仪器公司）测试，由于纺丝工艺几乎无剪切作用，因此，采用的剪切速率几乎为零（0.1rad/s），在氮气保护下温度扫描模式设定为190 ～ 280℃，板间距设定为1mm。聚丙烯纤维的直径利用扫描电子显微镜（日本日立公司S-4700）测试。每个SEM样品采集40根纤维，利用图片分析软件Image J 2X来计算纤维的平均直径及其分布。

电场强度、熔体表面张力及流量等因素是影响射流间距大小的潜在因素，因此，实验中着重考察了纺丝距离和加载电压共同影响下的电场强度、纺丝温度间接影响下的表面张力以及熔体进给流量对射流间距的实际影响，并对射流间距分别进行了表征。

3.5.1 匀强电场强度对射流间距的影响

在熔体微分静电纺丝中，聚合物熔体的黏度要比溶液静电纺丝液体的黏度高1 ～ 2个数量级，因此，需要在熔体微分静电纺丝中加载比自由表面无针溶液纺丝加载电压更高的纺丝电压。在自由表面溶液静电纺丝中，加载电压是注射毛细管溶液静电纺丝的3 ～ 5倍[37]，因此，无针熔体静电纺丝中，必须要通过优化喷头结构来降低加载电压，从而避免击穿。

在过去电场对射流影响的评估方法中，大都是简单地将加载电场假设为匀强电场（加载压差和纺丝距离的比值）。电压的增加或者纺丝距离的降低，都将引起匀强电场强度的增加，能够克服较大的表面张力，从而产生更多的射流。如图3.12（a）所示，不管是内锥面还是外锥面微分喷嘴，其射流间距在纺丝距离（13cm）不变的情况下都随着加载电压的增加而减小。但是，使用外锥面微分喷头的装置，其射流间距要比内锥面射流间距小得多。前者当加载电压为55kV时，射流间距只有1.2mm [图3.12（c）]，而后者当加载电压为65kV时，射流间距可达3mm [图3.12（b）]。如图3.12（d）所示，分别使用内锥面和外锥面的熔体静电纺丝喷头进行实验。在加载电压40kV不变的条件下，当内锥面纺丝距离为7cm时，射流间距取得最小值2.8mm [图3.12（e）]；当外锥面纺丝距离为5cm时，射流间距取得最小值1.2mm [图3.12（f）]。也可以看出内锥面喷头射流间距随着纺丝距离变化的速度要快于外锥面喷头，意味着外锥面电场强度要比内锥面电场强度的变化趋势更加显著。值得注意的是，平均电场强度不变的条件下，纺丝距离的变化也在一定程度上影响射流间距。图3.12（g）显示射流间距随着纺丝距离的增加而减小，直到纺丝距离达到7cm，然后纺丝距离在7 ～ 13cm范围内时，射流间距保持一定值 [图3.12（h），（i）]。

上述现象中，通过只增加纺丝电压或者减小纺丝距离，都能明显增加匀强电

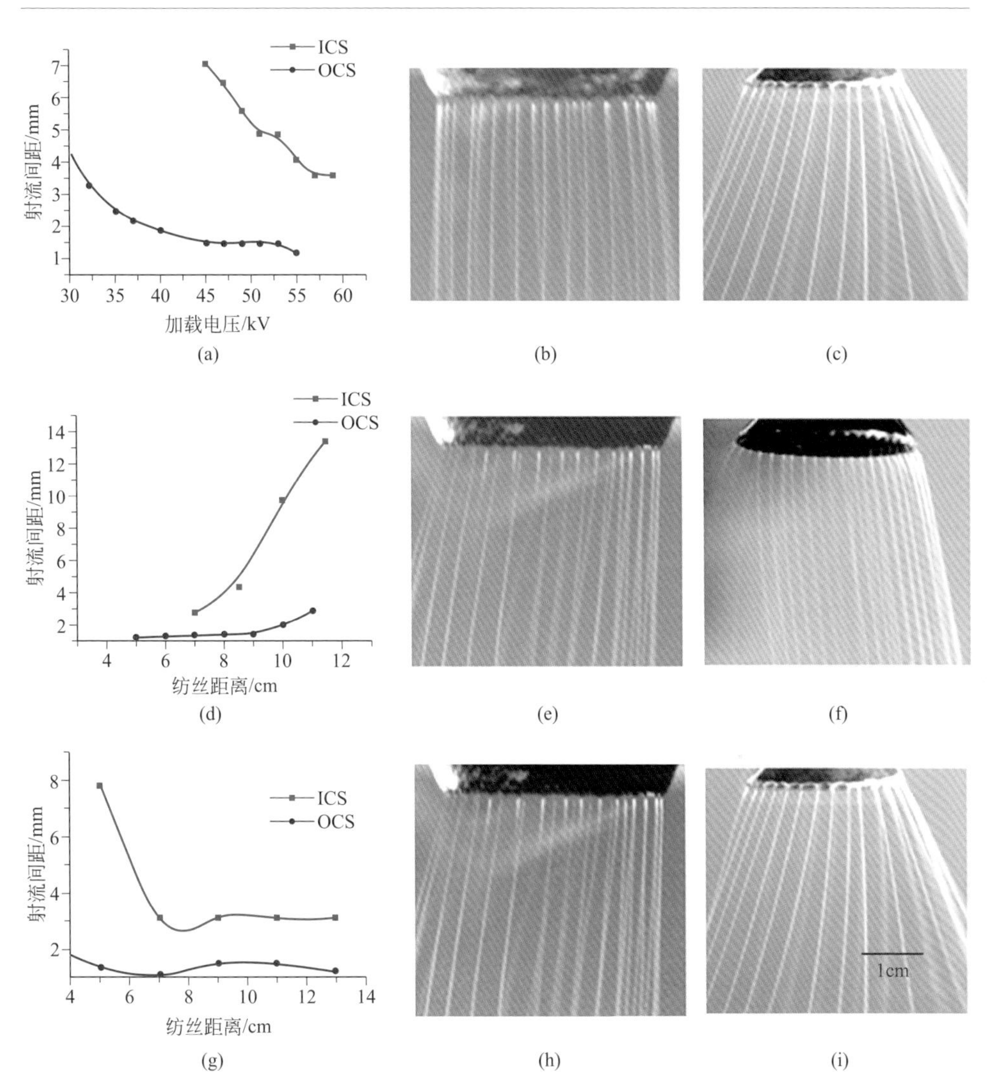

图3.12 不同条件下内锥面微分喷头和外锥面微分喷头其射流间距及对应最小射流间距的纺丝照片

（a），（b），（c）保持纺丝距离13cm不变，改变加载电压；（d），（e），（f）保持加载电压40kV不变，改变纺丝距离；（g），（h），（i）保持匀强电场强度5kV/cm不变，协同改变纺丝距离和纺丝电压（所有获得的射流间距的统计偏差为0.15mm

场的电场强度，在这种情况下，两种微分喷头的射流间距明显减小，这一现象符合理论分析结果，即电场强度的增加有利于射流间距减小的结论。但是当匀强电场强度不变的条件下，也发现随着纺丝距离的变化，射流间距也发生了变化，这一结论明显不符合理论分析的结果，这从侧面反映出，喷头泰勒锥附近流体表面处的电场强度并不能完全按照匀强电场强度来计算，实际的电场线分布，可能由于喷头结构，以及有限的电极板面积，从而出现不均匀分布。因此，有必要根据实际电场线分布来确定射流产生的位置的电场强度，从而判断实验规律。而且也可以发现，同样的电场强度下，外锥面射流间距远远小于内锥面微分喷头，因此，有必要对特定结构特定位置的电场强度大小及方向做一分析。

3.5.2 最大电场强度对射流间距的影响

上面的实验和现象说明电场强度对射流间距起着重要作用，即便在不变的平均电场强度下，最终射流间距也会随着纺丝距离的变化而变化，因此判断可能是最大电场强度及其在喷嘴底部的分布影响最终的射流间距。为了进一步验证这一判断，利用有限元分析软件ANSYS12.1的静电场分析模块，模拟了两种纺丝微分喷头在不同纺丝距离下（按匀强电场计算，保持5kV/cm不变的条件下）电场强度的分布云图。两种喷嘴的尺寸参数如图3.13进行简化，基本的分析设定参数如表3.5所示。

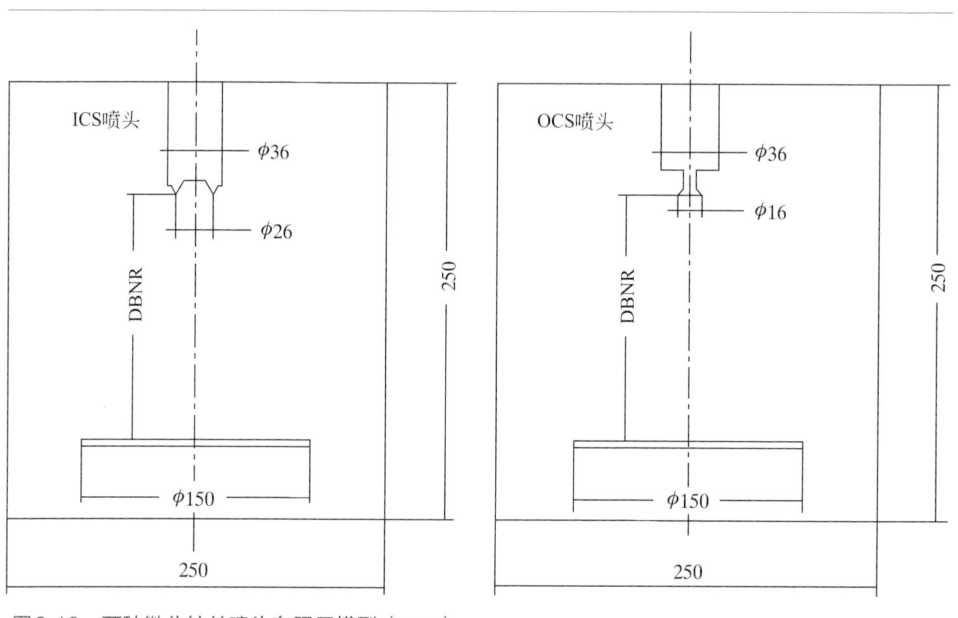

图3.13 两种微分纺丝喷头有限元模型（mm）

表3.5　有限元分析模型参数设定

单元类型	边界尺寸	相关空气介电常数
2D Quad121	260mm×260mm	1
喷头电压/V	加载电压/kV	纺丝距离/mm
0	15，25，35，45	30，50，70，90

模拟结果如图3.14所示，其中图（a）和图（b）说明同一喷头不同区域的电场强度分布不同，不是简单的匀强电场；图（c）和图（d）显示了内外锥面微分喷头其底部边沿电场强度分布的局部放大图，可以看出最大的电场强度处在喷头的最底部边沿处，在接收板附近的电场强度则相对较低。由图3.15可以发现对于两种喷头，最大的电场强度随着纺丝距离的增加而增加，也就揭示了为什么在固定匀强电场强度下（5kV/cm）射流间距随着纺丝距离的变化而变化。尽管如此，外锥面最大的电场强度比内锥面最大的电场强度要高，和前面的情况相同，有趣的是，凡是有射流产生的边缘都是电场强度最大的部位，这也解释了为什么该方法的加载电压相对较小。即便如此，仍然无法解释在同一最大电场强度下，为什

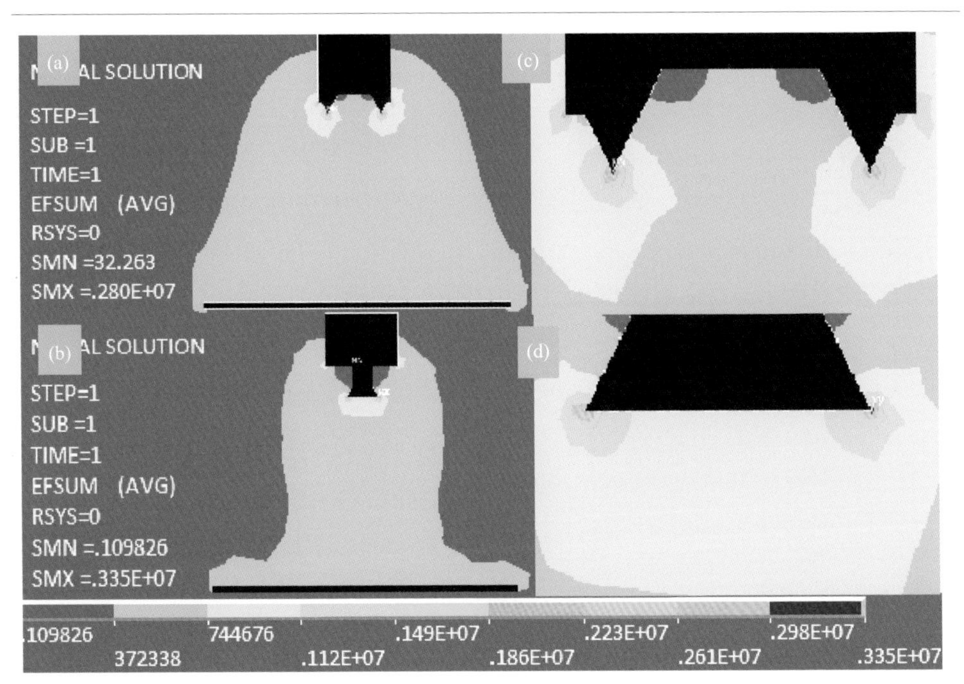

图3.14　内锥面（a）和外锥面（b）熔体微分喷嘴电场强度分布云图（分析模拟条件：纺丝加载电压45kV，纺丝距离90mm）；内锥面（c）和外锥面（d）底部边缘电场强度分布云图的局部放大图

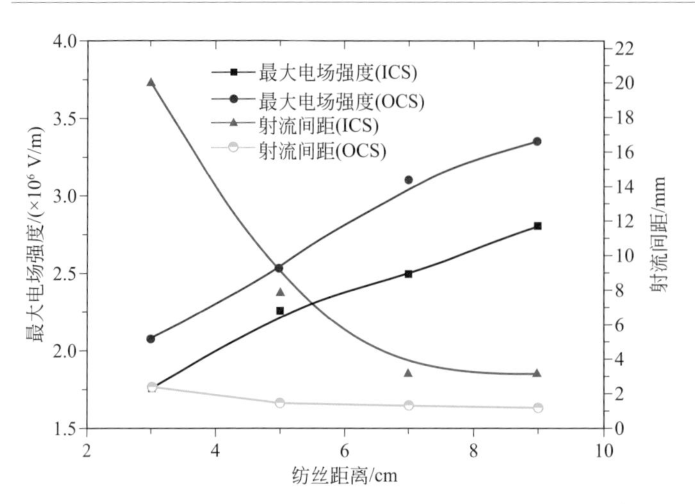

图3.15　两种微分喷头在电场强度（匀强电场计算）为0.5×10^6V/m时，射流间距及最大电场强度和纺丝距离的关系

么外锥面的射流间距比内锥面的射流间距要小。笔者认为这一现象可能和射流还未出现前的熔体层薄厚有关。后面的研究也将针对这一判断进行实验和理论方面的研究。

为了验证理论分析结果的正确性，以内锥面微分喷头为例，实验结果直接以熔体内锥面微分喷头在纺丝温度为230℃、纺丝距离为85mm和纺丝电压为40kV的条件下表征获得，阈值电场强度及工作电场强度都是按照加载电压利用ANSYS12.1模拟获取的泰勒锥附近的最大电场强度。材料的具体参数及理论计算结果如表3.6所示，可以看出理论计算结果和实验结果非常接近，尽管如此，也存在着20%的差距，实验结果要比理论结果稍微高一点，这可能是由于喷头下端不同部位的电场强度并不一致，而理论分析得到的射流决定公式是将电场看作匀强电场处理的，另外，实际实验中，在上万伏的高压静电下，空气及周边支撑结果都对实际的电场强度具有影响，熔体泰勒锥体的表面温度和黏度难以直接测量，对这些内容的评估具有难度。

表3.6　PP6820基本参数以及其理论实验对比

参数	γ/(N/m)	ρ/(kg/m^3)	g/(m/s^2)	ε/(F/m)	λ_c/mm	E_c/(V/m)	E_0/(V/m)	λ/mm
理论	0.025	750	10	8.85×10^{-12}	19.8	1.68×10^6	3.06×10^6	2.4
实验	—	—	—	—	26.4	1.88×10^6	3.06×10^6	3.0

3.5.3
熔体黏度对射流间距的影响

根据上节射流间距理论计算公式，可知熔体表面张力是影响射流间距的主要因素，表面张力是源于物质表面分子受到不平衡的分子间力作用，根据Sugden 等提出的等张比容概念公式[38]：

$$P_S = \gamma^{1/4} \frac{M}{\rho} = \gamma^{1/4} V \tag{3.29}$$

可推出：

$$\gamma = \left(\frac{P_S}{V} \right)^4 \tag{3.30}$$

式中，γ为表面张力，kJ/m^2；V为摩尔体积，m^3/mol；P_S为等张比容。等张比容的大小与温度无关，当聚合物熔体温度升高时，伴随着高聚物的熔化，高聚物的体积将会增加，即聚合物摩尔体积增大，意味着熔体表面张力随着温度的升高相应减小。

因此可通过温度变化，间接评估熔体表面张力对熔体微分静电纺丝射流间距的影响。聚丙烯熔体黏度也在一定程度上反映了这种关系。温度和熔体黏度的相互具体关系如图3.16（a）所示，熔体温度从190℃加热到280℃，熔体黏度持续降低，从9Pa · s降低到2Pa · s（实验条件：加载纺丝电压40kV不变，纺丝距离10cm），纺丝效果如图3.16（b）所示，射流间距随着纺丝温度的增加而减小，

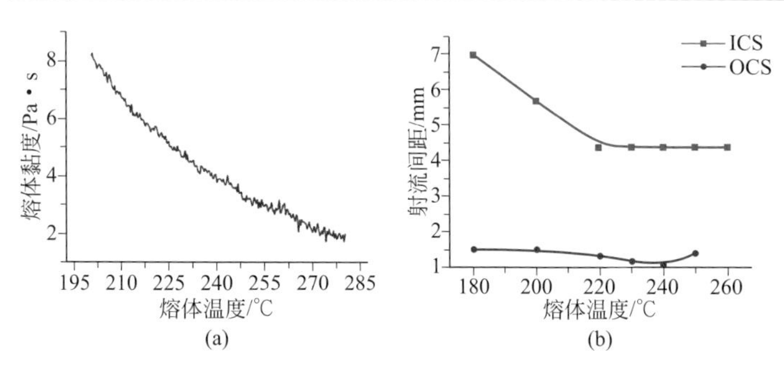

图3.16　不同微分喷头温度下的（a）聚合物熔体黏度和（b）对应射流间距

对于外锥面微分喷头，射流间距从1.5mm减小到1.1mm，然后到250℃后保持1.1mm不变；对于内锥面喷嘴，射流间距从7mm减小到4.4mm，然后当温度超过230℃，射流间距保持4.4mm不变。

实验数据说明熔体黏度对射流间距具有明显影响，值得注意的是，当黏度达到一定数值，射流间距不再改变，意味着聚合物黏度有限的降低足以使得纤维射流个数达到量产水平。也可以观察到内锥面射流间距受黏度的影响比外锥面相对明显，后者射流间距只减小了27%，而前者降低了37%。从理论可知，熔体黏度是决定射流间距的重要因素，但本质上还是表面张力和电场力相互角逐的结果，而高温下聚合物熔体表面张力的测量具有实际操作的难度。

3.5.4 进给流量对射流间距的影响

在溶液静电纺丝中，调节合适的流量对纺丝工艺的稳定性及能否正常进行纺丝具有重要意义。当流量过小时，可能出现泰勒锥的不稳定现象；流量过大，则可能出现珠串现象。而无针自由表面上纺丝的条件下，射流的形成是自发的，有多少流量被射流带走，是由材料体系及工艺参数决定的。而在熔体微分静电纺丝工艺中，熔体的连续供给是由微型螺杆转速决定的，泰勒锥的大小与个数可能与流量相关。

实验中通过调整螺杆转速来实现对熔体微流量供给的调节，根据具体的实验测量，得到微型熔体计量泵频率参数和进给流量之间的关系如图3.17所示。可以看出熔体计量泵转速和进给流量成正比例关系。通过拟合获得的转速和流量之间的关系为：

$$Q=1.4039f-0.5454 \tag{3.31}$$

式中，Q为进给流量；f为电机频率。熔体微流量泵齿轮转速计算公式：

$$n=60f/YP(1-S) \tag{3.32}$$

式中，P为电机极数；S为电机转差率；Y为减速比。本实验中电机极数为4，减速比Y为25，转差率取2%。则获得进给流量和熔体微流量泵齿轮转速的关系：

$$Q=2.293n-0.5454 \tag{3.33}$$

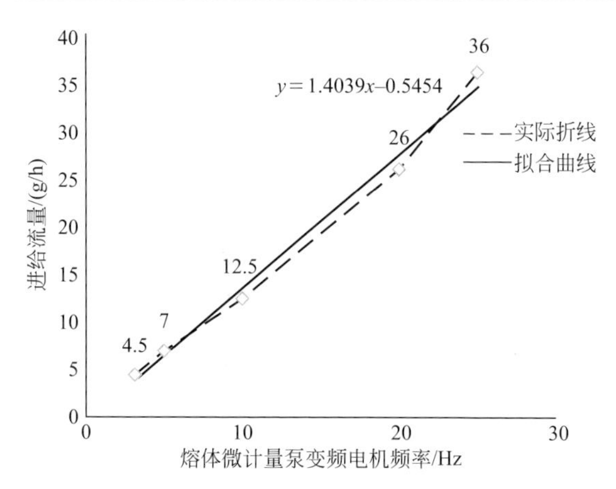

图3.17 熔体微计量泵电机变频频率和进给流量之间的关系

利用外锥面微分喷头进行不同进给流量下的熔体微分纺丝实验，获得了同一纺丝条件下（纺丝加载电压57kV，纺丝距离14cm）不同流量下的射流间距参数。由实验可知，单喷头射流根数始终保持（20±1）根，即射流间距保持在3.6mm左右，忽略由于外部电源引起的高压静电发生器输出电压的不稳定性所造成的射流根数波动，可见熔体进给流量对射流间距没有影响，这从侧面印证了射流间距公式和熔体进给流量的无关性。这一结论有利于后期根据工艺参数直接判断射流细化过程。

3.6 小结

熔体静电纺丝方法的关键在于认识其射流产生和细化的规律，研究者通过理论研究和实验研究相结合，对熔体静电纺丝原理进行了初步揭示。

面向批量化的无针多射流熔体微分静电纺丝技术，以锥面熔体的微分过程、射流产生及均布为模型原型，将其展开简化为沿着X方向伸展、Z方向波动的波形进行二维波形分析，通过基于力平衡的欧拉公式的简化，获得其边界条件，即关于波形角频率平方和波数之间的关系式，进而逐步化简获得了射流产生的阈值（临界）电压和射流间距的决定公式，决定公式说明射流间距与熔体密度和表面张力相关，同时也可以通过外加电场强度来控制。

熔体微分静电纺丝的实验研究中，虽然无法直接获得复杂介质及喷头形状下的电场强度，通过有限元分析出了微分喷头简化模型在不同纺丝距离和纺丝电压下的最大电场强度，并对比了理论计算值和实验结果，变化规律上证明了理论结果的正确性。

尽管如此，对于熔体静电纺丝带电机理还有待进一步认识，这对于单射流控制进而用于接收可控的三维成型和面向批量制备的无针熔体静电纺丝工艺的优化控制都具有重要意义。

参考文献

[1] Formhals A. Process and apparatus for preparing artificial threads[P]. US 1975504A. 1934-10-2.

[2] Rangkupan R, Reneker D H. Electrospinning process of molten polypropylene in vacuum[J]. Journal of Metals, 2003.

[3] Dalton P D, Lleixà C J, Mourran A, et al. Melt electrospinning of poly-(ethylene glycol-block-ε-caprolactone)[J]. Biotechnology Journal, 2006, 1(9): 998-1006.

[4] Dalton P D, Grafahrend D, Klinkhammer K, et al. Electrospinning of polymer melts: phenomenological observations[J]. Polymer, 2007, 48(23): 6823-6833.

[5] Ogata N, Yamaguchi S, Shimada N, et al. Poly (lactide) nanofibers produced by a melt-electrospinning system with a laser melting device[J]. Journal of Applied Polymer Science, 2007, 104(3): 1640-1645.

[6] Deng R, Liu Y, Ding Y, et al. Melt electrospinning of low-density polyethylene having a low-melt flow index [J]. Journal of Applied Polymer Science, 2009, 114(1): 166-175.

[7] Kim S J, Jeong L, Lee S J, et al. Fabrication and surface modification of melt-electrospun poly (D, L-lactic-co-glycolic acid) microfibers[J]. Fibers and Polymers, 2013, 14(9): 1491-1496.

[8] 杨卫民, 钟祥烽, 李好义, 等. 一种熔体微分静电纺丝喷头[P]. 中国: 201310159570. 0, 2013. 07. 31.

[9] 杨卫民, 陈宏波, 李好义, 等. 一种气流辅助外锥面型静电纺丝喷头[P]. CN103668486A. 2014.

[10] Li H, Chen H, Zhong X, et al. Interjet distance in needleless melt differential electrospinning with umbellate nozzles[J]. Journal of Applied Polymer Science, 2014, 131(15): 338-347.

[11] 杨卫民, 陈宏波, 谭晶, 等. 一种电场均匀稳定的多喷头熔体微分静电纺丝装置[P]. CN104630911A. 2015.

[12] Haoyi L, Weimin Y, Hongbo C, et al. Differential-integral method in polymer processing: taking melt electrospinning technique for example[C]// The International Conference of the Polymer Processing Society. AIP Publishing LLC, 2016: 2223-2253.

[13] Xiaolu Ma, Liyan Zhang, Jing Tan, Yongxin Qin, Hongbo Chen, Wanlin He, Weimin Yang, Haoyi Li. Continuous manufacturing of nanofiber yarn with the assistance of suction wind and rotating collection via needleless melt electrospinning [J]. Journal of Applied Polymer Science. 2017, 134,

44820.
[14] 马小路，张莉彦，李好义，等. 熔体微分静电纺丝取向纳米线的制备[J]. 纺织学报，2017(1): 8-12.
[15] 张艳萍，张莉彦，陈宏波，等. 双锥面熔体微分静电纺中电场分布的有限元分析[J]. 纺织学报，2017.
[16] Chaloupek J, Jirsak O, Kotek V, et al. Method of nanofibres production from a polymer solution using electrostatic spinning and a device for carrying out the method[P]. US 7585437. 2009-9-8.
[17] 2G纳米蜘蛛NS8S1600纳米纤维量产设备[DB/OL]. http: //nanofiber. com. cn/? page_id=988, 2003.
[18] Lin T, Niu H, Wang X, et al. Electrostatic spinning assembly[P]. US 13124742. 2009-10-14.
[19] 赵曙光. 螺旋叶片纳米纤维发生器及静电螺旋纺丝装置[P]. CN2021107802U. 2012-01-11.
[20] Shimada N, Tsutsumi H, Nakane K, et al. Poly (ethylene-co-vinyl alcohol) and Nylon 6/12 nanofibers produced by melt electrospinning system equipped with a line-like laser beam melting device [J]. Journal of Applied Polymer Science, 2010, 116(5): 2998-3004.
[21] Forward K M, Rutledge G C. Free surface electrospinning from a wire electrode[J]. Chemical Engineering Journal, 2012, 183(3): 492-503.
[22] 郝明磊. 转杯式静电纺丝装置及其性能研究[D]. 上海：东华大学，2012. 19-23.
[23] Yarin A L, Zussman E. Upward needleless electrospinning of multiple nanofibers [J]. Polymer, 2004, 45(9): 2977-2980.
[24] Thoppey N M, Bochinski J R, Clarke L I, et al. Unconfined fluid electrospun into high quality nanofibers from a plate edge [J]. Polymer, 2010, 51(21): 4928-4936.
[25] Tang S, Zeng Y, Wang X. Splashing needleless electrospinning of nanofibers [J]. Polymer Engineering & Science, 2010, 50(11): 2252-2257.
[26] Liu Y, He J H. Bubble electrospinning for mass production of nanofibers [J]. International Journal of Nonlinear Sciences and Numerical Simulation, 2007, 8(3): 393-396.
[27] Jiang G, Zhang S, Qin X. High throughput of quality nanofibers via one stepped pyramid-shaped spinneret [J]. Materials Letters, 2013, 106: 56-58.
[28] Niu H, Lin T, Wang X. Needleless electrospinning. Ⅰ. A comparison of cylinder and disk nozzles [J]. Journal of Applied Polymer Science, 2009, 114(6): 3524-3530.
[29] Komarek M, Martinova L. Design and evaluation of melt-electrospinning electrodes[C]// Proceedings of 2nd NANOCON International Conference. 2010: 72-77.
[30] Fang J, Zhang L, Sutton D, et al. Needleless melt-electrospinning of polypropylene nanofibres[J]. Journal of Nanomaterials, 2012, 2012: 16.
[31] Wang X, Niu H, Lin T, et al. Needleless electrospinning of nanofibers with a conical wire coil [J]. Polymer Engineering & Science, 2009, 49(8): 1582-1586.
[32] 杨卫民，李好义，陈宏波，等. 超细纤维熔体微分静电纺丝原理及设备[J]. 橡塑技术与装备，2014(2): 47-49.
[33] Hutmacher D W, Dalton P D. Melt electrospinning. [J]. Chemistry—An Asian Journal, 2011, 6(1): 44-56.
[34] Lukas D, Sarkar A, Pokorny P. Self-organization of jets in electrospinning from free liquid surface: a generalized approach [J]. Journal of Applied Physics, 2008, 103(8): 084309.
[35] Theron S A, Zussman E, Yarin A L. Experimental investigation of the governing parameters in the electrospinning of polymer solutions[J]. Polymer, 2004, 45(6): 2017-2030.
[36] Landau L D, Bell J S, Kearsley M J, et al. Electrodynamics of continuous media [M]. Elsevier, 1984.
[37] Niu H, Lin T. Fiber generators in needleless electrospinning [J]. Journal of nanomaterials, 2012, 2012: 12.
[38] Krevelen D W V, Nijenhuis K T. Properties of polymers [M]. Berlin: Springer-Verlag, 1980. 230-231.

NANOMATERIALS

纳米纤维静电纺丝

Chapter 4

第4章
聚合物静电纺丝的模拟分析

4.1 静电纺丝建模相关研究进展

4.2 熔体静电纺丝中电场分布规律

4.3 拔河效应介观模拟分析

4.4 射流细化的理论分析

静电纺丝过程中，在电压不断增大的情况下，聚合物熔体或溶液在喷头处形成泰勒锥，继而形成喷射射流，喷射射流不断固化，到达接收板形成纤维。在这个过程中，影响射流运动轨迹及纤维形貌的因素有很多，一是所采用材料的本身性质，包括黏度、表面张力、极性等；二是工艺参数，包括纺丝电压、纺丝距离、纺丝温度等；三是外部影响，包括室温、湿度等。因此，要研究和控制纺丝射流下落规律也是一个相当有难度的问题，很多参数是不可控的，因此会存在一定的随机性。尽管静电纺丝过程中各参数和材料的影响可通过实验轻易获取，但是缺乏对工艺过程的预测和内在机理的分析揭示，因此，需要对静电纺丝过程建立理论模型，为研究提供更为深入和科学的理解，对静电纺丝实验设计和装备改进提供有根据和有效的改进，通过建模仿真分析可以规避一些不必要或错误的实验步骤或装置设计，对探索静电纺丝中多种纺丝规律有着重大意义，所以通过模拟软件对静电纺丝过程建模仿真分析是很有意义和符合实际需求的。

4.1 静电纺丝建模相关研究进展

静电纺丝的主要过程就是纤维被不断拉伸细化，成为微纳米超细纤维。射流的运动轨迹是一个非常复杂的过程，而射流下落速度又较快，因此很难准确地观察其运动规律，必须借助一定的研究方法。Kirichenko等[1]研究了纺丝过程射流运动中的直线射流阶段，设定模拟流体为牛顿流体，建立了射流流动的模型。东华大学李志民[2]采用与实际较吻合的Maxwell本构模型-珠链纤维模型模拟建立了静电纺丝的一维动态拉伸模型，并进行高速摄像实验对比研究，发现聚合物纺丝过程为三维变化过程，纺丝射流的整个运动轨迹为螺旋线状，并发现纤维直径受接收距离影响，随着接收距离的增加而减小，在距离小于30cm时，模拟结果与实验现象相吻合，距离大时却不吻合，这可能是由于模拟模型未考虑表面张力、重力等。可见，静电纺丝需考虑重力、表面张力以及外界影响等因素，只有建立三维模型才能更准确更贴近地表达实际纺丝过程。大连理工大学杜海英等[3]采用离散化的带电粒子建立带电粒子的分子动力学模型，改变静电纺丝工艺参数，得到了带电粒珠的不同运动轨迹的仿真图像，发现可有效控制纺丝轨迹，同时还发现环境湿度、温度及不同的前驱液都会不同程度地影响纤维的运动轨迹。Melcher和Warren[4]建立了漏流介电质模型，该模型为轴向对称，施加一维非线性电场，研究和分析了稳定流体拉伸运动，发现射流同向圆柱形分布，但是建模过程中只引入了切向电场和重力，而不是轴向电场。Hohman等[5]通过增加场强研究鞭动射流下落规律，建立了流体动力学方程，与实验结果进行定量对比分析，将射流上的电荷和电场有机地联系在一起，验证了射流上电荷受电场影响很大，从而使射流发生不稳定的非线性运动。Reneker团队[6～8]将射流看作是通过黏弹性连接在一起的一系列带电水滴，建立了射流不稳定模型，研究射流及纤维的“鞭动运动”现象，解释实验中观察到的不稳定现象。

基于纺丝过程规律，控制和改善纺丝条件是制得所需高质量纤维的必经之路，控制超细纤维成型过程的因素很多，包括设备结构、材料黏度、材料温度、纺丝电压、接收距离及射流受力情况等，电场力是纤维成型的主要驱动力，因此，电场控制是控制射流下落的重要部分。Yang等[9]设立三种作用不均匀程度的电场来研究电场分布对静电纺丝射流下落过程和纤维形态的影响，研究发现稳定纺丝过程中，射流直线下落距离与电场分布成正相关。刘兆香等[10]采用圆环和圆板两种金属板作为电极，研究纺丝区域的电场分布对射流的影响，发现圆环电极场强变化稳定持续，制备的纤维均匀、有序，而且更细，但是在靠近喷嘴的一段范围内比圆板电极电场拉力小。段宏伟[11]实验组建立了电场分析纺丝ANSYS模型，得出电场成轴向对称分布；谢胜等[12]模拟分析单针头纺丝装置中的电场分布，并与实验对照分析电场的作用，研究证明纺丝电场直接影响射流下落和纤维平均直径，因此可以说明合理控制电场使之均匀稳定有利于获得超细纤维。Komarek等[13]建立了2D和3D模型，研究了电极对电场的影响，发现电极结构、尺寸对电场都有很大的影响。

目前关于溶液静电纺丝建模分析已较成熟，而熔体静电纺丝相关建模分析的理论基础还不完善。静电纺丝射流的下落过程是纤维成纤的关键，研究和控制该过程十分重要，而核心部分是电场控制。电场控制的研究主要包括电场辅助装置的添加、喷头结构优化、电极结构优化等几部分。一些研究者采用有限元分析方法研究了熔体静电纺丝过程的电场及其变化规律。这些方法都为研究并获得熔体静电纺丝机理及制备定向可控纤维提供了有力的理论基础，丰富了静电纺丝的理论模型。本章将围绕熔体静电纺丝的主要模拟分析方法及其进展进行介绍，主要介绍研究较多的电场建模与分析模拟；包括一些研究者采用的耗散粒子动力学模拟（DPD）对熔体静电纺丝过程中单根射流拉伸理论即“拔河效应”进行的模拟研究，探索拔河机理和影响因素；还包括采用DPD模拟结合高速摄像法进行实验研究，考察拔河作用对射流运动速度、轨迹等的影响规律。

4.2 熔体静电纺丝中电场分布规律

在熔体静电纺丝中，电场力是射流下落成纤的主要驱动力，因此，在纺丝装置中，电场的分布和作用大小的合理控制直接影响纺丝过程和成纤质量，电场的作用十分显著。分析、研究和控制纺丝中的电场，对于控制射流下落过程和纤维质量具有重要的实际意义。

4.2.1 有限元模拟方法简介

随着生活节奏的加快，科技的发展突飞猛进，更高效更优质地将产品推向市场是市场发展的必然要求，因此，将计算机辅助工程分析（CAE）融入科技的创新设计中是加快产品开发和提升产品性能的快捷方法。有限元技术经历了几十年的发展，已经广泛应用于各种工程设计领域，有限元法（finite element method，FEM）就是一种求解偏微分方程初边界条件问题的有限的数值分析方法，其基本思想就是将连续问题域离散成有限数目的单元，单元和单元直接通过节点相连，通过正确的理论方法将无穷自由度场问题的偏微分方程转化为有限自由度代数方程问题，使无限性问题转化成有限性问题，再用计算机求解。ANSYS作为一种结合结构、热、流体、电磁和声学于一体的大型CAE通用有限元分析软件，在科学研究和工业领域已有广泛的应用。

有限元法分析电场基本过程包括以下三步。

① 离散化，将实际问题进行离散化，即将连续的待求区域或结构体离散为有限个部分，每个部分就叫做一个单元，单元与单元之间由节点连接。因此，这一步是整个过程的关键，需要建立模型、确定材料属性、选择单元类型、划分网格、施加载荷和约束。

② 建立有限元方程，离散后对每个单元进行分析，采用合适的场函数近似描述变化规律，并表示为节点变量，建立节点方程，加上边界条件对方程进行修改，从而得到最终可解的有限元方程组。

③ 求解方程组，获得未知节点场变量的值，并根据每个单元的场变量模型求得场内所有点场变量的值，分析这些节点变量，得到所求问题的解。

4.2.2
电场模型建立与参数选择

有限元软件ANSYS中涉及多个模块，这里采用电场分析模块，该模块中典型的计算物理量有电场、电流密度、电位和电场力等。基于泊松方程，有限元电场分析过程中，先求出节点自由度值，在电场中就是标量电压，然后根据节点电压计算电场的其他物理量。

4.2.2.1
拉普拉斯方程和泊松方程

有限元电场模拟分析的基础是拉普拉斯方程和泊松方程。在静电场中，无论介质在静电场中如何分布，对静电场的电场强度向量环路积分，结果都是零。如果考虑极化电荷产生电场的作用，静电场基本方程的积分形式如式（4.1）所示，电场强度的向量沿任意闭合环路积分都为0。

$$\oint_l \boldsymbol{E}\cdot \mathrm{d}\boldsymbol{l}=0 \tag{4.1}$$

式中，$\boldsymbol{E}$为电场强度；$\boldsymbol{l}$为环路积分。在同一介质中有：

$$\boldsymbol{D}=\varepsilon \boldsymbol{E} \tag{4.2}$$

式中，$\boldsymbol{D}$为电通量的密度；ε为介质的介电常数。对应的基本方程的微分形式为：

$$\nabla \times \boldsymbol{E} = 0 \tag{4.3}$$

式中，∇ 为拉普拉斯算子。对应的基本方程，即高斯定律为：

$$\nabla \cdot \boldsymbol{D} = \rho \tag{4.4}$$

式中，ρ为电荷密度。

将公式（4.2）代入公式（4.4），得到：

$$\nabla \boldsymbol{D} = \varepsilon \nabla \cdot \boldsymbol{E} + \boldsymbol{E} \cdot \nabla \varepsilon = \rho \tag{4.5}$$

介质均匀的情况下，$\nabla \varepsilon = 0$，将它代入公式（4.5），有：

$$\nabla^2 \varphi = -\rho / \varepsilon \tag{4.6}$$

式中，φ 为电位函数；∇^2 为拉普拉斯算子的标量形式。上式就是泊松方程。

如果待求场中无电荷，此时ρ=0。代入表达式（4.6），拉普拉斯方程如式（4.7）：

$$\nabla^2 \varphi = 0 \tag{4.7}$$

柱坐标系下$\nabla^2 \varphi$ 的方程式为：

$$\nabla^2 \varphi = \frac{1}{r} \times \frac{\partial}{\partial_r}\left(r \frac{\partial \varphi}{\partial r}\right) + \frac{1}{r^2} \times \frac{\partial \varphi^2}{\partial z^2} \tag{4.8}$$

4.2.2.2 有限元法静电场计算的原理

（1）电位函数的设定

假定每个单元内的电场都是均匀的，每个单元里各节点电位的大小应满足公式（4.9）插值函数：

$$\varphi = \alpha_1 + \alpha_2 r + \alpha_3 z \tag{4.9}$$

任意单元，统一按逆时针排列，起点为i，分别设其节点号为i、j、m，设S为单元e的面积，则有公式（4.10）及式（4.11）：

$$\begin{cases} \varphi_i = \alpha_1 + \alpha_2 r_i + \alpha_3 z_i \\ \varphi_j = \alpha_1 + \alpha_2 r_j + \alpha_3 z_j \\ \varphi_m = \alpha_1 + \alpha_2 r_m + \alpha_3 z_m \end{cases} \tag{4.10}$$

$$
\begin{cases}
\alpha_1 = \dfrac{1}{2S_{\mathrm{e}}}\left(\alpha_i\varphi_i + \alpha_j\varphi_j + \alpha_m\varphi_m\right) \\
\alpha_2 = \dfrac{1}{2S_{\mathrm{e}}}\left(b_i\varphi_i + b_j\varphi_j + b_m\varphi_m\right) \\
\alpha_3 = \dfrac{1}{2S_{\mathrm{e}}}\left(c_i\varphi_i + c_j\varphi_j + c_m\varphi_m\right)
\end{cases} \tag{4.11}
$$

其中满足公式（4.12）：

$$
\begin{cases}
\alpha_i = r_i z_m - r_m z_j \\
\alpha_j = r_m z_i - r_i z_m \\
\alpha_m = r_i z_j - r_j z_i
\end{cases}
\quad
\begin{cases}
b_i = z_j - z_m \\
b_j = z_m - z_i \\
b_m = z_i - z_j
\end{cases}
\quad
\begin{cases}
c_i = r_m - r_j \\
c_j = r_i - r_m \\
c_m = r_j - r_i
\end{cases} \tag{4.12}
$$

则，得出公式（4.13）：

$$
S_{\mathrm{e}} = \frac{1}{2}\begin{vmatrix} 1 & r_i & z_i \\ 1 & r_j & z_j \\ 1 & r_m & z_m \end{vmatrix} = \frac{1}{2}\left(b_i c_j - b_j c_i\right) \tag{4.13}
$$

得出插值函数的公式（4.14）：

$$
\varphi(x,y) = \frac{1}{2S_{\mathrm{e}}}\left[\left(a_i + b_i r + c_i z\right)\varphi_i + \left(a_j + b_j r + c_j z\right)\varphi_j + \left(a_m + b_m r + c_m z\right)\varphi_m\right] \tag{4.14}
$$

（2）能量函数

表达式见式（4.15）：

$$
W_{\mathrm{e}} = \iint_{\mathrm{e}} \frac{\xi_{\mathrm{e}}}{2}\left[\left(\frac{\partial \varphi^3}{\partial r} + \frac{\partial \varphi^2}{\partial z}\right) \times 2\pi d_r d_z\right] \tag{4.15}
$$

式中，W_{e}为储存能量。小单元的能量函数有公式（4.16）及式（4.17）：

$$
W_{\mathrm{e}} = \frac{\xi}{2} \times 2\pi \frac{\left(\sum b_s\varphi_s\right)^2 + \left(\sum c_s\varphi_s\right)^2}{4S_{\mathrm{e}}^2} \iint_s r\mathrm{d}_r\mathrm{d}_z \tag{4.16}
$$

$$
\iint_s r\mathrm{d}_r\mathrm{d}_z = \frac{r_i + r_j + r_m}{3} S_{\mathrm{e}} = r_{\mathrm{e}} S_{\mathrm{e}} \tag{4.17}
$$

式中，r为轴线到点的距离。将公式（4.17）引进到公式（4.16），得到单元能量公式（4.18）：

$$W_e = \frac{1}{2} \times \frac{2\pi\xi_e r_e}{4S_e}\left[\left(\sum b_s\varphi_s\right)^2 + \left(\sum c_s\varphi_s\right)^2\right] \quad (4.18)$$

（3）电场强度公式的设定

由公式（4.19）：

$$\boldsymbol{E} = -\nabla\varphi = -\frac{\mathrm{d}\varphi}{\mathrm{d}r}\cdot\boldsymbol{e}_r - \frac{\mathrm{d}\varphi}{\mathrm{d}z}\cdot\boldsymbol{e}_r = E_{re}\boldsymbol{e}_r + E_{ze}\boldsymbol{e}_r \quad (4.19)$$

整理得公式（4.20）：

$$E = \sqrt{E_{re}^2 + E_{ze}^2} = \sqrt{\frac{\partial\varphi}{\partial r} + \frac{\partial\varphi}{\partial z}} \quad (4.20)$$

4.2.2.3
分析类型

在ANSYS分析中，电场分析有二维分析模型和三维分析模型，本文选择二维模型。二维模型单元和节点数比三维模型少得多，消耗时间短，而且对于熔体静电纺丝电场分析来说，其电场模型都为轴对称模型，静电场的分布呈现空间对称性，所以采用二维模型进行分析就足能呈现电场特征。

电场的分析类型主要有静态、瞬时、时谐，静电纺丝中恒定高压电源提供电场，当高压静电发生器稳定后，纺丝工作电场会保持稳定，可见在静电纺丝的电场分析中，视工作电场的类型为静态场[14,15]。

操作步骤：【Main Menu】→【Preferences】→【Electromagnetic】→【Magmetic-Nodal】和【Electric】

4.2.2.4
静电纺丝模型和假设条件

静电场分析的目的是获得研究对象的电场和电场标量位（电压）分布，这种电场是由电荷分布或外加电势的作用产生的。在计算中，主要施加载荷有两种形式：电压和电荷密度。假设静电分析为线性，那么电场与所加电压成正相关关系。因此采用传统有限元法对静电纺丝装置的工作电场进行分析。

采用传统有限元法对静电纺丝装置的工作电场进行分析，并采用熔体微分静电纺丝设备为研究对象，纺丝装置主要由挤出输料装置、温度控制部分、纺丝喷头、接收板和高压电供应装置五大部分组成（图4.1）。其中温度控制部分主

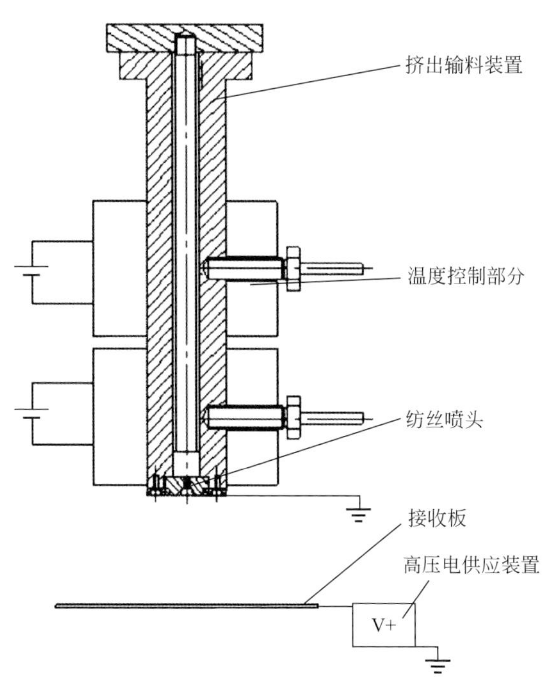

图4.1 熔体静电纺丝装置原理图

要由加热圈、温度传感器和温控箱组成，加热圈加热物料，温度传感器对温度进行检测和控制，温控箱接受温度信号进行温度调节和控制。本装置创新设计了一种微分喷头，能够增大纺丝效率。该喷头表面有内锥面和外锥面两种，均为自由表面，这不仅能够获得更多的纺丝射流，使纺丝效率提高，而且很大程度地细化了纤维。

静电纺丝装置的结构比较复杂，对纺丝装置进行了简化，建立静电场二维分析模型。为此提出了以下几点假设：

① 介电常数为常量，不依赖于电场；

② 忽略带电射流上的电荷对整体电场的影响；

③ 忽略辅助机架、温度控制部分等辅助结构对整体电场的所有影响。

根据各部分对电场的影响程度和本身性质，着重考虑喷头和接收板之间的电场情况，得到的简化模型如图4.2所示。模型将纺丝装置简化为纺丝喷头、空气介质和接收板三大主要部分。其中涉及的模型尺寸有内锥面喷头内径（$d_{内}$）30mm，外锥面喷头外径（$d_{外}$）15mm、接收距离（h）70mm和接收板外径（D）150mm，接收环内径60mm。

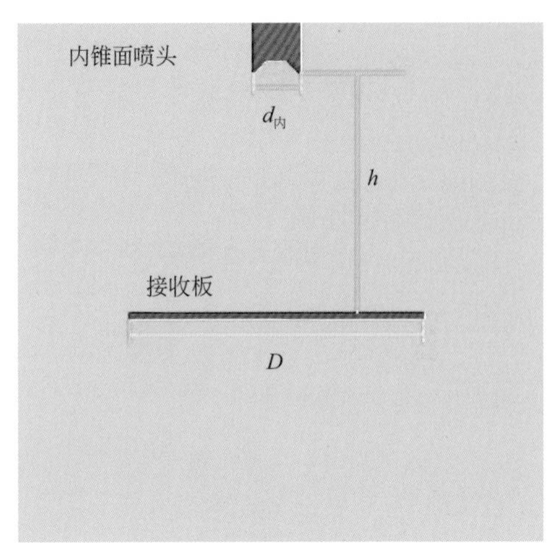

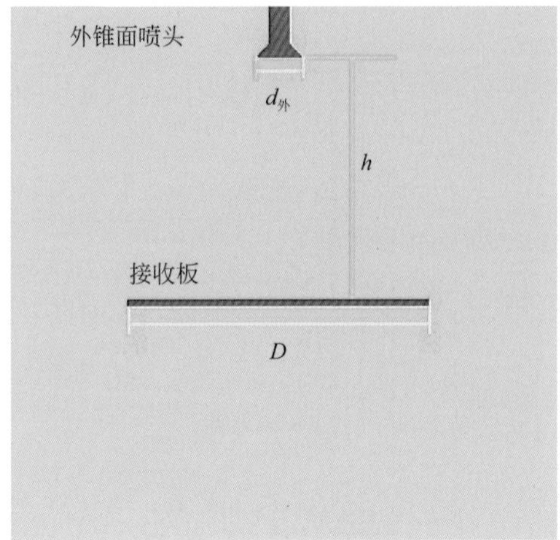

图4.2　不同锥面喷头的熔体静电纺丝简化模型

4.2.2.5
基本参数确定

在ANSYS建模分析过程中采用参数化建模，便于整个分析中不同物理量和不同参数的更换，快捷方便。

（1）单元类型

有限元分析中对于二维模型电场模拟板块相关的单元类型常用的主要有两种，如表4.1所示。通过文献中电场模拟分析结果与实际数据的对比分析，设定PLANE121单元为优先选用的单元类型。

表4.1　有限元分析中二维单元类型及特性

分析类型	单元	形状	自由度
二维电场	PLANE67	4节点四边形	电压、温度
	PLANE121	8节点四边形	电压

操作命令：

```
/PREP7
ET,1,PLANE121
```

（2）材料属性

静电场分析中，介电常数是重要的物理量。在施加外部电场作用时，介质周围有感应电荷产生，从而在一定程度上削弱了电场，相对介电常数（ε）就是这种真空中外加电场与介质中电场的比值。一般物质的相对介电常数$\varepsilon>1$，因此称作电介质。参考前期研究中采用的介电常数经验值，设定空气的值为1，纺丝模型中导电部分的值为2。

参数设定操作命令：

```
MPTEMP,,,,,,,,
MPTEMP,1,0
MPDATA,PERX,1,1
```

（3）纺丝模型尺寸

纺丝模型采用如表4.2所示的相关尺寸。

表4.2　分析模型的相关参数

名称	施加电压/kV		材料相对介电常数ε			接收距离 h/mm	接收板外径 D/mm	接收环内径 D_1/mm	内锥面喷头内径 $d_{内}$/mm	外锥面喷头外径 $d_{外}$/mm
参数	喷嘴 0	接收板 50	空气 1	喷头 2	接收板 2	70	150	60	30	15

命令：

```
*SET,V1,xx
*SET,V0,xxx
```

4.2.2.6 网格的划分、载荷施加及边界设定

由于选用的是电场单元，对喷头和电极接收板进行网格合理细化后，选用三角形网格，采用智能网格进行划分。以内锥面喷头装置为例，得到的网格划分结果如图4.3所示。

【Main Menu】→【Preprocessor】→【Meshing】→【Mesh Tool】

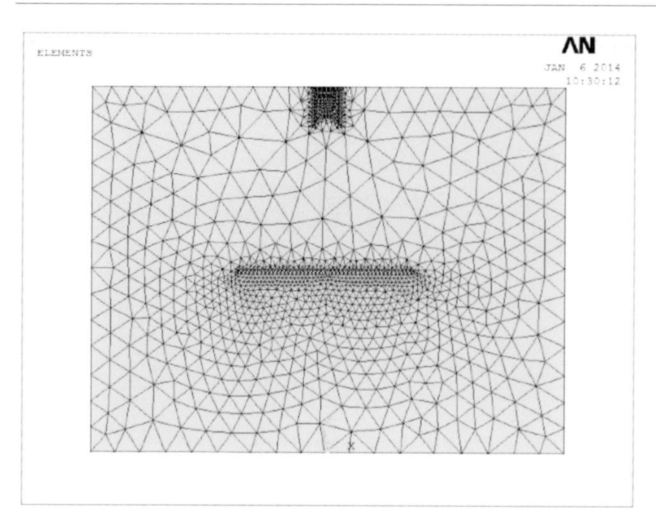

图4.3 ANSYS模型网格划分

4.2.2.7
加载和求解

静电分析中载荷有电压、电荷密度、面电荷密度和体电荷密度等，本章采用电压载荷，整个模型加载及求解的步骤如下。

（1）模型加载

对建立的静电纺丝模型施加载荷，接收板加电压50kV，即电压*V*1，喷头添加电压0kV，即电压*V*0。

操作命令：

D,ALL,VOLT,V1! 对接收板加高电压

D,ALL,VOLT,V0! 对喷头加高电压

（2）计算

求解是一个计算过程，计算将载荷施加装置上后的作用结果，出现“Solution is done！”时表示计算完毕，这时可以保存结果，并查看电场和电势的模拟结果。

操作命令：

/SOLU

/STATUS,SOLU

SOLVE!

4.2.2.8
纺丝电场结果分析

从后处理中查看分析结果，得到电势等值线云图（图4.4）和电场强度矢量图（图4.5），其中颜色表示大小，箭头表示电场方向。

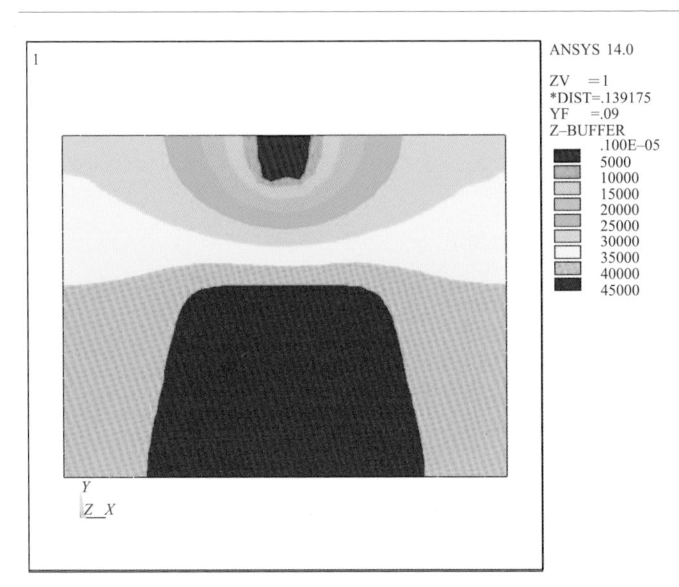

图4.4　节点电势等值线云图

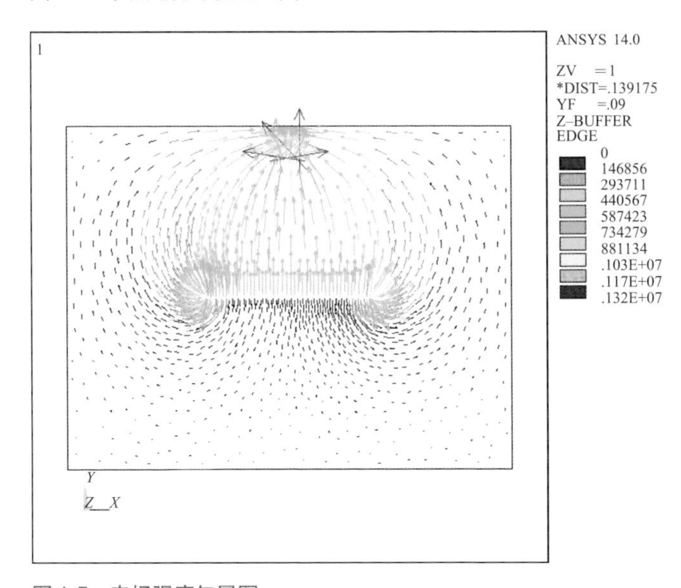

图4.5　电场强度矢量图

从以上两图中可以看出：纺丝电场强度和电势呈横向对称的特点。这是因为模型是对称结构，所以在解决横向问题时可以只取其中一半进行研究，而在本节中我们着重考虑竖直方向电场的分布和场强的变化来研究电场力大小对纤维拉伸细化的作用。最大场强在喷头边缘处，即泰勒锥形成的位置，由于该处相对为尖端，所以电场比较集中。

操作步骤：【Main Menu】→【General Postproc】→【Plot Results】→【Contour Plot】→【Nodal Solu】

【Main Menu】→【General Postproc】→【Plot Results】→【Vector Plot】→【User-defined】

4.2.3 纺丝喷头对电场分布规律的影响

研究中发现喷头是影响射流数量和下落方向及纤维质量的一个重要因素，为有效控制静电纺丝的稳定性和提高纤维质量，本节对影响电场分布的主要因素之一的纺丝喷头形状进行了相关研究。分析了内外锥面喷头纺丝装置的电场分布和作用规律，并结合实验研究做了对照分析和深入探究。

4.2.3.1 内外锥面喷头的模拟电场分布和场强变化

按照上述参数和有限元分析步骤，为获得纺丝过程中电场的影响规律，采用ANSYS软件对纺丝装置中喷头不同锥面形状做了模拟对比分析，模拟结果如图4.6和图4.7所示。

图4.6、图4.7显示，由于纺丝模型为对称结构，所得电势和电场都呈轴对称分布。从图4.7可以看出，电场的场强方向总体趋势是向上的，由于射流上带有负电荷，因此，射流受向下的电场力，该力对射流起到向下拉伸的作用，该模拟结果验证了静电纺丝的基本拉伸理论与实际相符。两种锥面均为喷头处场强最大，但场强方向有所不同，外锥面更集中，且最大场强值比内锥面的略大。因此，射流在喷头处所受拉伸力较大，用于克服表面张力，使泰勒锥破裂成射流，同时对

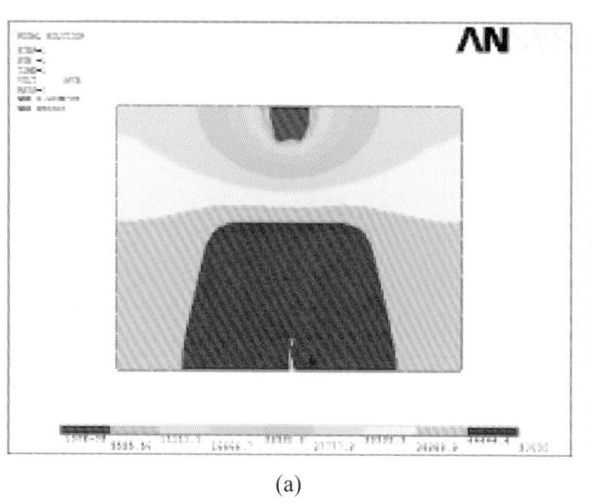
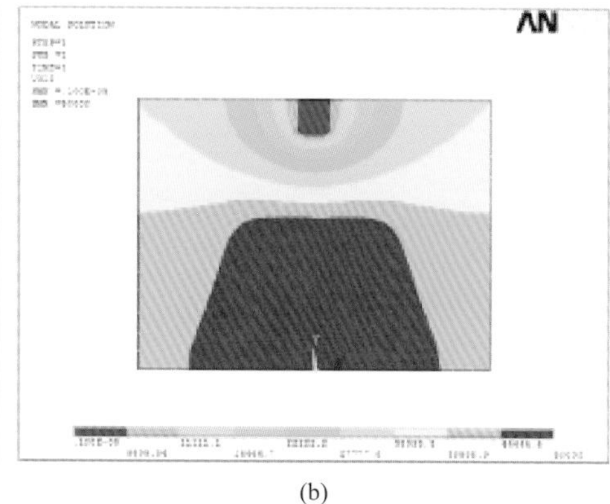

(a) (b)

图4.6　内外锥面喷头纺丝装置的电势等值线云图

（a）内锥面；（b）外锥面

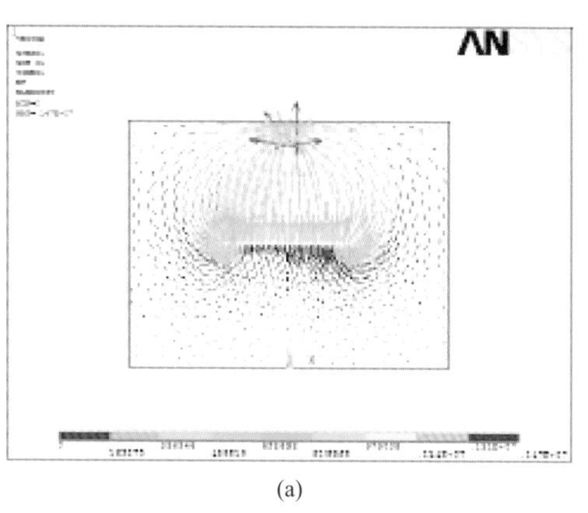
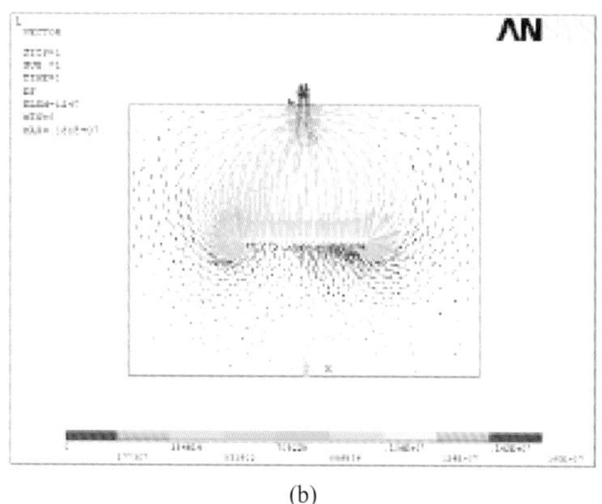

(a) (b)

图4.7　内外锥面喷头纺丝装置的电场强度矢量图

（a）内锥面；（b）外锥面

射流有进一步的拉伸作用。另外，场强方向与泰勒锥射出方向有一定的关系，这也在一定程度上影响了纤维的沉积面积。

为进一步分析和研究，进行了一系列实验，设定各段纺丝温度分别为料口200℃、中间220℃、喷嘴210℃，环境温度为19℃，物料供应装置电机转速为20r/min。采用高速摄像机（GigaView高速摄像机，美国SVSI公司）观察纺丝的实验现象，发现喷头边缘密布有很多泰勒锥，继而喷射形成环向分布的多股射流，纺丝过程如图4.8所示。

纺丝过程中的实验现象表明：内外锥面喷头不同的纺丝装置，产生泰勒锥的个数和均匀程度不同。可见，喷头形状对纺丝过程有很大的影响，这主要是因为不同形状的喷头与同一形状的接收板之间形成的电势和电场分布不同。

为研究整个纺丝过程射流所受拉伸作用的变化情况，进一步统计了纺丝竖直路径上的场强，得到的结果如图4.9所示。从图4.9中可以看出两种锥面纺丝装置的场强都沿竖直距离呈不断减小的趋势，在0 ～ 0.025m范围为鞭动区，场强下降较快，射流鞭动较大；在0.025 ～ 0.06m范围内为稳定区，场强变化稳定缓慢；靠近接收板时为衰减区，场强急剧下降而趋于零。从总体上看，外锥面装置的

图4.8　不同锥面喷头的纺丝过程

（a）内锥面；（b）外锥面

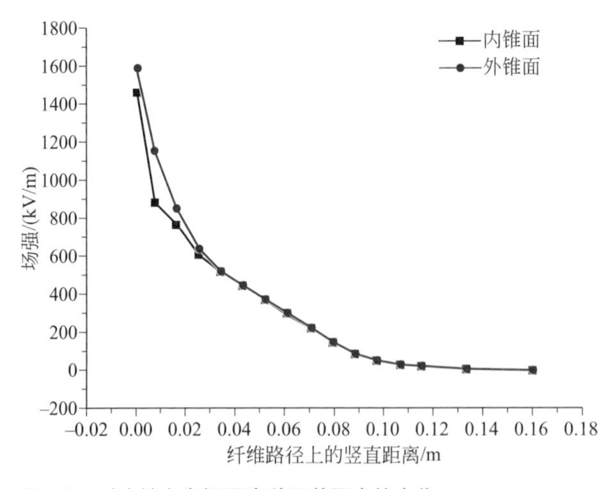

图4.9　对称轴上电场强度随下落距离的变化

场强始终比内锥面的大，这说明外锥面纺丝装置更有利于拉伸，更适合射流细化，也再次证明了对实验现象的分析结论。

4.2.3.2 不同锥面形状对纺丝实验过程的影响

在电场分析的基础上，为分析电场对纤维质量的影响，对内外锥面装置进行纺丝实验。所得纤维拍摄扫描电镜SEM照片如图4.10所示。从图4.10的SEM图可以看出，外锥面纤维更细、更均匀，其平均直径比内锥面略小。这可能是因为外锥面场强较大，使射流带电荷较多，从而使射流所受电场力相对较大，鞭动也较大，因此能够充分拉伸细化纤维，所得纤维更细，这与上一部分的电场模拟分析相一致。

由图4.10可以看出：外锥面纺丝射流数更多，下落更均匀，速度更大，鞭动也较大；内锥面装置通风辅助纺丝时，相对未通风情况的外锥面纺丝，内锥面纺丝更稳定，鞭动较小，接近直线下落，下落更均匀、更快。

4.2.3.3 电压对内外锥面纺丝纤维直径的影响

通过以上实验和模拟的对照分析，说明纺丝的主要拉伸力为电场力，电场对纺丝整个过程和纤维的直径具有很大影响。由上一部分分析可知，外锥面纺丝场

图4.10 相同工艺的内外锥面纺得纤维SEM图

（a）内锥面；（b）外锥面

强大、纤维细，但是喷头处控温困难，无法满足需高温的物料的要求，而且发生很大鞭动，纺丝不稳定。在此基础上，本研究设置纺丝电压为28kV、35kV、42kV、49kV，保持基本纺丝条件不变，将内锥面进行通风辅助，并与外锥面不通风情况比较，进行纺丝实验和模拟分析，获得纤维电镜SEM图（图4.11和图4.12）。

观察纺丝实验现象，发现内锥面纺丝通风后更稳定，摆动范围更小。从图4.11中的SEM图可以看出，纤维明显变得更均匀，这可以解释为通风辅助下，风力一是能让射流顺直下落，二是对射流有一定程度上的牵伸作用。与图4.12比较发现，相同电压时，内锥面纺丝纤维更均匀、更纤细。

为观察和分析两种锥面喷头装置竖直方向上场强的差距，分析和处理了模拟和实验结果，采用Image J软件测量每根纤维的直径，并计算其平均值，得到纤维平均直径绘制场强及纤维平均直径随电压的变化规律，如图4.13和图4.14所示。

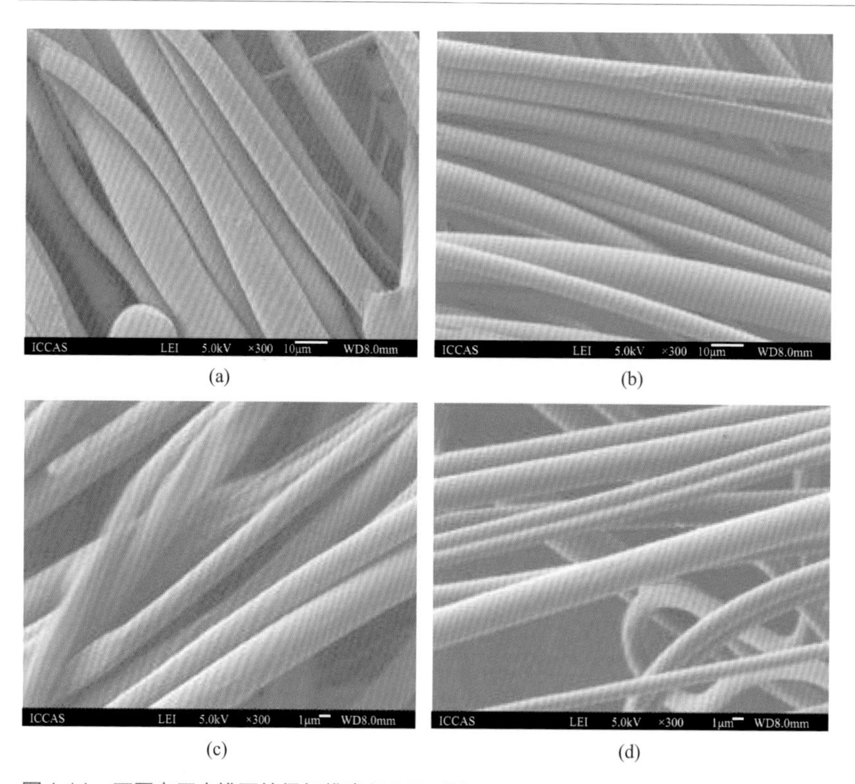

图4.11 不同电压内锥面纺得纤维直径SEM图

（a）28kV；（b）35kV；（c）42kV；（d）49kV

图4.12　不同电压外锥面纺得纤维直径SEM图

(a) 28kV；(b) 35kV；(c) 42kV；(d) 49kV

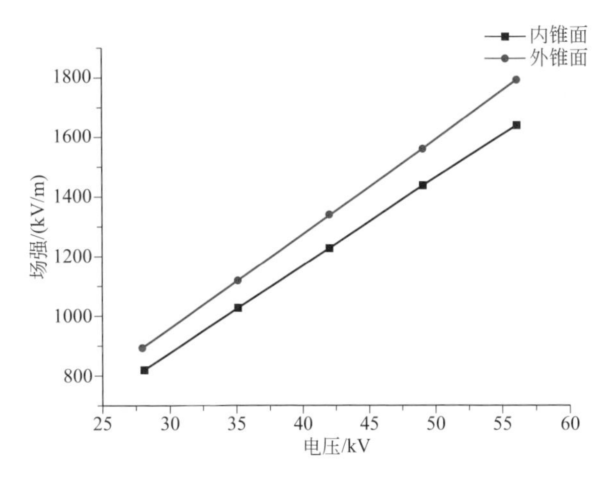

图4.13　场强随电压的变化

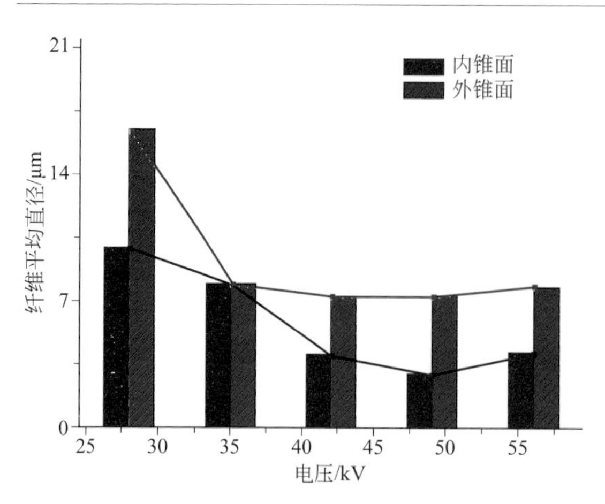

图4.14 纤维直径随电压的变化

从图4.13看到，相同电压下，外锥面装置的场强比内锥面大，场强均随电压的增加而线性增大，这与前面的预测相吻合。从模拟结果分析看，场强随电压呈线性变化，且外锥面装置的场强更大，但是从图4.14发现，通风后内锥面纺丝纤维的平均直径并不是随电压的增大而线性减小，而是一个先减小后增大的过程。这主要是因为电压较小时，场强随着电压的增加而增大，射流所受拉伸力不断增大，纤维直径不断减小；当电压增大到一定值后，通风使得射流速度已经很大，纤维可能还未得到足够的拉伸就落到接收板上，因此纤维直径较大。从图4.14可以看出，本研究的最佳纺丝电压为50kV，最小平均直径约为2μm。相同电压时，内锥面纺丝纤维的平均直径更小，这与前面的研究相吻合，主要是由通风辅助使纤维细化程度增大。

综上所述，鉴于设备和工艺要求，内锥面装置通风辅助纺丝方案更好，体现在：① 加热温度简单可控；② 射流鞭动小，过程更稳定；③ 纤维更细、更均匀，有利于纺丝。

4.2.4
不同接收电极的电场模拟和实验对比

根据上一部分分析得出结论，内锥面通风的纺丝装置更有利于纺丝，因此，本部分研究对象为内锥面喷头的熔体静电纺丝装置，建立有限元简化模型，如图4.15所示，进行理论研究分析。电极板是提供高压电的主要元件，因此，不同电极板结构对纤维也有一定的影响，设置不同结构的电极板对比分析电场分布，可为选择较佳的电极板结构提供有利依据。首先进行模拟分析，结合实验对照，获得理论和实际的最佳结果，为合理控制电场和获得所需纤维做理论铺垫和实际参考。实验设置不同形状的纺丝电极板，分别为圆板电极和圆环电极，采用气流辅助纺丝射流下落，并采用高速摄像进行跟踪拍照，观察纺丝现象，如图4.16所示。采用扫描电镜观察纺丝纤维并拍照记录，采用图像处理软件Image J测量纺丝纤维的直径，并计算其平均值。

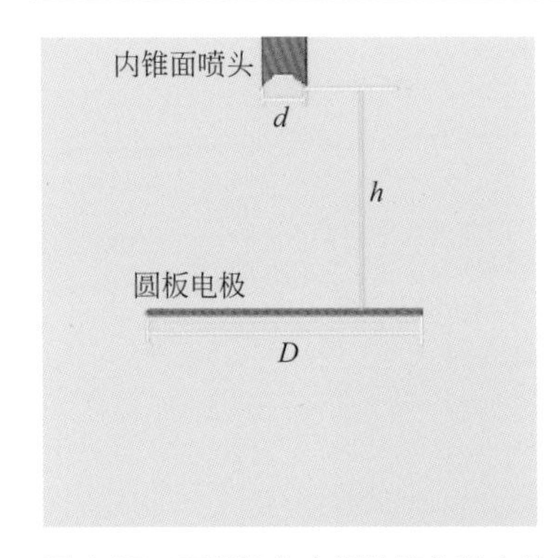

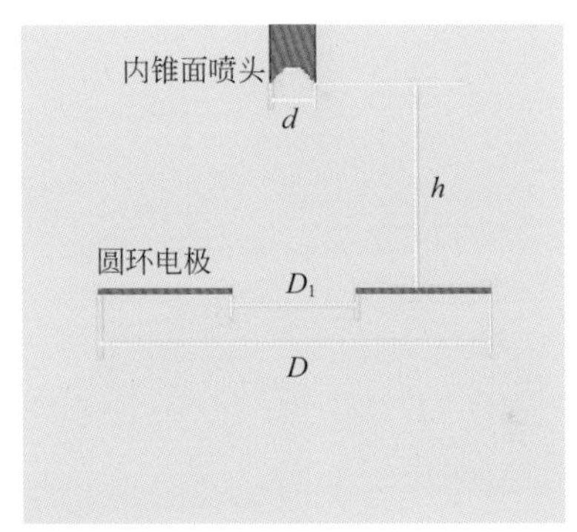

图4.15　不同接收电极的熔体静电纺丝简化模型

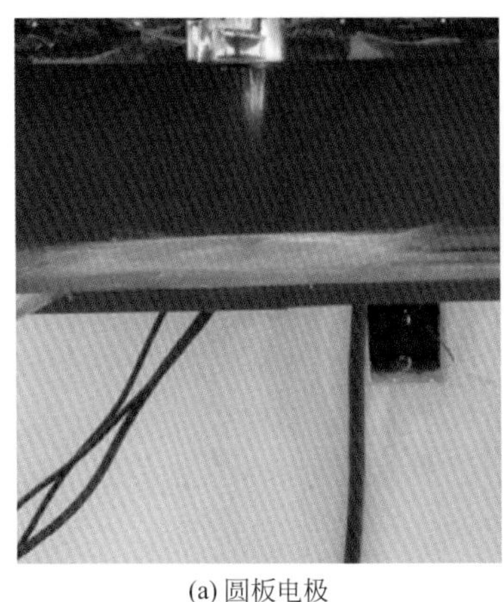

(a) 圆板电极

(b) 圆环电极

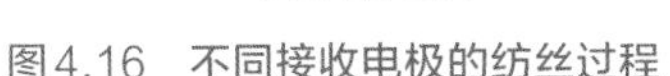

图4.16　不同接收电极的纺丝过程

4.2.4.1 不同电极板电场分布模拟结果分析

对模型施加电压，进行模拟计算和后处理分析，获得电场的电势等值线云图（图4.17）和场强矢量图（图4.18）。

从图4.17和图4.18发现，鉴于模型是对称结构，电场呈横向轴对称分布。考虑竖直方向电场的分布和场强的变化，研究电场力大小对纤维拉伸细化的影响作用。从图4.18看，由于喷头边缘相对尖锐，该处场强最大，是泰勒锥形成的位置，圆环电极装置的最大场强为1.28×10^3kV/m，圆板电极装置的最大场强为1.32×10^3kV/m，比圆环电极的最大场强要大，这可能是因为圆板电极的面积较大，而圆环电极的中空部分削弱了电场。为研究纤维下落过程中的拉伸变化，统计竖直路径上的场强，正负表示电场方向，正表示电场方向向上，获得竖直纺丝

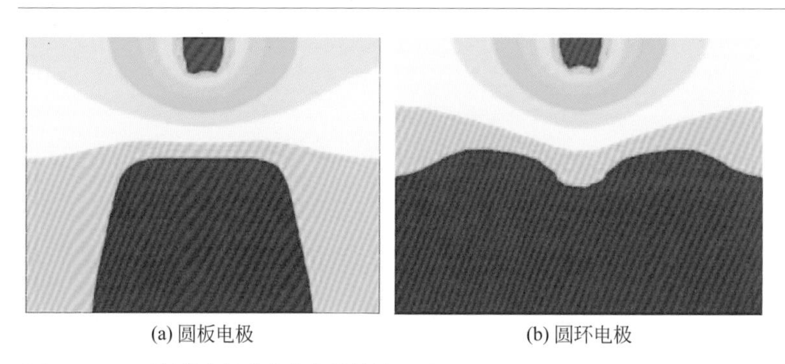

图4.17　不同接收电极节点电势等值线云图

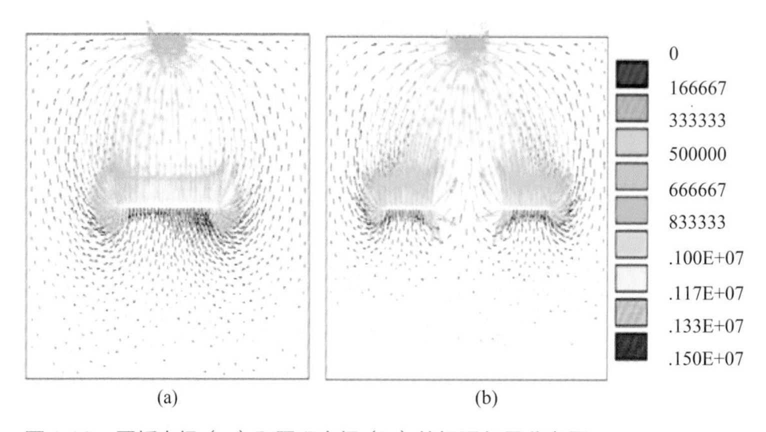

图4.18　圆板电极（a）和圆环电极（b）的场强矢量分布图

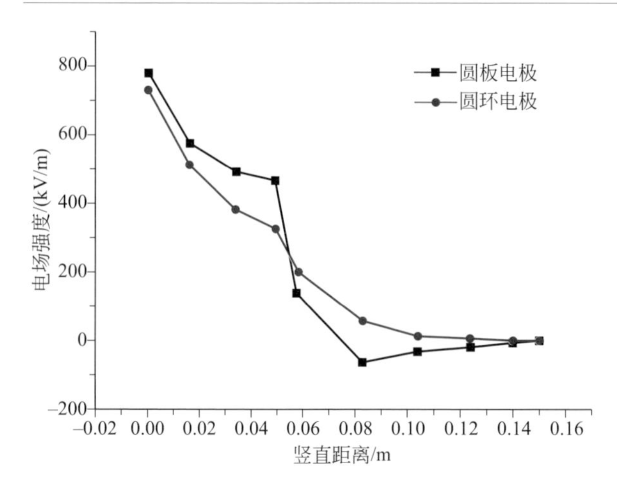

图4.19　**电场沿下落距离的变化**

距离-场强的变化曲线图（图4.19）。由于纤维带负电荷，根据电场力$F_e=qE$（式中，E为电场强度矢量，q为电荷量），因此，电场力向下，沿下落方向对射流不断拉伸，反之，则电场力不具拉伸作用。

观察图4.19的曲线变化可以发现：场强随射流下落距离的增大而逐渐减弱，最终趋向于零，减轻了因电场急剧变化而引起的射流下落不稳定性，保证了电场的持续性和纤维的均匀性。对比分析两条变化曲线发现，纺丝距离较小时，即靠近喷头处，圆板电极装置的场强大于圆环电极的场强，因此，射流所受拉伸力较大，纤维更细，这与实验结果相吻合；而靠近电极板处，圆环电极装置的场强大于圆板电极的，在接收距离约为70mm时，圆板电极的场强降低到零，并且圆板下面的电场方向发生了变化，这不利于纺丝，而圆环电极的场强还足够大，还能够对纤维有一定的拉伸作用，这解释和验证了实验中圆环电极可获得更均匀、更细的纤维。因此可以得出结论：圆环电极装置场强变化比较缓慢，纺丝较稳定，对射流的拉伸较稳定持续，所得纤维更规则且均匀；靠近喷头处，圆环电极装置的场强较小，射流受的拉伸力小。所以采用圆环电极有很多优势，获得的纤维更细，但也只能是一定程度上更细。

4.2.4.2
电极板结构对纤维的影响

设定纺丝电压为35kV进行实验，获得纤维，得到SEM图，如图4.20所示。

可以看出，圆环电极纺丝纤维较细、更规则有序，因为接收距离较小时，圆环电极装置的射流到达电极板时还未完全固化，射流穿过圆环后还受一点的拉伸力，对射流进一步细化；而圆板电极装置的射流未固化就迅速堆落在电极板上，纤维杂乱无章。由此分析可以得知，电极板为圆环电极时较好，可进一步细化纤维，这一结论和模拟分析一致。

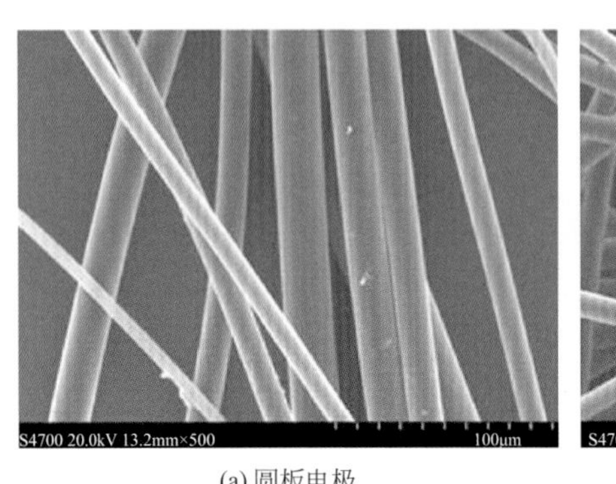

(a) 圆板电极

(b) 圆环电极

图4.20　不同电极板的纤维SEM对比图

图4.11也是采用内锥面喷头圆环电极纺丝，纤维表面光滑，直径均匀分布在1～4μm范围内。从图4.14看，电压对纤维直径的影响较大，随着电压的升高，纤维直径先降低后升高，电压为50kV时，纤维平均直径最小。这可解释为电压的增加使电场增大，射流受到的电场力增大而被不断拉伸；当电压超过临界值时，电场发生击穿，电场分布不稳定，射流粗细不均匀。可见，选择适当的电压才会具有较稳定的电场，才能获得更均匀、更细的纤维，本研究的最佳电压约为50kV。

综上，延续圆环电极的优势作用，克服其弊端，设计构思更合理的电极板对控制纤维的直径和质量是非常重要的。

4.2.5
辅助结构对纺丝电场的影响

为进一步控制和优化电场，在射流运动区域添加辅助结构，对比增添辅助结构前后的区别，如电场的分布、纤维的下落形态等。首先建立有限元分析模型，设置纺丝距离为12cm，采用两个辅助环状结构将喷头到电极板部分分为三份，采用参数化分析方法改变辅助环状结构的影响参数。辅助结构的影响参数包括尺寸大小、添加位置和纺丝电压等。

设置喷头和辅助装置电压为零，电极板电压为70kV。研究和分析辅助环状结构各尺寸参数对电场的影响，结果如图4.21所示。将增加辅助结构前后的电场结果进行对比分析，发现添加辅助装置电场最大场强增大，由1.57×10^3kV/m增大到1.62×10^3kV/m。添加辅助装置后，电场被聚集在射流运动区域，更利于射流拉伸，而没有添加辅助装置时，电极板的周边电场较强，不利于纺丝。增加辅助结构后，射流下落，鞭动减小，射流运动更规整、更稳定，纺丝纤维沉积面积减小。

进一步改变辅助结构各参数，得出的结果如图4.22所示，电场随辅助结构内径先增大后减小，随环宽先增大后减小再增大，随环高先增大后趋于平衡，综合得出本研究中较佳的辅助环状结构参数为环内径7cm，环宽6mm，环高6mm。这为后期电场的控制和射流下落轨迹的研究奠定了一定的理论和实验基础。

本节介绍了有限元分析方法及其分析软件ANSYS软件，进而结合熔体静电纺丝讲述了纺丝模拟分析步骤，建立了熔体静电纺丝有限元分析模拟，得到电场分布规律。

① 在不加热风辅助，其他工艺条件相同的情况下，外锥面电场较大，但是外

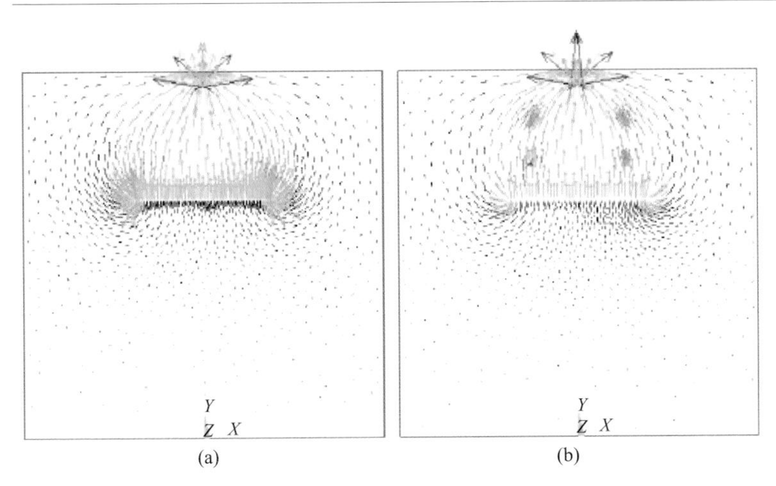

图4.21　添加辅助结构前（a）、后（b）电场的分布

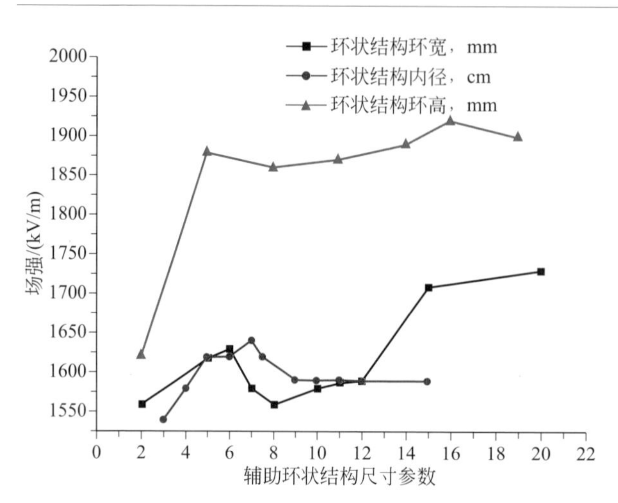

图4.22 辅助结构对场强的影响

锥面喷头处控温困难，不能满足其他需要高温加热的材料的纺丝需求，而内锥面不但控温容易，还可以利于中心通风辅助纺丝，其结果鞭动小，纤维更细，因此更有利于纺丝。

② 圆环电极场强变化稳定持续，纺制的纤维均匀、有序，而且更细，但是在靠近喷嘴的一段范围内拉伸力比圆板电极小，电场拉力小。根据圆环电极的优势，进一步获得了电压对纤维直径的影响，得出结论：电压越大，场强越大，纤维会更细，但是电压过大会出现击穿，所以合理的电压大小才能获得有利于纺丝的电场，本实验得出的最佳纺丝电压约为50kV。

③ 添加辅助装置后，电场更集中，更加有利于射流的拉伸细化，从实验现象发现射流下落，鞭动减小，接收板上收集到的纺丝纤维沉积面积更小。

4.3 拔河效应介观模拟分析

传统工业纺丝都是一端式拉伸，即末端拉力将射流从喷头处往下拉伸的过程，如图4.23（a）所示，而熔体静电纺丝中射流上带有净电荷，相邻电荷之间存在相

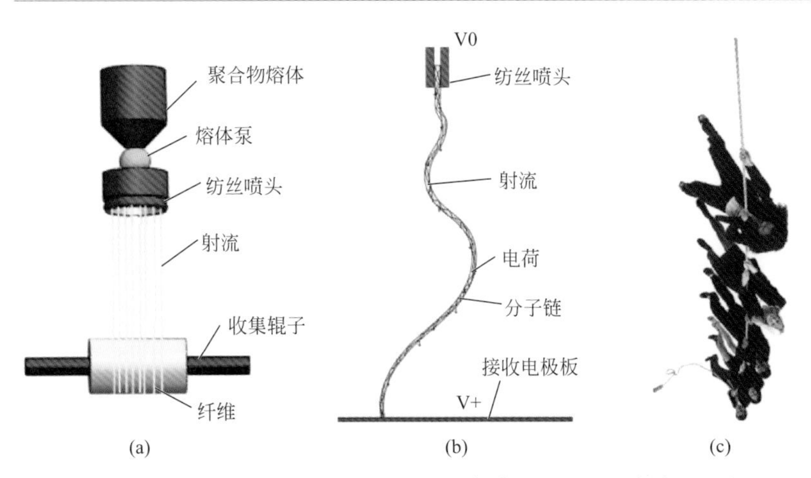

图4.23 工业化熔融纺丝（a）、熔体静电纺丝（b）和拔河效应（c）的示意图

互的排斥力或吸引力，因此，存在每点都受一定的电场力，电场力的方向由该点的位置和电场决定，如图4.23（b）所示。这也解释了为什么熔体静电纺丝射流下落过程不像传统工业纺丝那样竖直向下，而是摆动的。熔体静电纺丝中这种射流拉伸模式就如同我们日常生活中的拔河游戏［图4.23（c）］，是多点受力的拉拔过程，因此称为“拔河效应”。这种“拔河效应”的优点是各点均受力，拉伸力更大，射流拉伸速度快，拉伸量大；缺点是各点受力方向不能明确确定，不规律性较大，不易于过程控制和纤维收集。

因此，针对“拔河效应”的研究不仅有利于深入探索射流拉伸机理，还有利于研究这种效应的作用机理，亦能分析如何改善和控制纺丝过程，使之更符合实际需求，这是一种创新思想，也是本文首次提出的纺丝射流的拉伸细化理论，值得深入研究。

4.3.1
耗散粒子动力学简介

Hoogerbrugge和Koelman[16]联合针对LGA（格子气自动机，lattice-gas automata[17]）理论进行了一系列优化，并在此基础上最早提出了一种模拟介观尺度的方法，叫做耗散粒子动力学（DPD）法。DPD方法是一种能够模拟复杂流体运动的介观模拟体系[18]，后来得到了广泛的研究。DPD模拟的思想原理是把实际中的聚合物流体离散成很多个小单元，整个模拟体系中保持质量守恒和动量守恒。粒子的位置坐标和动量是连续的，在这种体系中的粒子不是代表真实的化学粒子，而是可以抽象理解为是由一系列分子构成的流体或者经过链接后的高分子链。针对DPD的研究主要集中于理论研究和实际应用。理论研究方面，Avalos和Mackie[19]研究了DPD能量守恒扩散特性，根据局部近似平衡，推导出传递分析方程和传递分析系数；Groot[20]用DPD模拟来研究聚电解质系统，其特点是引入了静电作用。实际应用方面的研究更为广泛，Chen[21]等利用DPD深入研究了聚合物液滴受剪切力、变形、破碎的过程，并模拟了液滴在剪切力下的“滚动”现象。陈硕等[22]利用DPD增大流体间保守力系数，得到了互不相溶的两种流体，模拟高分子液滴通过微通道时的形态变化，研究表明，高分子液滴穿过微通道的时间与液滴尺寸大小有关。

随着计算机的高速发展，计算机模拟应用逐步占据一席之地，其涉及材料的尺度模拟包括三个方面：微观、介观和宏观。熔体静电纺丝是一种制备微超细纤维的方法，其纤维处于介观尺度，而DPD模拟方法现在已经成为介观模拟的最重要的工具之一，因此，采用DPD方法研究熔体静电纺丝是一种很好而且主观形象的途径和方法。

（1）DPD方法的基本原理

在DPD模拟体系中，设有N个离散粒子，为了简便，每个粒子质量设定为1，采用周期性边界，作用在粒子上的力就是粒子加速度，每两个模拟粒子i、j之间都会有三种作用力，即耗散力（F_{ij}^{D}）、保守力（F_{ij}^{C}）和随机力（F_{ij}^{R}），在r_{c}（截断半径）之内的粒子与i粒子之间有相互作用，在r_{c}之外的粒子与i粒子之间无相互作用。粒子i受到的力如公式（4.21）所示：

$$F=\sum_{i=j}(F_{ij}^{\mathrm{C}}+F_{ij}^{\mathrm{D}}+F_{ij}^{\mathrm{R}}) \tag{4.21}$$

对于DPD模拟方法，其模拟体系中粒子的运动规律遵循公式（4.22）所示的牛顿定律：

$$\begin{cases}\dfrac{\partial r_i}{\partial t}=v_i\\ m_i\dfrac{\partial v_i}{\partial t}=F_i\end{cases} \tag{4.22}$$

将珠子-弹簧模拟模型很好地引到DPD方法中，然后将这种方法应用到聚合物流体复杂模拟体系时，链接的粒子间会产生一种相互作用力，这种力被称作Fraenkel弹簧力[23～25]，即公式（4.23）：

$$F_{ij}^{\text{sping}} = K(r_{ij} - r_{\text{eq}})e_{ij} \tag{4.23}$$

式中，K为公式中Fraenkel弹簧力的系数，表示弹簧硬度，K的大小反映弹性大小，而弹簧弹性直接反映模拟体系中分子链的性质，比如K值越小说明弹簧的弹性性能越大，弹簧的弹性性能表现得越大就表明模拟中的分子链表现出的是柔性，相反是刚性；r_{ij}为粒子i、j的间距；r_{eq}为平衡弹簧距离；e_{ij}为粒子j指向粒子i的单元矢量。

然而熔体静电纺丝中射流还受电场的作用，电场力为拉伸的主动力，因此，粒子在模拟体系中受电场力作用[26]，电场力如公式（4.24）所示：

$$F_{\text{e}} = -c(15 - d_1 + d_2)e \tag{4.24}$$

式中，c为一个电场力系数，可以调节体系中各力之间的关系；d_1为粒子到中心轴的距离；d_2为纺丝射流到接收板的竖直距离；e为一个单位向量。

根据上一节电场模拟结果中电场强度结合DPD模拟体系中粒子所受电场力，得到电场力基本公式[27,28]。由结果可得电场形式分为两个阶段，第一阶段的电场力拟合得到公式（4.25），即射流从喷头射出开始下落的过程中，射流所受的电场力跟纺丝距离之间存在一定的函数关系，即符合一阶指数衰减变化规律；第二阶段的电场力拟合得到公式（4.26），即射流在下落到接近接收板的一段微小距离中，电场力跟纺丝距离之间的函数变化规律为线性关系，电场力降低。

$$F_{\text{e}} = c(11e^{d_2/2} + 274146) \tag{4.25}$$

$$F_{\text{e}} = c(117800d_2 + 157100) \tag{4.26}$$

（2）熔体静电纺丝DPD模拟体系

沿用本课题组前期研究中的相同体系[21,22]，体系中含有三种粒子共24000个组建成长10、宽10、高40的立方体模拟体系。在这个模拟体系中，三种不同粒子的颜色为蓝、红、黄，分别代表着外界空气、聚合物纺丝物料和纺丝装置中的喷头。红色粒子之间用Fraenkel弹簧键连接起来[29]，共2541个键。这三种粒子中，黄色粒子代表喷头是固定不动的，它们之间具有保守力，其参数如表4.3所示。另外，温度系数为0.10，时间步长为0.02，纺丝喷头距离为1.25。将电场力公式引入DPD体系中进行模拟计算，得出熔体静电纺丝轨迹。

表4.3　三种粒子之间保守力的参数值

彩色粒子	红	蓝	黄
红	12.5	30	80
蓝		40	80
黄			12.5

（3）DPD模拟中的拔河效应

设定黏度系数为2，进行模拟分析，记录纺丝射流下落的整个过程，直到纺丝模拟4500步射流下落基本稳定后，得到如图4.24所示的纺丝下落过程。在该过程中进行粒子标记和跟踪，计算每段时间后，所标记粒子之间的距离记作距离1和距离2，并求得平均值，得到如图4.25所示的拔河效应作用标记粒子距离的变化。

从图4.24可以看出，射流随着时间不断下落，其过程不是稳定直线下落而是不断鞭动，纤维不断变细，这和实验现象［如图4.24（b）］非常吻合，图4.25是量化的射流拉伸变化曲线，可以看出开始时射流拉伸量较低，这是因为开始时，聚合物大分子内部进行重分配，使得拉伸量有相对较小的降低，随着射流流出喷头开始稳定下落后，电场力不断增大，使拉伸量不断增大，大约在第1200步后达到最大值。随着射流不断下落，在拔河效应的作用下，射流越来越细，射流上的电荷量不断减少，电场力不断减小，射流拉伸量开始不断减小，直到3000步后，

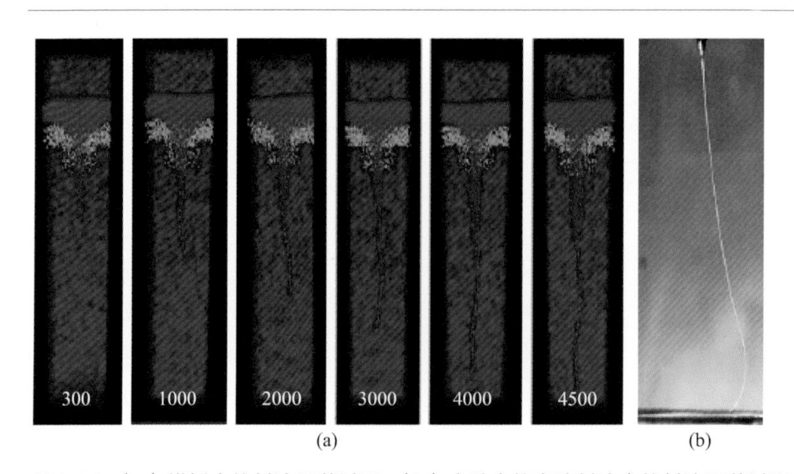

图4.24　（a）模拟中的射流下落过程；（b）实验中的高速射流中的射流下落过程

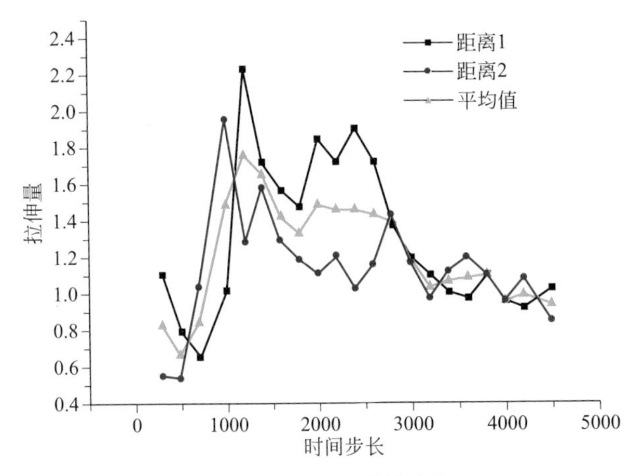

图4.25 拔河效应作用的分子间距离的变化

电场非常微弱，使得射流拉伸趋于稳定，从而达到饱和，这与实验结论保持一致。可见在射流不断下落的过程中，标记粒子的间距不断增大，可得出结论：射流内各粒子受电场力作用，而模拟中假定射流是由许多粒子组成的，因此，射流各点均受电场力，从而使射流不断拉伸细化，与本项目提出的拔河效应原理相一致，直观地证明了拔河效应。

4.3.2
弹簧系数对拔河效应的影响

DPD模拟体系中纺丝射流是通过弹簧键将离散的红色粒子连接而成的，因此，弹簧系数直接影响分子链性能，从而影响射流下落程度。为探索弹簧系数对拔河效应的影响，分别设置弹簧系数为2、3、4、6、8，模拟射流下落过程，研究拔河效应的作用。模拟发现，随着弹簧系数的增加，分子链刚性越大，射流难以被拉伸下落。当弹簧系数到达6的时候，模拟体系已经开始出现紊乱，到8时几乎无法进行正常纺丝。因此，对其弹簧系数为2、4、6的拉伸量进行统计，获得如图4.26所示的纺丝过程的拉伸量变化曲线。另外，高分子链的均方末端距可以表征高分子链的柔顺性和尺寸大小，因此，对弹簧系数为3和4的体系统计均方末端距，如图4.27所示。

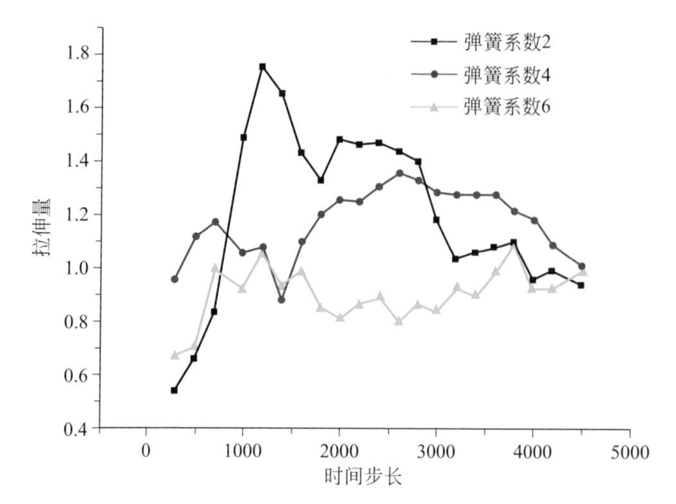

图4.26 不同弹簧系数的分子间距离的变化

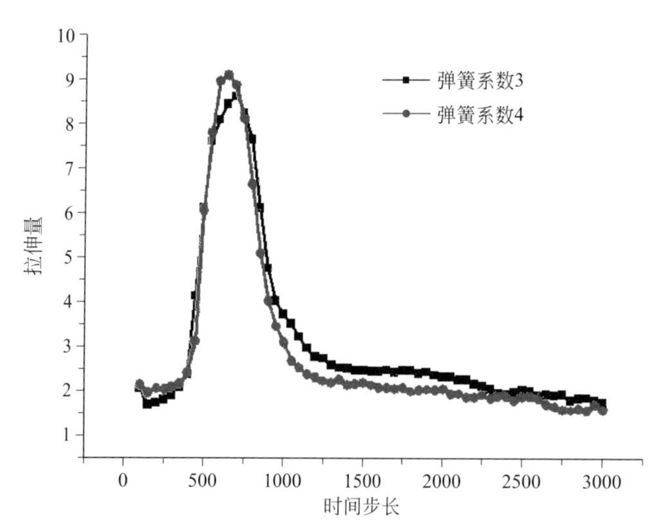

图4.27 分子链的均方末端距随着弹簧系数的变化规律

由图4.26可以看出标记纤维拉伸量先增大后减小，这主要是因为受电场力和黏滞力的影响。随着弹簧系数的增大，在同一时间步长后拉伸量越来越小。从图4.27看出高分子链的均方末端距随着射流下落也是先增大后减小，而且弹簧系数大的均方末端距要比弹簧系数小的相对小。说明纺丝拔河效应受弹簧系数的影响较大，当弹簧系数较小时，分子链的弹性性能较强，更容易受电场力的拉力作用而展开伸长，反之，拉伸性能变差，因此，拔河效应不明显，射流拉伸量小。

4.3.3
聚合物链长对拔河效应的影响

聚合物链长表示聚合物分子链（或聚集体）的长短，而在这里链长反映聚合物连成粒子的数目。设定不同链长来模拟纺丝过程中不同链长对拔河效应的作用结果，设定链长为2～10进行模拟，模拟进行相同步数，统计射流的拉伸量，经过大量均值计算，获到图4.28和图4.29所示的曲线。

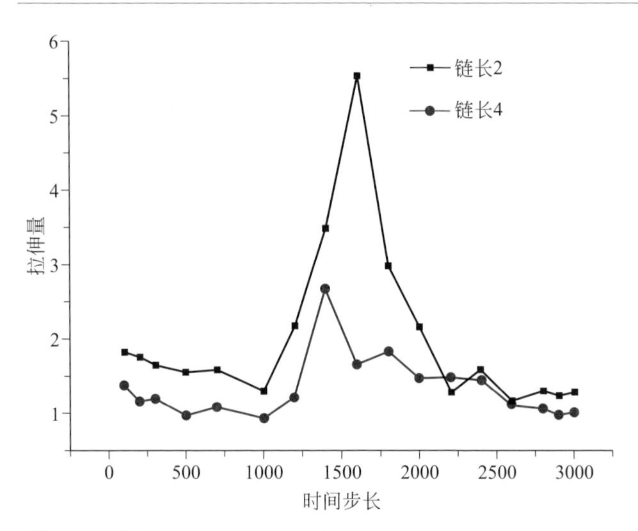

图4.28　两种不同链长的纤维拉伸变化的对比研究

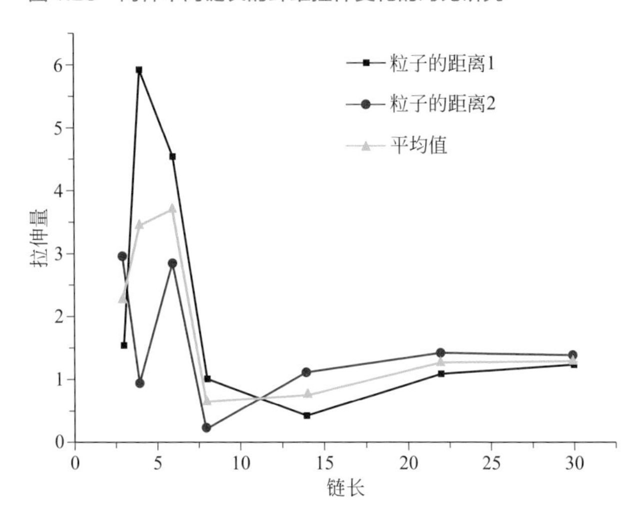

图4.29　拉伸量随链长的变化

图4.28显示随着射流的下落，拉伸量开始时几乎无变化，随着射流下落开始慢慢增大，在1600步后达到峰值，继而开始不断减小，大约在2300步后趋于稳定。这可以解释为开始时随机力作用，电场力还未起作用，当射流开始稳定下落后，电场力为主导拉伸力，使射流下落具有一定的加速度，拉伸量开始不断增大。同时也可发现，链长小的明显比链长大的拉伸量更大，拔河效应作用明显，这是因为链长越大，聚合物黏度越大，流动性越差，越不易于拉伸。从图4.29中更能看出，在链长大约小于10时，随着链长的增大，射流拉伸量变化较大，在链长为6时达到最大值；当链长超过10后，拉伸量几乎不变。这说明链长增大到一定程度，射流几乎不能被拉伸，甚至无法形成射流，这是因为较大的链长使得聚合物的分子量较大，从而分子内部缠结度很大，难以滑移和流动。这和本研究实验中高黏度聚合物无法形成射流的结论相一致。

4.3.4
聚合物黏度对拔河效应的影响

从以上分析可见，聚合物黏度应该也是影响拔河效应的一个重要因素，而且在实验中也发现，高温使得聚合物黏度降低，更有利于纺丝和获得更细的纤维，但是黏度增大到一定程度，就很难进行纺丝。黏度系数也反映耗散力（F_{ij}^{D}）的大小，本研究设置了黏度系数为0.2 ～ 3.0，进行3000步模拟计算，研究黏度对纺丝射流下落和拔河效应的影响。当然，黏度系数越大，聚合物黏度就越大。统计拉伸量获得如图4.30所示的变化曲线。

通过图4.30可以得知，聚合物黏度系数越大，黏度就越大，流动性越差，流动速度也相对较慢，因此，射流越不易被拉伸。随着黏度系数的增加，拉伸量不断减小，当黏度系数大约为2.5后，拉伸量趋于平衡，几乎无法拉伸。

另外，黏度不断增大时，射流的黏滞阻力也不断增大，所以对于射流的拉伸合力不断减小，射流的拉伸量不断减小，拔河效应明显但逐渐减小。当黏度增大到一定程度，超过电场力后，射流便无法形成，因此无法正常纺丝，拔河效应也就几乎没用。

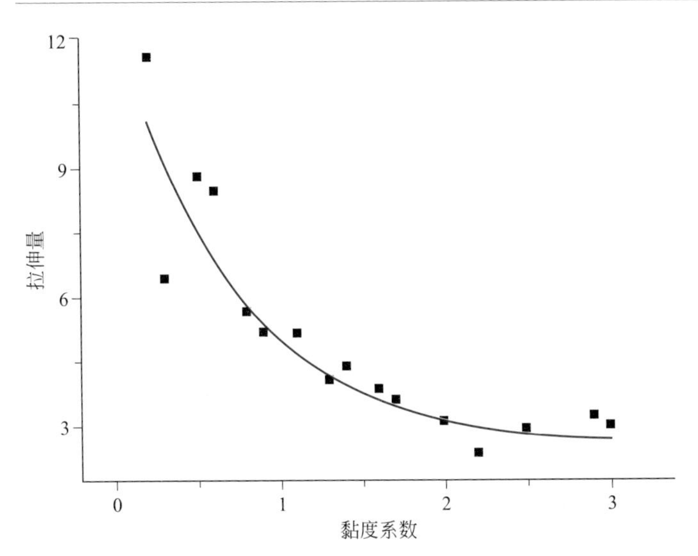

图4.30　射流拉伸量随黏度系数的变化

本节介绍了介观模拟方法及其原理，分析了这种方法的应用价值，并将这种可行模拟方法应用到了本研究的熔体静电纺丝中；提出并探索分析了熔体静电纺丝的一种拉伸细化机理——拔河效应，形象地将熔体静电纺丝理解为多点受力的拔河过程，并利用建立的模拟体系模拟这一理论的作用原理和影响因素。

① 熔体静电纺丝射流下落过程是一个三维鞭动过程，而不是传统纺丝中的直线下落，这与实验中观察到的过程是一致的，这一方面证明了模拟体系的可靠性，另一方面也证明了纺丝射流受不同方向各点力作用的拔河效应原理。

② 拔河效应整个过程是先增大后减小的，即射流拉伸量先增大后减小，这主要是受电场力和黏滞阻力的影响引起的。

③ 影响拔河效应的因素较多，主要包括弹簧系数、聚合物链长和聚合物黏度。大体上为：聚合物弹簧系数越大，分子链越呈现刚性，越不易于拉伸；聚合物链长越大，分子量越大，分子链的缠结程度就会越严重，越不利于拉伸；黏度越大，粘滞阻力越大，流动性越小，越不利于拉伸，拔河效应越小。

总之，熔体静电纺丝射流拉伸细化过程即为一个拔河过程，合理地选择各参数对于最大限度地发挥拔河效应从而获得更细的纤维来说是非常重要的。

4.4 射流细化的理论分析

能够根据纺丝工艺及材料参数对最终成纤的纤维直径进行预测，是研究者关注的重要方向，对于直径的预测可以反过来对纺丝工艺和材料的选择进行指导，从而增进对纺丝机理的认识，并对成纤品质实现高效调控。目前关于静电纺丝纤维直径的细化理论，主要集中在溶液静电纺丝中，不同学者针对溶液纺丝的不同着重点进行了射流细化的理论分析[30,31]。

自从熔体静电纺丝进入到研究视野，其重点研究内容主要集中在纺丝工艺和装置改进方面，以期获得真正的纳米级纤维，但是对纤维细化相关的理论研究较少。Lyons[32]对单射流的细化做了简单的理论分析，得出了纤维细化的关系式；康纳尔大学Zhmayev[33]等利用自制的环境温度可控的气流辅助单针熔体电纺装置分别研究半结晶聚合物电纺的细化机理和气流辅助下的纤维细化模型。但是对于无针多射流熔体静电纺丝的理论分析目前还是空白。因此，本节将基于熔体微分特点和力学模型的建立，分析本方法的射流细化机理，建立纤维直径和各参数在射流路径上的关系式，从而为方法的工艺优化提供指导。

4.4.1 模型的建立

如表4.4所示，熔体供给流量一定（9.8g/h）的条件下，保持纺丝距离13cm不变，改变纺丝电压40～53kV，可以观察到随着电压的增加，泰勒锥根数增加，同时，其泰勒锥半角越来越小，锥角出现了一个曲率越来越小的弧度。由此可见，熔体微分静电纺丝中，电场力的作用使得泰勒锥的形状有所改变，其中定义的r_1、r_2和H都有所变化。

表4.4　不同纺丝电压下泰勒锥个数和形状特点

电压/kV	电流/mA	纤维根数	半锥角	泰勒锥照片	r_1/mm	r_2/mm	H/mm
40	0	3	38.7°	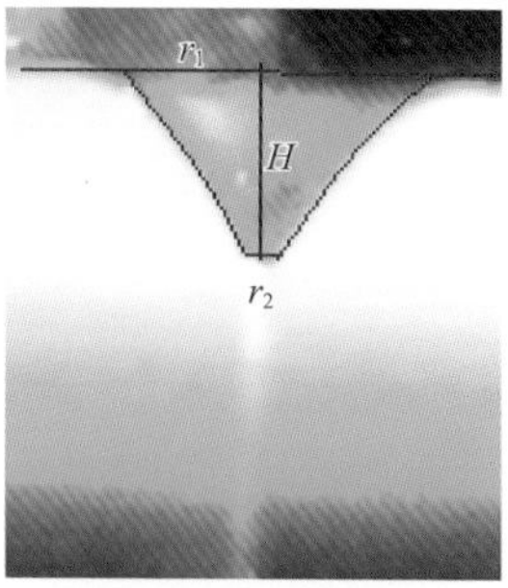	1	0.125	1.25
45	0	11	32.1°	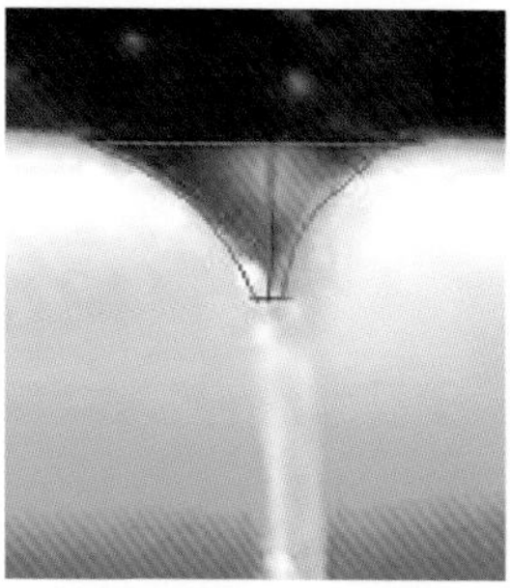	1.1	0.1	1.7
53	0	16	21°	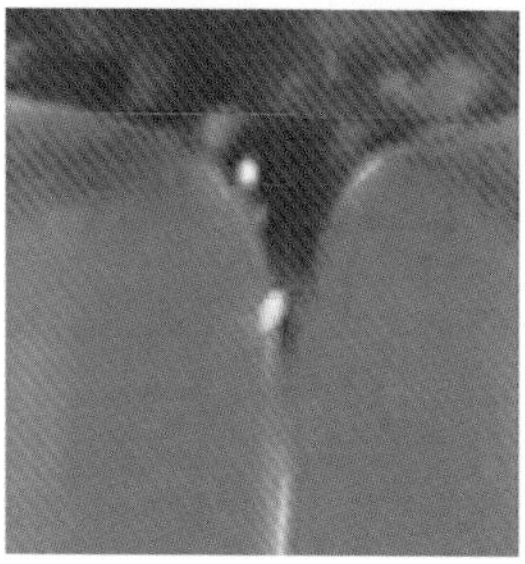	0.5	0.1	1.3

为了使模型得到简化，以泰勒锥尖端开始的直径r_0（表4.4中的r_2）为起始半径，由于熔体微分静电纺丝中单个射流几乎无鞭动，忽略辅助气流及射流之间的排斥，可以看作是沿着泰勒锥中心线对称的直线射流。因此，本射流模型可以按照如图4.31所示的沿着中心对称轴z逐渐细化的长细射流拉伸模型进行分析。

熔体静电纺丝区别于溶液静电纺丝的最大特点就是熔体黏度较高，具有黏弹性，同时，其带电荷能力比溶液弱。在本模型中，为了简化分析，以泰勒锥尖端截面为起始，随着射流加速拉伸，纤维半径逐渐变细，r_0细化到r_t，这一过程中

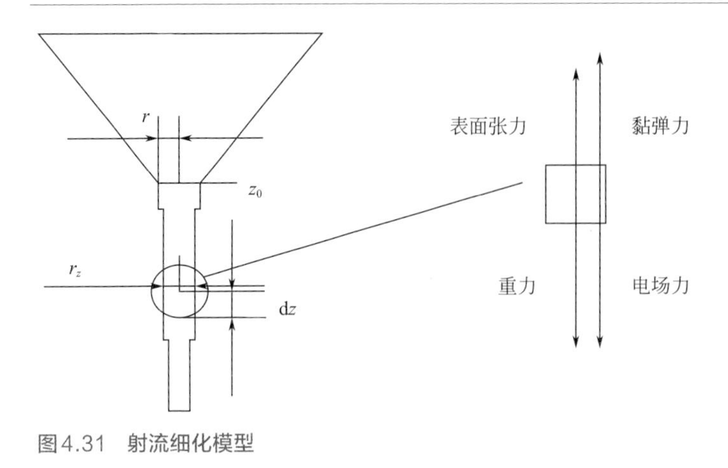

图4.31　射流细化模型

将时间分为n段，则在第i段的纤维直径为r_i，质量为m_i，时间间隔为Δt。单位时间段的射流作为单位射流的微元研究对象，其受到的驱动力为电场力和重力，同时受到的阻力为黏弹力和表面张力。假设研究对象段射流始终处于黏流态，其表面张力系数不变，一旦射流固化，黏弹力不再作用，射流细化作用几乎消失。假设射流初始流量及半径为已知量Q和r_0。

4.4.2
理论分析

根据流量与射流速度的关系，可知射流的初始速度如式（4.27）所示：

$$v_0 = \frac{Q}{\pi r_0^2 \rho} \tag{4.27}$$

式中，Q为单根射流进给流量；r_0为射流初始半径；ρ为熔体密度。根据牛顿第二定律可知射流微元的力学平衡方程式（4.28）：

$$F_{Gi} + F_{Ei} - F_{Si} - F_{Vi} = m_i a_i \tag{4.28}$$

式中，F_{Gi}代表第i微元的重力；F_{Ei}代表第i微元的电场力；m_i为第i微元的质量；a_i为第i微元的加速度；F_{Si}为第i微元的表面张力；F_{Vi}为第i微元的黏弹力（黏滞阻力）。则第i微元的射流速度如式（4.29）所示：

$$v_i = v_{i-1} + \frac{F_{Gi-1} + F_{Ei-1} - F_{Si-1} - F_{Vi-1}}{m_i}\Delta t \tag{4.29}$$

时间t时瞬时速度为式（4.30）：

$$v_t = v_0 + \int_0^t \frac{F_{Et} + F_{Gt} - F_{Vt} - F_{St}}{m_t}\mathrm{d}t \tag{4.30}$$

射流长度Z随着时间的变化如式（4.31）所示：

$$Z_t = \int_0^t v_t \mathrm{d}t \tag{4.31}$$

射流质量随着时间的变化如式（4.32）所示：

$$m_t = Qt \tag{4.32}$$

单位微元i的质量如式（4.33）所示：

$$m_i = Qt_i \tag{4.33}$$

作用于熔体的电场力是主要的动力来源。微元所受电场力等于微元内的净电荷乘以微元所在的电场强度大小（方向指向接收板），即式（4.34）：

$$F_{Ei} = e_i E_i \tag{4.34}$$

式中，e_i包含两部分，一部分是微元作为闭合电路的一部分，通过的电流所产生的内部电荷；另一部分是射流表面静电诱导电荷。其中表面诱导电荷根据瑞利1884年提出的粒子带电特性公式[34]（4.35）：

$$e_i = 8\pi\sqrt{r_{ji}^3 \gamma \varepsilon_0}\,C \tag{4.35}$$

式中，C为分裂因子，当C大于1时，产生本法中的射流，计算中具体的取值根据实验结果和理论结果对比取值。

式（4.34）电场强度E_i可以由实际加载电压大小和金属及非金属器件通过电场模拟获得电场分布的拟合方程，该方程是关于模型中z（微元位置与泰勒锥尖端的距离）的拟合方程式（4.36）：

$$E_i = f(z, V) \tag{4.36}$$

溶液静电纺丝中，由于单位微元质量很小，重力对射流几乎无影响，所以在理论模型中被忽略。在熔体静电纺丝中，熔体进给流量较大，而且在竖直向下的纺丝工艺中，重力扮演重要角色，在不加电场的作用下，光靠重力就有纤维细化的作用。微元所受重力为式（4.37）：

$$F_{Gi}=Q_{t_i}g \tag{4.37}$$

除了电场力和重力两个驱动力之外，还有和射流方向相反的表面张力和黏滞阻力。表面张力是指改变流体单位面积需要做的功，微元的表面张力可表达为式（4.38）：

$$F_{Si}=\frac{-\gamma(a_{i+1}-a_i)}{z_i} \tag{4.38}$$

式中，a_i为微元面积；γ为表面张力系数；z_i为微元高度，也是表面张力做功距离。对于微元锥台（图4.32），其微元表面积为式（4.39）：

$$a_i=\pi(r_{i-1}+r_i)\sqrt{(r_{i-1}-r_i)z_i} \tag{4.39}$$

根据微元锥台体积V_i公式（4.40）

$$V_i=\frac{\pi}{3}\left[r_{i-1}^2+r_ir_{i-1}+r_i^2\right]z_i \tag{4.40}$$

或者式（4.41）

$$V_t=\frac{\pi}{3}\left[r_0{}^2+r_tr_0+r_t^2\right]z_t \tag{4.41}$$

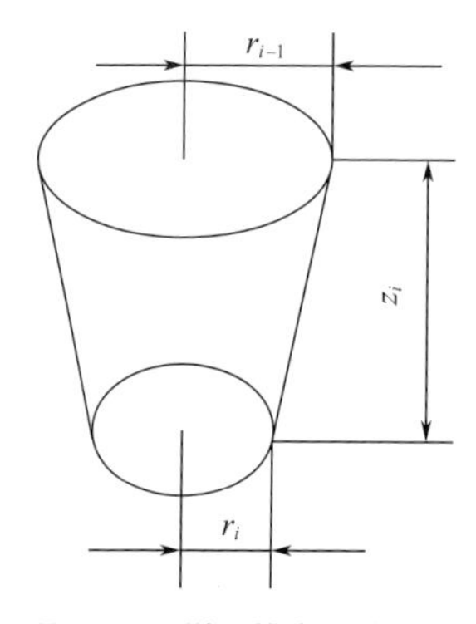

图4.32　微元锥台示意图

式中$V_t\rho = Qt$，可以推出关于r_i的关系式（4.42）：

$$r_t = \frac{-r_0 + \sqrt{r_0^{\ 2} - 4\left[r_0^{\ 2} - \frac{3Qt}{\pi\rho z_t}\right]}}{2} \tag{4.42}$$

同理，瞬时半径如式（4.43）所示：

$$r_i = \frac{-r_0 + \sqrt{r_0^{\ 2} - 4\left[r_0^{\ 2} - \frac{3Qt_i}{\pi\rho z_i}\right]}}{2} \tag{4.43}$$

聚合物熔体作为黏弹性流体，意味着对于负载同时具有黏性和弹性。黏弹力的公式可由应力应变关系获得，并和作用微元截面积求积得式（4.44）：

$$F_V(t) = \sigma_t a_t \tag{4.44}$$

式中，σ_t包含两部分，一部分为弹性应力σ_{et}，遵循胡克定律；一部分是黏性应力σ_{vt}，和动态黏度相关，则得到式（4.45）：

$$\sigma_t = E\varepsilon_e + \eta_d \varepsilon_v \tag{4.45}$$

式中，E为弹性模量，熔体的弹性模量和黏度相关，同时也取决于松弛时间，如式（4.46）所示：

$$E = \frac{\eta_{\mathrm{d}}}{t_{\mathrm{r}}} \tag{4.46}$$

式中，η_{d}为聚合物熔体的动力黏度；t_{r}为松弛时间。松弛时间根据Ziabicki预测为分子量的3.4次幂。动力黏度是随温度变化的量，射流温度和射流流变过程及热传递过程相关。Lyons在其文章中有比较细致的阐述。ε_v应变率为式（4.47）：

$$\varepsilon_v = \frac{\mathrm{d}\varepsilon_e}{\mathrm{d}t} \tag{4.47}$$

其中应变即为长度改变量除以原长度，如式（4.48）所示：

$$\varepsilon_e = \frac{l_{si}}{l_{fi}} \tag{4.48}$$

式中，l_{si}为射流微元被拉伸的长度；l_{fi}为微元射流原长度。

$$l_{si}=Vt_i$$

$$l_{fi}=\frac{\rho t_i Q}{\pi\left(\frac{1}{3}r_i+\frac{2}{3}r_{i-1}\right)^2}$$

式中动力黏度可以实际检测获得参数。

综上，熔体静电纺丝微分后的单射流可以通过微元受力情况分析，获得某微元的速度公式（4.29）和公式（4.30），然后可以由射流长度公式（4.31）获得射流长度，进而代入到射流半径公式（4.42）或式（4.43）求得任意时刻的射流半径。根据微分后单射流微元模型的分析，获得了单射流各微元或者某瞬时的射流速度、加速度、射流长度及射流半径的计算公式。在已知纺丝工艺参数、泰勒锥基本尺寸特征及材料动力黏度的条件下，可以预测出最终纤维直径，有助于反推最佳工艺参数，或者根据已知工艺参数估算目标产品的基本参数。

参考文献

[1] Kirichenko V N, Petryanov S I V, Suprun N N, et al. Asymptotic radius of a slightly conducting liquid jet in an electric field[C]. Soviet Physics Doklandy, 1986.

[2] 李志民. 静电纺丝工艺与方法的研究[D]. 上海: 东华大学, 2007.

[3] 杜海英, 王兢, 王娟. 静电纺丝运动轨迹的建模与仿真研究[J]. 材料科学与工艺, 2012, 20(6): 56-62.

[4] Melcher J R, Warren E P. Electrohydrodynamics of a current-carrying semi-insulating jet[J]. Journal of Fluid Mechanics, 1971, 47(01): 127-143.

[5] Hohman M M, Shin M, Rutledge G, et al. Electrospinning and electrically forced jets. I. Stability theory[J]. Physics of Fluids(1994-present), 2001, 13(8): 2201-2220.

[6] Tian S, Ogata N, Shimada N, et al. Melt electrospinning from poly (L-lactide) rods coated with poly(ethylene-co-vinyl alcohol)[J]. Journal of applied polymer science, 2009, 113(2): 1282-1288.

[7] Theron S A, Yarin A L, Zussman E, et al. Multiple jets in electrospinning: experiment and modeling[J]. Polymer, 2005, 46(9): 2889-2899.

[8] Yarin A L, Koombhongse S, Reneker D H. Bending instability in electrospinning of nanofibers[J]. Journal of Applied Physics, 2001, 89(5): 3018-3026.

[9] Yang Y, Jia Z, Liu J, et al. Effect of electric field distribution uniformity on electrospinning[J]. Journal of Applied Physics, 2008, 103(10): 104307.

[10] 刘兆香, 李好义, 钟祥烽, 等. 熔体静电纺丝中电极结构对电场和纤维的影响[J]. 中国塑料, 2014, 28(2): 64-68.

[11] 段宏伟, 毕淑娟, 王延福，等. 高压静电纺丝机工作电场FEM分析[J]. 哈尔滨商业大学学报(自然科学版)，2009, 25(4): 461-463.

[12] 谢胜, 曾泳春. 电场分布对静电纺丝纤维直径的影响[J]. 东华大学学报: 自然科学版, 2011, 37(6): 677-682.

[13] Komarek M, Martinova L. Design and evaluation

of melt-electrospinning electrodes[C]// Proceedings of the 2nd Nanocon International Conference. 2010: 72-77.

[14] Hagewood J F. Polymeric nanofibers: Fantasy or future[J]. International Fiber Journal, 2002, 17(6): 62-63.

[15] Zhang X X, Tao X M, Fan Y F. Research and application of polymer nanofibers[J]. Journal of Dong Hua University(English Edition), 2003.

[16] Hoogerbrugge P J, Koelman J. Simulating microscopic hydrodynamic phenomena with dissipative particle dynamics[J]. EPL(Europhysics Letters), 1992, 19(3): 155.

[17] Frisch U, Hasslacher B, Pomeau Y. Lattice-gas automata for the Navier-Stokes equation[J]. Physical Review Letters, 1986, 56(14): 1505.

[18] 常建忠，刘谋斌，刘汉满. 微液动力学特性的耗散粒子动力学模拟[J]. 物理学报，2008, 57(7): 3954-3961.

[19] Avalos J B, Mackie A D. Dynamic and transport properties of dissipative particle dynamics with energy conservation[J]. The Journal of Chemical Physics, 1999, 111(11): 5267-5276.

[20] Groot R D. Electrostatic interactions in dissipative particle dynamics—simulation of polyelectrolytes and anionic surfactants[J]. The Journal of Chemical Physics, 2003, 118(24): 11265-11277.

[21] Chen S, Phan-Thien N, Fan X J, et al. Dissipative particle dynamics simulation of polymer drops in a periodic shear flow[J]. Journal of Non-Newtonian Fluid Mechanics, 2004, 118(1): 65-81.

[22] 陈硕，赵钧，王丹，等. 微通道中液滴的耗散粒子动力学模拟[J]. 上海交通大学学报，2005, 39(11): 1833-1837.

[23] Fraenkel G K. Visco-Elastic Effect in Solutions of Simple Particles[J]. The Journal of Chemical Physics, 1952, 20(4): 642-647.

[24] Schlijper A G, Hoogerbrugge P J, Manke C W. Computer simulation of dilute polymer solutions with the dissipative particle dynamics method[J]. Journal of Rheology(1978-present), 1995, 39(3): 567-579.

[25] Li X, Deng M, Liu Y, et al. Dissipative particle dynamics simulations of toroidal structure formations of amphiphilic triblock copolymers[J]. The Journal of Physical Chemistry B, 2008, 112(47): 14762-14765.

[26] Liu Y, Wang X, Yan H, et al. Dissipative particle dynamics simulation on the fiber dropping process of melt electrospinning[J]. Journal of Materials Science, 2011, 46(24): 7877-7882.

[27] WANG X, LIU Y, YAN H, et al. DPD simulation of fiber falling in melt electrospinning[J]. CIESC Journal, 2012, 1: 048.

[28] Wang X, Liu Y, Zhang C, et al. Simulation on electrical field distribution and fiber falls in melt electrospinning[J]. Nanoscience & Nanotechnology Letters, 2013, 13(7): 4680-4685.

[29] Liu Y, An Y, Yan H, et al. Influences of three kinds of springs on the retraction of a polymer ellipsoid in dissipative particle dynamics simulation[J]. Journal of Polymer Science Part B Polymer Physics, 2010, 48(23): 2484-2489.

[30] Shin Y M, Hohman M M, Brenner M P, et al. Experimental characterization of electrospinning: the electrically forced jet and instabilities[J]. Polymer, 2001, 42(25): 09955-09967.

[31] Thompson C J, Chase G G, Yarin A L, et al. Effects of parameters on nanofiber diameter determined from electrospinning model[J]. Polymer, 2007, 48(23): 6913-6922.

[32] Lyons J M. Melt-electrospinning of thermoplastic polymers: An experimental and theoretical analysis[D]. Drexel University, 2004.

[33] Zhmayev E, Cho D, Joo Y L. Nanofibers from gas-assisted polymer melt electrospinning[J]. Polymer, 2010, 51(18): 4140-4144.

[34] Rayleigh L. On the circulation of air observed in Kundt's tubes, and on some allied acoustical problems[J]. Philosophical Transactions of the Royal Society of London, 1884,175: 1-21.

NANOMATERIALS

纳米纤维静电纺丝

Chapter 5

第5章
熔体微分静电纺丝工艺

5.1 电场

5.2 分子量与熔体黏度

5.3 进给流量

5.4 气流辅助工艺

5.5 小结

熔体静电纺丝工艺中，影响目标纤维特征参数的因素主要有电场强度大小及分布、聚合物分子量及熔体黏度、进给流量及其他辅助作用力条件。其中电场强度是影响射流间距和最终纤维直径的重要因素，一方面影响射流细化程度，另一方面影响着射流的速度；材料的分子量大小间接地决定了聚合物熔体黏度和表面张力系数，成为决定最终纤维细度的主要因素；进给流量是影响射流本身带电荷量以及单射流初始粗细的主要参数；其他辅助参数，如辅助气流具有促进纤维细化的作用，是熔体静电纺丝从微米级进入到纳米级的广泛而有效的措施。本章将以熔体静电纺丝常用材料聚丙烯为原料，以内锥面微分喷头为主要装置（如图3.6所示，喷头泰勒锥均布的底部直径为26mm），考察不同纺丝工艺参数对纤维形貌及直径的影响，并在最后一节通过理论分析工艺参数对射流速度和目标纤维直径的决定方程，提供熔体微分静电纺丝方法的理论指导。

5.1 电场

熔体微分静电纺丝中，电场强度是影响射流间距的主要因素，决定电场强度大小的主要因素是纺丝电压和纺丝距离。纺丝电压指加载在纺丝接收板上的正极高压静电，纺丝距离指纺丝微分喷头产生泰勒锥的尖端到接收板的距离。电场强度的大小决定了熔体面电荷密度的分布以及射流中通过的电流大小，影响着射流的产生以及射流的细化过程。

5.1.1 纺丝电压对纤维直径的影响

设定纺丝距离固定值11cm，熔体进给流量12.5g/h保持不变，纺丝温度设定为260℃，改变纺丝电压从37kV到63kV，待纺丝稳定后对纤维取样，每样取样时间1min，每隔4kV对纤维取样一次，获得7份不同纺丝电压下的纤维样品。纤维直径与射流间距如表5.1所示。

表5.1 不同纺丝电压下的纤维直径与射流间距之间的关系

样品	加载电压/kV	射流根数	射流间距/mm	平均直径/μm	标准差/μm
1	39	14	5.8	14.6	3.3
2	43	20	4.1	14.1	3.8
3	47	28	2.9	12.5	3.6
4	51	34	2.4	12.1	1.0
5	55	48	1.7	12.0	0.9
6	59	56	1.5	8.8	0.7
7	63	60	1.4	5.3	0.6

图5.1反映了不同纺丝电压得到的纤维直径及其标准差。由图可以看出，纤维直径随着电压的增加持续减小，从刚产生射流并稳定到14根泰勒锥后的14.6μm，减小为击穿前电压63kV时的5.3μm，最大电场强度（按照匀强电场计算）约为6.1kV/cm。在单射流实验中纤维直径受到纺丝电压的影响，众多研究结果显示，随着电压的增高，纤维直径减小，其中Lyons单毛细管装置纤维直径接近10μm，电场强度要高达15kV/cm，对装置材料的选择及高压静电发生器提出较高的要求[1]；邓荣坚试验了单针纺丝，通过改变纺丝电压获得了4～6μm的LDPE超细纤维，和本工艺制备的纤维直径相当[2]。这一结果说明本方法在提高纺丝效率和简化设备的基础上，并没有弱化对射流的细化能力，反而在一定程度上提高了击穿电压。

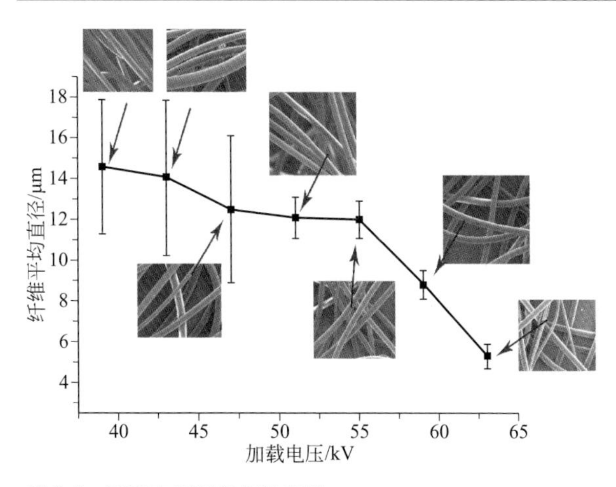

图5.1 不同电压下的纤维直径

图5.1也反映了纤维直径分布在低电压下标准差较大，随着电压的升高，纤维直径分布变窄。因为在电压较低的情况下，射流根数较少，熔体表面电荷分布较少，同时，由于介电质熔体特性，电荷分布并不绝对均匀，因此，分布到每一根喷射出的射流的流量可能出现一定的波动，因此导致了纤维分布较宽。在泰勒锥产生阶段，获得熔体较多的射流制备的纤维直径较粗，反之，纤维直径就较细。当电压高于47kV后，纤维直径分布变窄，达到最小 ±0.6μm，接近单针纺丝效果。因为随着电压的增加，泰勒锥及其周边熔体的面电荷密度增加，而且由于电压的增加，作为电介质的聚合物熔体表面净电荷移动更加自由，从而促进了电荷的均布和电荷的作用力，在双重作用下，使得熔体分配到每根射流的流量更加均匀。

图5.2反映了纤维直径变化的阶段性特点。当电压在37 ～ 45kV之间时，纤维直径降低速度较快，电压的增高并不能明显提高射流速度，但是可以观察到射流间距急速降低，意味着同样的供给流量下获得更多的纤维根数，因此，单根射流的供给流量急剧减小，从而在射流速度增加不多的情况下，纤维直径减小较快。当电压在45 ～ 55kV之间时，纤维直径减小较少，基本保持在12 ～ 12.5μm之间，这有两方面的原因，一方面，射流间距变化趋缓，从2.9mm减小到1.7mm，也就是说，单根射流的流量供给减小不明显；另一方面，纤维在这一电压区间并无明显的摆动。当电压加载到55kV以上，在静电击穿之前，出现一个纤维直径迅速减小的过程，而射流间距变化趋缓，因为在较高电压的作用下，射流出现了较为明显的加速运动，甚至在接近电极板时出现了一定程度的剧烈摆动，从而引起了纤维的快速细化。

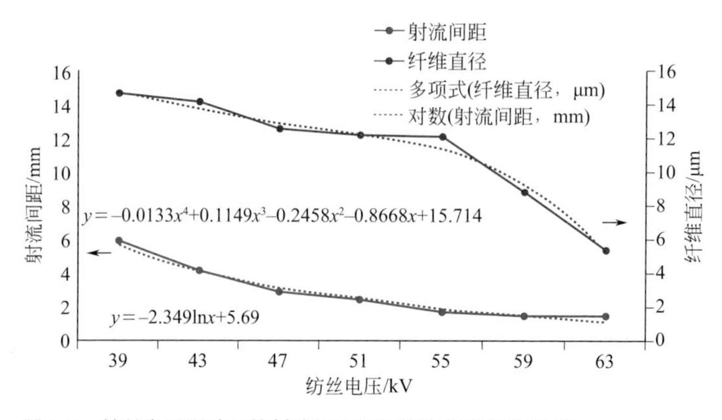

图5.2　纺丝电压影响下的射流间距和纤维直径之间的关系

上述分析说明了电压在熔体微分静电纺丝工艺中对纤维直径及其分布有很大影响。一方面，电压大小决定了电荷密度，一定程度上决定着电荷分布的均匀性，从而影响了最终纤维直径及其直径分布；另一方面，电场强度对射流间距即射流根数的影响，也间接决定了分配到单根射流的熔体流量，从而决定着单根射流最终的纤维直径。因此，在无针熔体微分静电纺丝工艺中需充分利用纺丝电压对纺丝过程的控制作用。

5.1.2 纺丝距离对纤维直径的影响

设定纺丝电压固定值45kV，熔体进给流量12.5g/h保持不变，纺丝温度设定为260℃，改变纺丝距离从4.5cm到17cm，待纺丝稳定后，纺丝距离每增加2.5cm进行采样，采样时间1min，获得6份不同的纺丝样品。实际纺丝中，当纺丝距离在4.5～4.8cm时，由于电流超过设定的1mA，无法进行稳定纺丝，因此选取5cm获取的样品作为第一组样品，当纺丝距离达到16cm后，射流根数只有3～5根，并不稳定，因此，对第六份样品的纤维值进行表征不能作为精确参考值。获得的纤维直径与射流间距参数如表5.2所示。

表5.2 不同纺丝距离下纤维直径与射流间距之间的关系

样品	纺丝距离/cm	射流根数	射流间距/mm	平均直径/μm
1	5.0	60	1.30	4.5
2	7.0	60	1.3	4.9
3	9.5	52	1.5	5.6
4	12.0	20	3.9	7.1
5	14.5	10	7.8	8.5
6	17.0	4	19.5	31.2

随着纺丝距离的增加，纺丝区域电场强度（以匀强电场强度计算）迅速从10kV/cm减小到2.64kV/cm。在近距离9～10kV/cm的高电场强度下，纺丝电流较大（≥0.5mA），实验中可以听到呲呲声，并有电场风引起纤维向某一方向的

摆动，如图5.3所示，微分喷头尖端泰勒锥也出现一定程度的紊乱，并有部分锥端面泰勒锥缺失，甚至引起电流过大，静电发生器自动保护关断。当纺丝距离到5cm以上，可以正常纺丝并收取样品。如图5.4所示，随着纺丝距离的增加，电场强度减弱，纤维直径逐步增大，当纺丝距离超过15cm后，电场强度小于3kV/cm，泰勒锥根数显著减少，纤维直径快速变粗。图5.4也反映了纤维直径的变化趋势和射流间距的变化趋势相似，一方面说明泰勒锥根数和单根射流流量的联系，另一方面还说明相比纺丝电压，调整纺丝距离能更快速引起场强的改变。

但是也不能一味地通过减小纺丝距离来提高电场强度，从而获得较细的纤维，

图5.3　纺丝距离为4.5cm时泰勒锥缺失现象（照片为实际尺寸2倍放大）

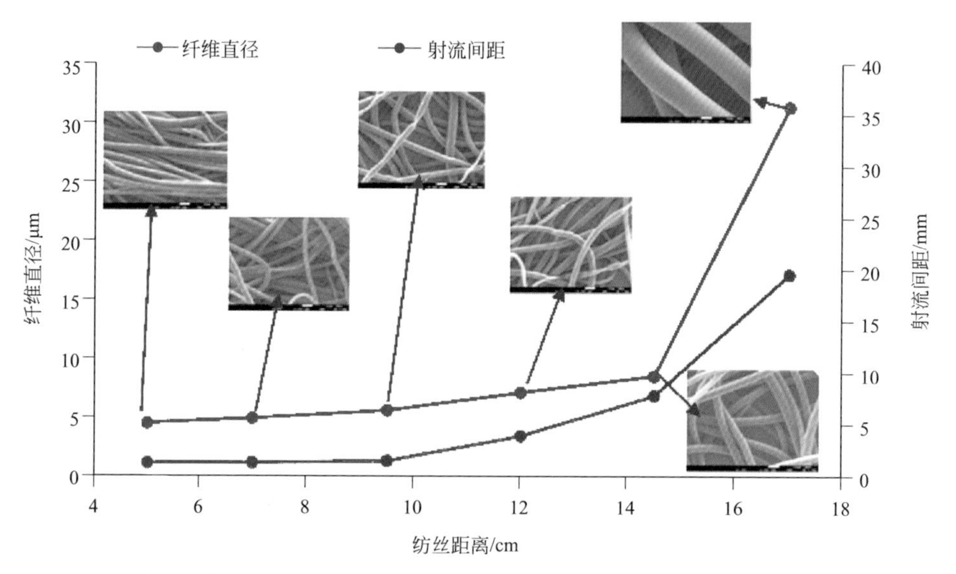

图5.4　不同纺丝距离下的纤维直径与射流间距

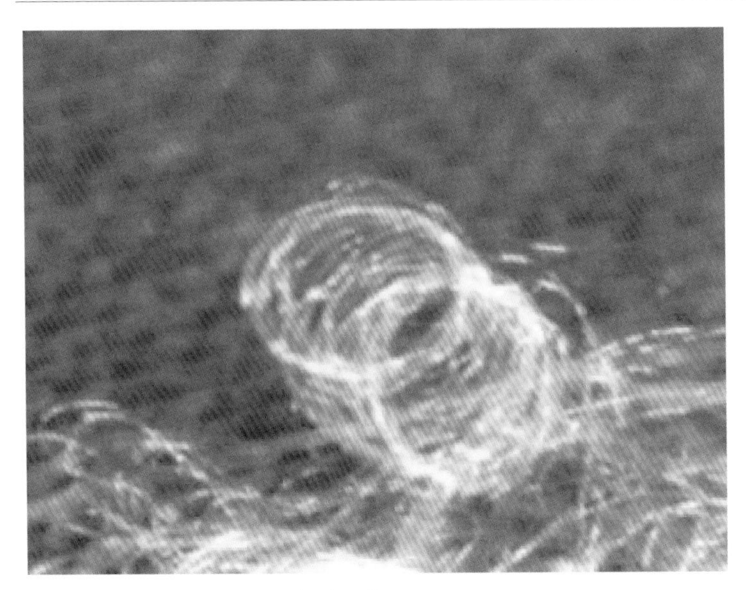

图5.5　应力松弛不足造成的蜷曲纤维

因为当纺丝距离较近时，容易引起击穿现象，虽然射流速度快，但由于射流加速距离短，可能导致纤维没有充分拉伸就迅速固化，来不及应力松弛，会造成静电纺丝纤维的蜷曲状态（如图5.5所示）。

5.2 分子量与熔体黏度

Lyons在其博士论文中阐述了聚丙烯分子量对纤维直径的影响，即随着分子量的降低，纤维直径降低。他采用重均分子量从12000到580000的几种聚丙烯材料，制备了直径为3.55～466.15μm的纤维[1]。分子量决定分子链段的长度以及链缠结程度，从而影响最终纤维细度。因此，本节重点讨论聚丙烯分子量对熔体微分静电纺丝工艺的影响。不同的是，本节内容采用了一种高效分子减链剂来调节分子量，通过对熔体黏度的检测间接地确定分子量的大小。

Irgatec CR76是一种绿色环保的高分子减链剂，根据添加的剂量以及共混温度使PP受到可控的降解，聚合物分子量降低，目标相对分子量分布（MWD）较窄，适合于对分子量分布敏感的工艺场合，熔喷PP非织造布上有较多成功应用的例子[3]。因此，在研究引入该减链添加剂的聚丙烯分子量对熔体微分静电纺丝纤维直径及形貌的影响中具有可操作性。

5.2.1
纤维的制备

以PP6820（熔融指数为2000g/10min）为原料，CR76为减链剂，静电纺丝制备纤维。

静电纺丝装置（熔体微分静电纺丝仪）为笔者研究室自制仪器，传统的熔体静电纺丝装置采用注射器毛细管喷头，纺丝进给流量小，熔体在针尖处温度可控性差，本装置采用专利设计的内锥面微分喷头结构（ZL201320707678.4），喷头内锥面周向熔体均布后形成数十根射流，具有高效、均匀和控温精确的特点。基本结构主要包括熔体入口、熔体流道、微分喷头和气体导管，本实验使用的内锥面微分喷头伞形喷嘴底部的直径为26mm，锥角为60°，气流导管内辅助气流速度为8m/s，熔体经过塑化计量以9.8g/h的流量进入熔体入口。

使用微型双螺杆挤出机将PP分别与2% CR76、5% CR76和10% CR76混合均匀，挤出机转速为40r/min，挤出机头温度为180℃。

聚合物熔体在微分喷头处自由分布，不受任何剪切力，因此，所有树脂颗粒样品黏度都采用DHR-2流变仪在低剪切速率0.1rad/s下进行，测试温度从190℃逐步升高到280℃，测试过程采用氮气保护，板间距设定为1mm。

将PP、PP+5%CR76以及PP+10%CR76分别于微分喷头温度为240℃、260℃和280℃的条件下利用熔体微分静电纺丝仪制备纤维，每个样品纺丝时间为5min，固定的纺丝工艺条件为：环境温度24℃，纺丝距离130mm，纺丝电压60kV。

将制得的纤维固定在试样台上，在扫描电镜显微镜下观察其不同放大倍数的形态结构，并使用Image Pro Plus软件处理扫描电镜图，选取80根纤维样品计算纤维平均直径。

5.2.2
聚合物分子量对熔体微分电纺纤维的影响

（1）不同温度及改性剂含量下的熔体黏度

图5.6是PP、PP+2%CR76、PP+5%CR76三种树脂在0.1rad/s的低剪切速率下的黏度，由于PP+10%CR76的黏度低于1Pa·s，限于仪器精度无法测出具体数值。在恒定的剪切速率条件下，对于纯PP材料，其黏度随着温度的变化表现出快速下降的现象，当温度从200℃变化到280℃时，熔体黏度从8.2Pa·s减小到2.0Pa·s，降低了近75%；PP+2%CR76、PP+5%CR76随着温度的升高，黏度甚至降低到1Pa·s以内；当温度为200℃时，添加2%的Irgatec CR76的PP材料和纯PP材料相比，其黏度得到有效降低，从纯PP的8.2Pa·s降低到减链后的1.8Pa·s左右，约为原来的22%。随着CR76加入含量的增大，熔体黏度继续减小，但降幅不再明显，而且当温度接近280℃时，由于检测精度的问题，具体数值不再具有参考性。这些数值规律说明提高温度和增加改性剂都能有效降低熔体黏度，一方面是因为温度的升高，使得高分子链间的运动速度加快，降低了分子链间的缠绕，增大了分子之间的距离，从而导致熔体黏度降低；另一方面，新型改性剂Irgatec CR76的加入，使PP树脂受到可控降解，相对分子质量的分布变窄，这说明每个PP分子链长接近相同，降解变短的分子链更不容易缠结，运动加快，因此，加入Irgatec CR76可以降低PP树脂的黏度。同时也可观察到加入

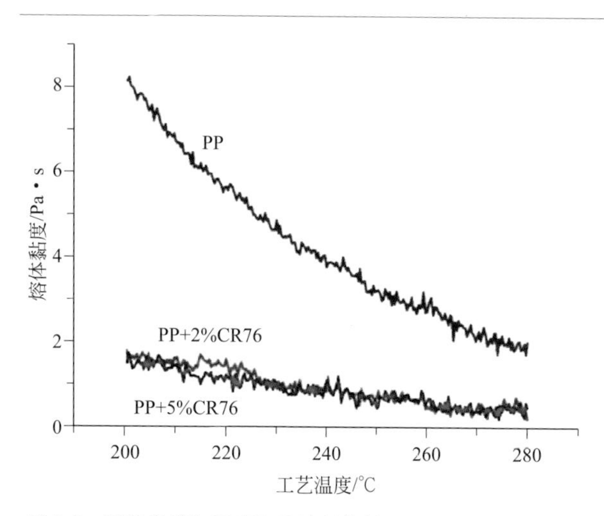

图5.6　熔体黏度与温度和改性剂的关系

2%和5%的Irgatec CR76，其黏度曲线重叠，在不同温度下基本相同，说明2%的Irgatec CR76的加入在短时间高温作用下对PP链段的降解作用达到最大，再加入更多的Irgatec CR76降解作用不再明显。

（2）纤维形貌分析

根据不同温度及改性剂CR76含量下纤维的扫描电镜图分析，所有熔体静电纺丝纤维表面光滑且连续，这也是熔体静电纺丝工艺所制备的纤维具有的基本特点。

当纺丝温度在240℃或者260℃时，纤维直径分布均匀，纤维之间无规交叉排列，随着改性剂含量的增加，纤维直径分布变窄，宏观表现为纤维更加柔顺，说明改性剂实现减小链段长度的同时，控制了较窄的分子量分布。如图5.7所示，当温度为280℃时，大部分纤维直径在1μm以内，但是少部分纤维直径在1～3μm，个别纤维直径甚至达到5μm，这有可能是由于在280℃的纺丝温度时，除了改性剂对分子量的可控分解作用，还有高温对分子量的不可控降解作用，这样熔体黏度非常低且稍有不均，就导致了部分较粗纤维的产生，同时，当纤维直径小于1μm时，射流对于环境温湿度变得敏感，常规的熔体静电纺丝工艺对于环境温湿度较少控制，因此，工艺改进中需要考虑以下两点：一方面强化塑化装置

(a) PP, 240℃, ×300　(b) PP+10%CR76, 260℃, ×600　(c) PP+10%CR76, 280℃, ×300

(d) PP, 240℃, ×3000　(e) PP+10%CR76, 260℃, ×3000　(f) PP+10%CR76, 280℃, ×3000

图5.7　不同工艺温度及改性剂CR76含量下的纤维样品的扫描电镜图

的熔体分布和分散的螺杆单元，保证改性剂混合均匀和熔体温度分布均匀；另一方面要减少环境的温湿度变化和气流扰动，提供稳定的环境工艺条件。

（3）纤维直径分析

通过用Image Pro Plus软件处理扫描电镜图，得出不同共混纺丝温度以及CR76含量下制备出的纤维平均直径，列于表5.3。可以看出无论是升高温度，还是提高CR76的含量，纤维平均直径均减小，尤其是在CR76含量为10%、280℃纺丝温度下，制备的纤维平均直径达到了0.97μm，而纯PP随着纺丝温度的提高，纤维平均直径从2.51μm减小到2.33μm，只减小了7%，印证了文献上关于分子量大小是影响纤维直径最重要因素的判断[4]。在较低纺丝温度下（240℃），随着改性剂含量的增加，纤维直径从2.51μm减小到1.82μm，减小了27%；而在纺丝温

表5.3 不同共混比在不同纺丝温度条件下的纤维平均直径

纺丝温度/℃ CR76（质量分数）/%	240℃	260℃	280℃
0	2.51μm	2.45μm	2.33μm
5	2.28μm	2.11μm	1.98μm
10	1.82μm	1.66μm	0.97μm

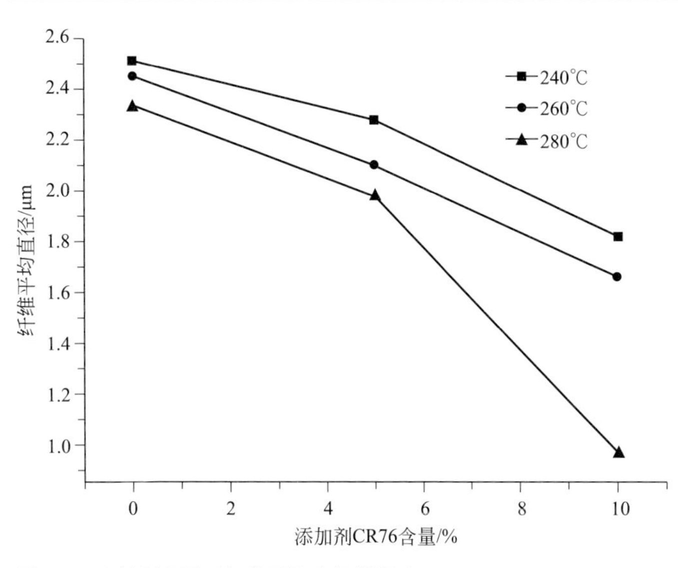

图5.8 改性剂含量对纤维平均直径的影响

度很高（到280℃）的条件下，随着改性剂含量的增加，纤维直径从2.33μm变化到0.97μm，减小了58%，可见改性剂在较高的工艺温度下效果才明显，图5.8也充分说明了这一点。这是因为Irgatec CR76的主要作用是在250℃以上对PP实行可控性的降解，使PP分子链长变短，熔体黏度降低，CR76含量的提高使得更多的PP分子有效地降解，相对分子质量分布变窄，因此，制备的纤维直径更小且分布更均匀。

在确定PP与CR76共混比的情况下，温度成为影响纤维直径的最主要因素。由图5.9可以看出，提高CR76的含量有利于纤维的细化，尤其是在纺丝温度280℃、添加10% CR76的条件下，纤维平均直径从1.82μm降低到0.97μm，将近细化了1/2，细化作用效果明显。

当纺丝温度超过300℃时，会出现如图5.10所示的现象。多射流几乎不再发生，熔体静电纺丝转化为静电喷射现象，这说明在该温度下，由于熔体继续降解，分子量持续下降，使得黏度和分子量都达到了静电喷射的范围，从而观察到了众多珠粒，珠粒的尺寸分布在20 ～ 50μm。

由上述分析可知：① 在200 ～ 280℃的加工温度区间，添加2% ～ 10% CR76的PP熔体黏度降低到纯PP黏度的25%；② 较高的CR76添加量与较高的纺丝温度对降低纤维直径有利，含有10% CR76的PP熔体在280℃纺丝条件下，制备的纤维大部分直径低于1μm，纤维平均直径达970nm，在纺丝温度超过300℃的条件下，由于材料降解为小分子物质，静电纺丝现象转化为静电喷射现象。

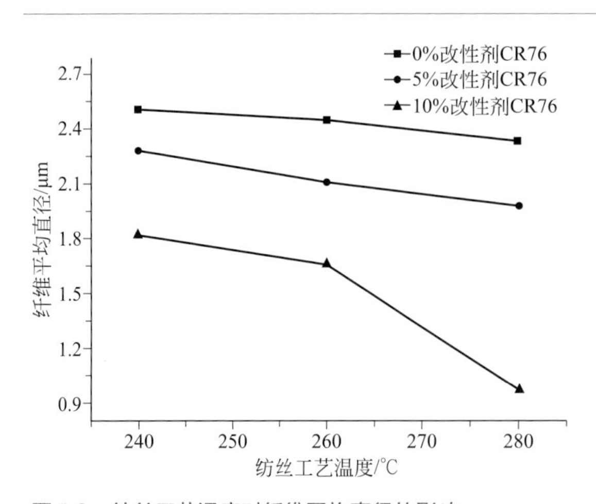

图5.9　纺丝工艺温度对纤维平均直径的影响

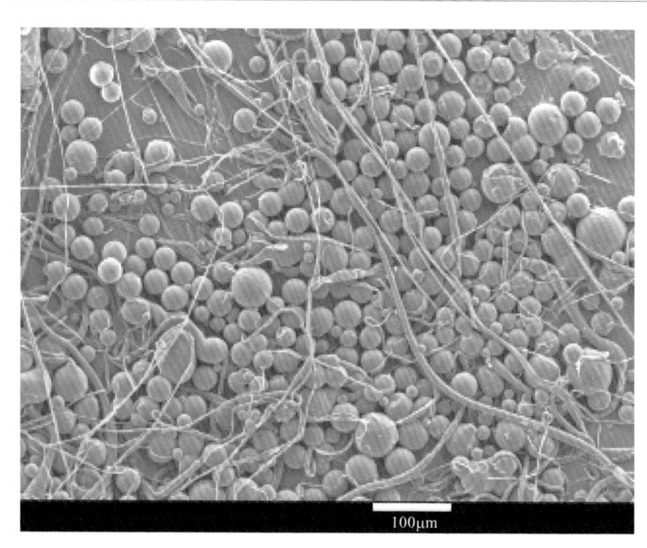

图5.10　纺丝工艺温度对纤维平均直径的影响

5.3 进给流量

单针熔体静电纺丝中，在其他纺丝参数不变的条件下，进给流量决定着射流产生瞬间泰勒锥的形状及大小，也决定了射流最终细化直径。在无针熔体微分静电纺丝中，进给流量不是直接供给某个射流，而是被电场自由分配到每一根射流上。前面指出了熔体进给流量对射流间距的影响，即在分配均匀的前提下，单个射流的流量可以由总流量和射流根数之比求得。本节将以更接近加工实际的多喷头阵列设备（集成32喷头），通过两种纺丝条件下不同流量下射流根数及纤维之间的关系，说明进给流量对纤维直径的影响。

实验装置：自制熔体微分静电纺丝多喷头阵列设备，其基本组成如图5.11所示，主要包括螺杆挤出机、熔体过滤器、齿轮计量泵、纺丝喷头组件、高压静电发生器、空气辅助组件和切边卷绕机等部分。本装置通过微分喷头阵列集成了

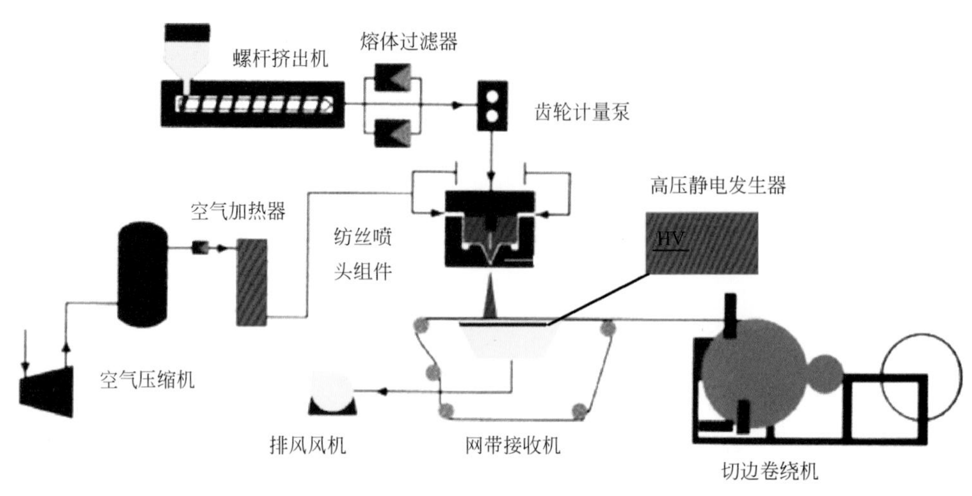

图5.11　多微分喷头中试纺丝装置示意图

4×8=32喷头，各个喷头的流量在流道分配下流量分布误差≤5%，通过挤出机螺杆驱动电机的供电频率和齿轮计量泵驱动电机的变频频率，可以获得任意喷头流量，为了考察纯粹本方法工艺本身的特征，不启动气流辅助组件。

在不同喂料螺杆转速和熔体泵转速的配合下，对喷头挤出的熔体进行5min的计量并称重。纺丝材料为PP6820，纺丝条件设定为喷头温度240℃，纺丝距离为14cm，纺丝电压分别为57kV和63kV；喂料螺杆转速、熔体泵转速调速组合分别为1.3Hz-3.2Hz、2.5Hz-5Hz、5Hz-10Hz、10Hz-20Hz和15Hz-25Hz；在5种流量下，分别在固定位置取不同8个喷头拍照获取平均射流根数，并收集其中射流根数为平均值的喷头下的纤维作为样品进行纤维直径表征；纤维直径的测量采用Image Pro Plus软件处理扫描电镜图，每个样品取纤维根数为80根，获取纤维直径平均值。

如表5.4所示，熔体微分静电纺丝多喷嘴中试装置，其进给流量通过计量泵的计量获得了4.5～36g/h的五组流量。通过流量和计量泵转速的关系，可以发现几乎遵循直线关系。同时也可以发现射流根数有±2根的波动，但没有严格的规律可循，57kV时，射流根数约为22根，63kV时，射流根数约31根，可以认为这个波动属于随机的外部因素影响，因此可以印证第4章关于射流间距不受熔体流量影响的结论（在一定的流量范围内）。

表5.4　不同电压与转速下的单喷头射流根数

序号	喂料螺杆转速/Hz	熔体泵转速/Hz	每个喷头每小时克重/（g/h）	射流根数（57kV）	射流根数（63kV）
1	1.3	3.2	4.5	20	29
2	2.5	5	7	22	32
3	5	10	12.5	22	30
4	10	20	26	23	32
5	15	25	36	20	33

对纺丝电压63kV，纺丝距离14cm的条件下的五组纤维样品表征，获得如图5.12所示的熔体进给流量与纤维直径之间的关系及关系式［式（5.1）和式（5.2）］。由图可以看出，随着熔体进给流量的增加，纤维直径逐渐增加，根据纺丝前后熔体的体积守恒：

$$Q=\frac{\pi d^2}{4}\rho vN \tag{5.1}$$

即：

$$d=\sqrt{\frac{4Q}{\pi\rho vN}} \tag{5.2}$$

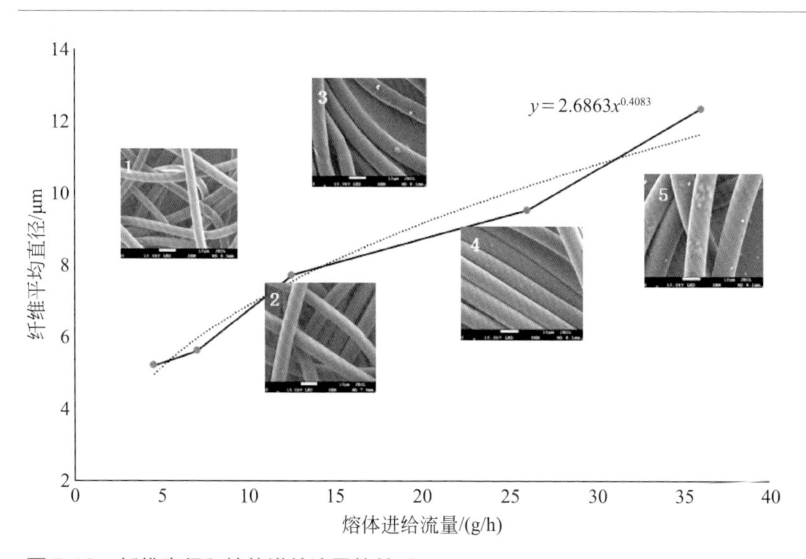

图5.12　纤维直径和熔体进给流量的关系

式中，Q为进给流量；d为纤维直径；ρ为熔体密度；N为射流根数；v为射流平均速度。根据方程可知，如果不考虑其他因素，在本实验系统中，因为ρ、Q、v和N为固定值，纤维直径和进给流量成根方的关系，但是根据图中的拟合曲线发现并不完全吻合，除去不可变动的因素，唯一可以分析的是射流的平均速度，而在排除熔体表面张力系数变化的基础上，影响射流平均速度可能是因为单根射流流量变化后，引起了电荷分布及其移动等因素导致。

5.4 气流辅助工艺

5.4.1 气流辅助装置

在单针纺丝中，康奈尔大学的Zhmayev等[5]研究了辅助气流对纤维细化的作用，使得纤维细化了近20倍。美国专利US7887311 B2中也描述了熔体静电纺丝中，气流辅助起到纤维细化的作用。在本方法熔体微分静电纺丝中，研究显示在不同工艺下，纤维细度最细在4～6μm，单纯的静电力拉伸无法对熔体射流激发如同溶液那样的快速鞭动效果，只有熔体黏度达到非常小的程度，才能获得1μm附近的纤维，但同时也引起了纤维强度的降低。而对于纳米纤维的宏观定义是≤1000nm，因此，熔体微分静电纺丝法虽然极大地提高了纺丝效率，但是需要在细度上减小10倍左右，才能获得细度和产量上的共同突破，从而体现本技术的先进性。

在单针熔体静电纺丝中，所采取的气流辅助方法如图5.13所示，高速气流围绕单根射流进行快速牵引，使得纤维细化。而对于多射流的熔体微分静电纺丝装置，如何将高速气流的牵伸作用引入到每根射流上，是本方法实现的关键。

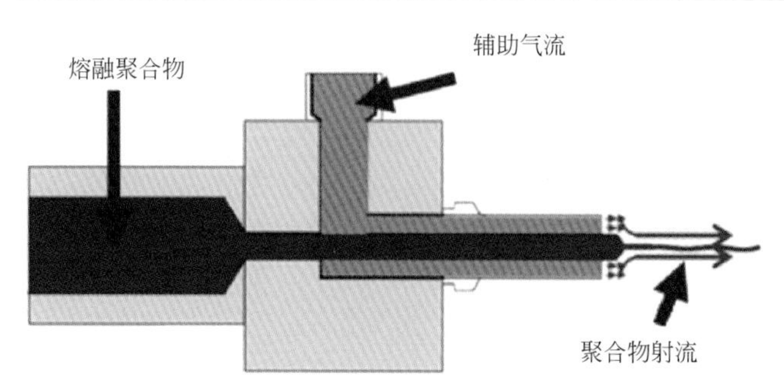

图5.13　气流辅助单射流示意图[4]

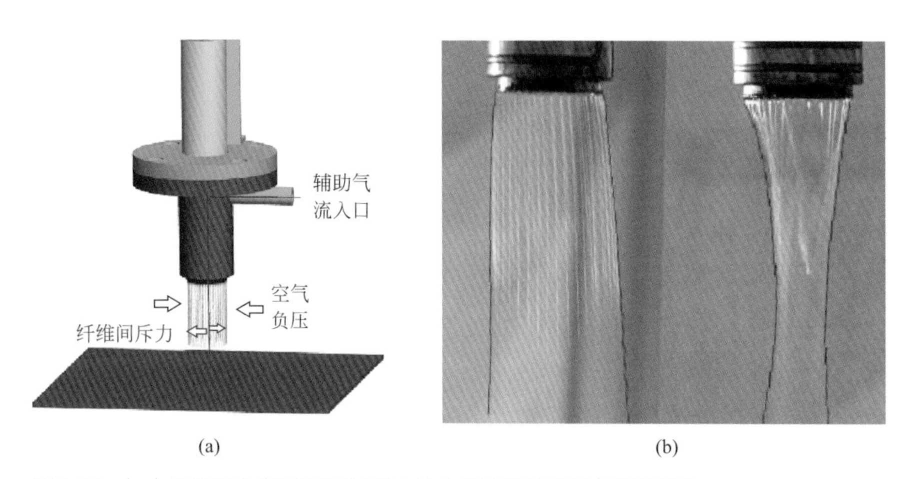

图5.14　(a)气流辅助多射流示意图和(b)气流辅助前后多射流形态

本方法采取的装置措施区别于以往任何方法，如图5.14所示，在内锥面喷嘴中心通过气流导管引入了空气气流。在微分喷头锥面尖端自由形成周向环绕的多个泰勒锥并产生多射流后，空气气流在喷嘴出口快速喷出，由于环形多射流中心的气流速度要快于环形多射流外部的速度，因此，在环形多射流所在环形面产生指向中心轴线的负压，从而使得多射流向中心聚拢，但是射流上由于都带有相同极性的诱导电荷，因此，纤维之间同时存在着明显的排斥力，当这两个力达到平衡时就不再继续聚拢，同时，在下半段纺丝距离处，由于气流发散，其速度已经变小，引起空气负压逐渐减弱，最终形成如图5.14(b)所示的漏斗外形，漏斗外形的形状取决于加载电压及气流速度。

5.4.2
气流速度与纤维直径的关系

实验中采用静音无油空气压缩机，通过阀门调控风速大小（0 ～ 17m/s），气流导管内径为6mm。

气流速度通过手持式风速仪（Bene tech，型号GM816A）测定，测定方法为将手持式风速仪测风口放在气流导管口泰勒锥形成位置，获取3个位置的风速，并求得平均值。根据风速测量，确定3m/s、5m/s、8m/s、10m/s、13m/s和17m/s对应的阀门位置；在不同速度的气流辅助下，进行纺丝实验，纺丝条件为纺丝温度250℃，纺丝电压50kV，纺丝距离10cm。

如图5.15所示，气流速度越大，纤维直径越小，当气流速度达到17m/s的时候，纤维平均直径可达640nm，直径在这一范围和可见光波长相当（380 ～ 780nm），如图5.16所示，在显微镜下能够看到彩色纤维。气流辅助的低速阶段纤维直径下降较快，当气流速度在5 ～ 17m/s的范围内，纤维直径细度和气流速度呈线性关系。当气流速度为3m/s，纤维有细化作用，说明无气流辅助条件下射流速度小于3m/s，证明熔体电纺丝纤维射流速度小是纤维直径粗的根本原因。

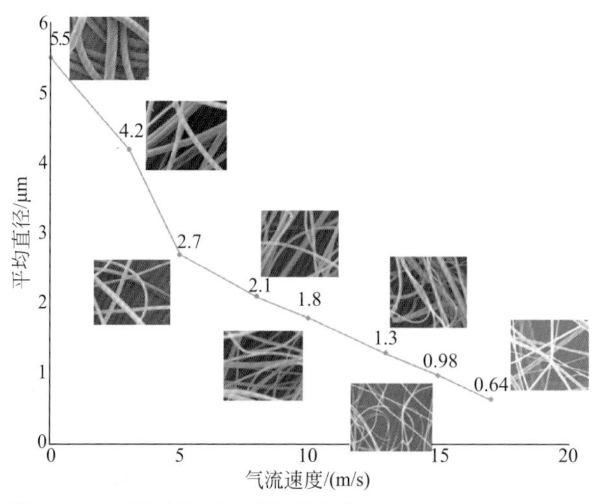

图5.15　不同气流速度下的纤维直径

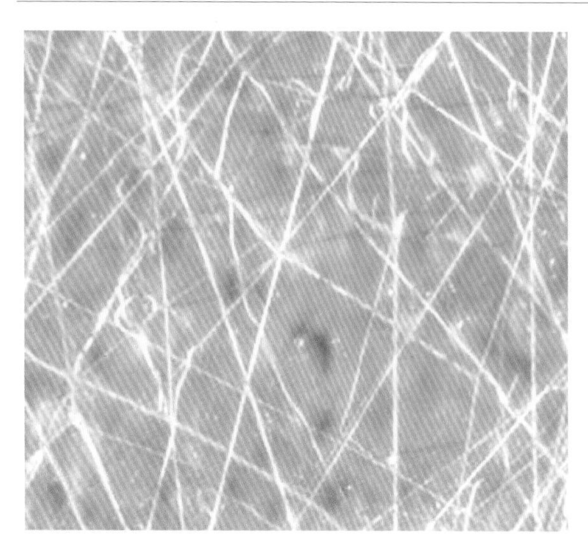

图5.16　高速气流辅助下的熔体微分电纺纤维在光学显微镜下的照片

另外，高气流下由于辅助气体对内锥面流体有一定的扰动，因此造成泰勒锥分布失衡，从而导致纤维直径分布较宽，因此，改进熔体和气流的流道，有助于获得更加稳定的气流辅助射流。

5.5 小结

本章主要围绕影响熔体微分静电纺丝的四个工艺参数，即纺丝电场、熔体黏度、熔体进给流量及辅助气流速度进行了实验研究。纺丝电压和纺丝距离共同决定纺丝区域的电场大小及分布，从而影响纺丝过程中泰勒锥的数目和最终的纤维直径；减链剂含量和工艺温度共同决定纺丝材料分子量、熔体黏度及表面张力特性，从而决定了纤维细度的差异；熔体进给流量不影响泰勒锥个数，但对纤维直径呈现规律性的关系；辅助气流速度是纤维细化并达到几百纳米的主要因素。

纺丝距离固定值11cm，熔体进给流量12.5g/h保持不变的条件下，当纺丝电压达到63kV，获得最多的射流根数60根，其射流间距达到1.4mm，纤维平均直径（5.3±0.6）μm；纺丝电压固定值45kV，熔体进给流量和12.5g/h保持不变的条件下，当纺丝距离小于5cm时，出现尖端部分泰勒锥的缺失，射流也表现出紊乱，纺丝电流比较大，当纺丝距离增加到16cm后，射流只有3～5根，并逐步消失，当纺丝距离较近时，获得最小的纤维直径4.5μm。

在200～280℃的加工温度区间，添加2%～10% CR76的PP熔体黏度降低到纯PP黏度的25%；较高的CR76添加量与较高的纺丝温度，对降低纤维直径有利；含有10% CR76的PP熔体在280℃纺丝条件下，制备的纤维大部分直径低于1μm，纤维平均直径达970nm。在纺丝温度超过300℃的条件下，静电纺丝现象转化为静电喷射现象。

熔体进给流量不对射流根数形成明显的影响，但是随着进给流量的增加，单射流分配得到的流量增加，在不考虑这些因素引起的电场力和射流速度变化的前提下，射流直径和进给流量的关系为：

$$d = \sqrt{\frac{4Q}{\pi \rho v N}}$$

本章还提出了针对环形微分喷头的气流辅助方法，使得周向的多射流获得均匀的气流牵伸。实验表明，气流速度越大，纤维直径越小，当气流速度达到17m/s的时候，纤维平均直径可达640nm，直径在这一范围和可见光波长相当（380～780nm）；当气流速度在5～17m/s的范围内，纤维直径细度和气流速度呈线性关系；当气流速度为3m/s，纤维仍然有细化作用，说明无气流辅助条件下射流速度小于3m/s，证明熔体电纺丝纤维射流速度小是纤维直径粗的原因；继续增加辅助气流速度，有望使得纤维直径进一步减小。

参考文献

[1] Lyons J M. Melt-electrospinning of thermoplastic polymers: An experimental and theoretical analysis[D]. Drexel University, 2004.

[2] 邓荣坚. 熔体静电纺丝法制备微纳米纤维的实验研究[D]. 北京：北京化工大学, 2009.

[3] Schneider A, Roth M. 用机械破坏技术优化PP纤

维和非织造布的性能[J]. 国际纺织导报, 2006, 2006(10): 7-11.
[4] 周海霞, 袁孟红. 水溶性聚酯纺制海岛纤维的结构与性能研究[J]. 合成纤维, 2004, 33(2): 17-18.
[5] Zhmayev E, Cho D, Joo Y L. Nanofibers from gas-assisted polymer melt electrospinning[J]. Polymer, 2010, 51(18): 4140-4144.

NANOMATERIALS

纳米纤维静电纺丝

Chapter 6

第6章

静电纺丝的工业化技术

6.1　溶液静电纺丝工业化技术

6.2　熔体静电纺丝工业化技术

静电纺丝技术是目前已知的唯一可制备连续亚微米纤维的纺丝技术。第2章和第3章介绍了溶液静电纺丝装置和熔体静电纺丝装置的基本组成以及现有的单针、多针、无针静电纺丝技术装置的发展。由此可以发现，传统的溶液静电纺丝技术对毛细管工艺参数要求高，纺丝效率较其他纺丝技术仍有很大差距，实现工业化较难；熔体静电纺丝装置由于工艺温度高、纺丝电压大，在装置设计中需要充分考虑熔体塑化、计量与分流的设计，同时需要高加载电压的设置与防护。本章综述了溶液静电纺丝技术的工业化进展，此外，根据当前熔体静电纺丝的研究现状，特别提出了基于气流辅助的熔体微分静电纺丝工艺，该工艺可弥补传统熔体静电纺丝制备纤维细度不够、效率较低的缺点，并介绍了熔体静电纺丝的工业化技术。

6.1 溶液静电纺丝工业化技术

溶液静电纺丝发展较早，目前关于溶液静电纺丝的研究较熔体静电纺丝更多，溶液静电纺丝工业化设备研究也更为成熟。传统的单针头静电纺丝机的生产效率较低，约为0.02g/h[1]，导致生产成本过高，对其产业化、规模化以及纳米纤维材料的广泛应用造成了巨大的障碍。因此，许多研究者对静电纺丝装置进行了改进，提出了多针头、无针头静电纺丝技术及装置，以期获得多射流，从而大大提高了溶液静电纺丝技术的纺丝效率。

6.1.1 多针头静电纺丝设备

传统单针头静电纺丝效率低下，而单纯提高设备的进给流量来提高纺丝效率的方法也并不可行，因为一方面提高流量会导致纤维直径增加，影响成纤质量；另一方面，每年全球纤维需求量超过100万吨，单纯依靠单针头纺丝设备流量的提高来实现这一产业化要求明显是不可取的。因此，在溶液静电纺丝工业化进程中，人们利用多针头并联纺丝的方式来提高静电纺丝效率，以实现溶液静电纺丝的工业化生产。

Angammana等[2]设计了一个三针头静电纺丝装置（见图6.1），并在此基础上研究了2～4针头静电纺丝过程。研究发现，在其他条件相同时，随着针头数的增加，纳米纤维的产量显著提高，但纺丝过程中产生射流所需的初始电压增大，电场干扰增强，两侧的射流偏移角增加，生产出的纳米纤维平均直径减小且不均匀度增加。

单纯线性叠加针头数量的方式进行静电纺丝，可有效提高纺丝效率，但研究发现，线性叠加针头也会出现电场干扰等现象，对纺丝效果会产生较大影响。Theron等[3]针对1×7、1×9的线性多针头静电纺丝设备的纺丝过程，通过实验和模拟的方式，研究了外部电场对于多针头射流的影响。如图6.2所示，多针头射流间存在相互排斥的现象，在库仑力作用下，只有中间的射流能够保持垂直喷射，而与其相邻的射流都有偏移，且离中心越远，射流偏移越大。这使得不同针头形成的纳米纤维膜形态不一致，且各个针头产生的纳米纤维直径也有较大差异。

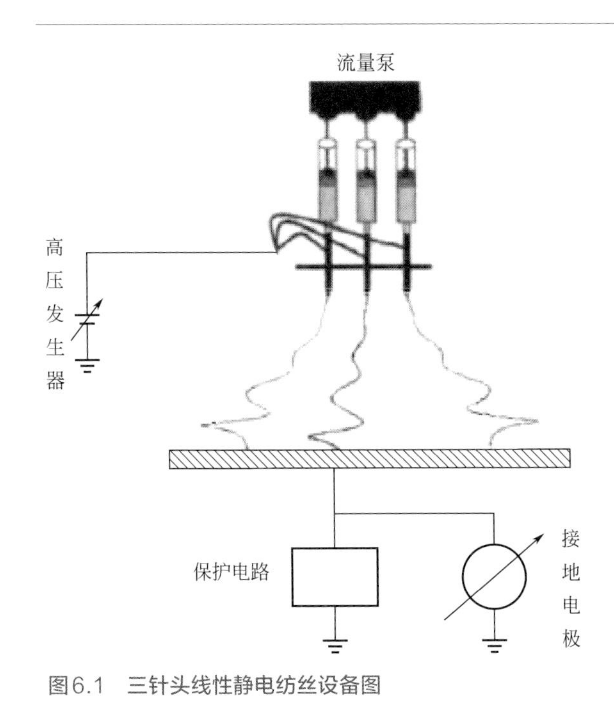

图6.1　三针头线性静电纺丝设备图

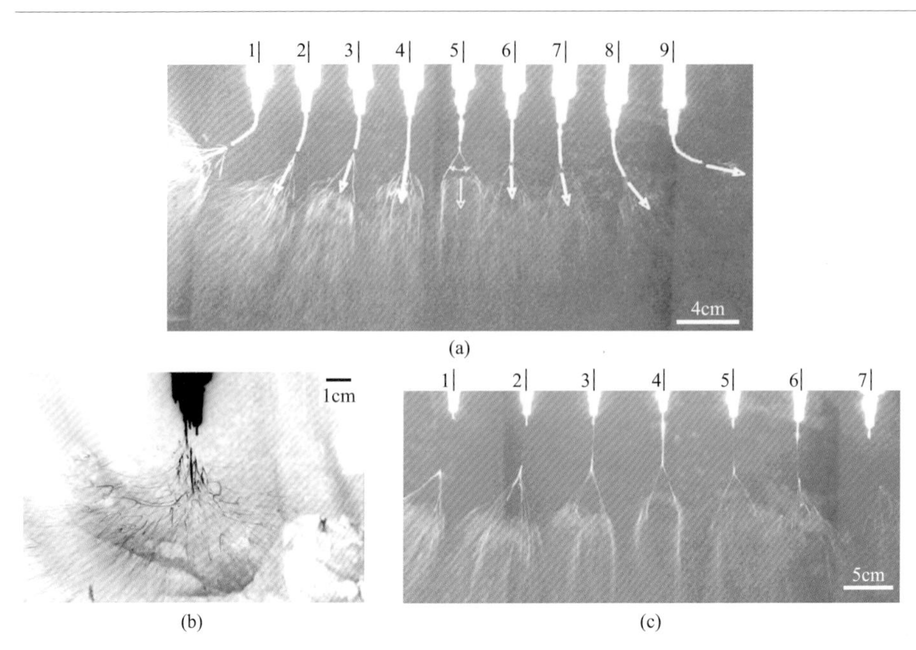

图6.2　1×7、1×9多针头纺丝设备纺丝过程图

研究者通过调整多针头的排列方式进行多喷头静电纺丝实验，以期解决线性多针头阵列中电场干扰强烈的问题。Theron也提到利用3×3的多针头排列形式进行纺丝，但研究结果表明这样的排列可提高纤维产量，但对电场干扰问题没有大的改善。Tomaszewski[4]经研究发现：直线排列时，由于外部喷头对内部喷头具有静电屏蔽作用，使内部喷头不能正常工作，因此纺丝效率低，产量小；椭圆形排列的针头纺丝效率有所提高；采用圆形分布方式排列的多针头的纺丝效率明显优于线性和椭圆形排列的纺丝效率，产量最大，其单个针头的产量约为椭圆形排列单个针头产量的1.6～4倍。但Tomaszewski也指出，在这3种形式排列的静电纺丝过程中，射流间的相互干扰均不可避免。因此，改变多针头的排列方式也不能改善多针头电场间存在的相互干扰问题。

虽然多针头静电纺丝设备存在电场干扰的问题，但目前已有多针头静电纺丝工业化设备出现。如图6.3所示，Kim[5]设计了由3000～6000个针头组成的多针头自下向上静电纺丝设备，该设备单个针头的纺丝效率为1.0～1.6mg/min，可实现3.0～9.6g/min的纳米纤维量产，且自下向上的纺丝方式杜绝了溶液滴落在纤维膜上影响纤维膜质量的情况出现。

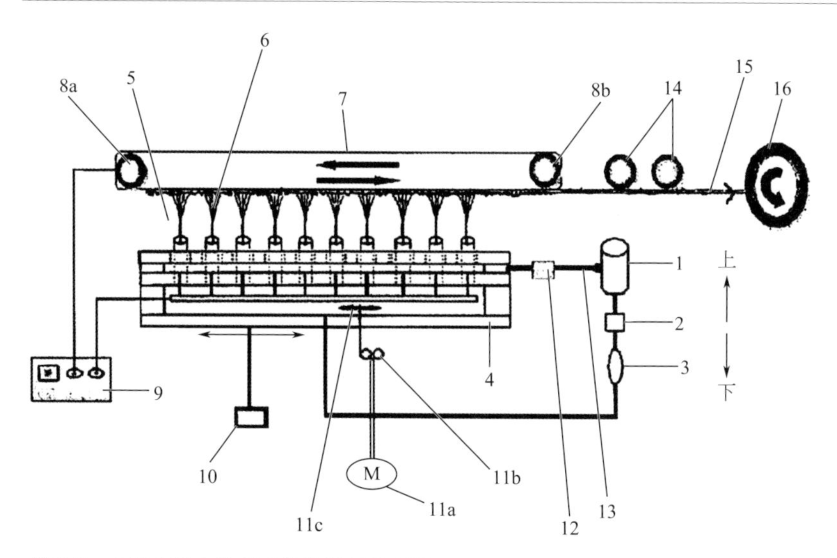

图6.3 多针头静电纺丝工业化设备示意图

1—纺丝液主箱体；2—计量泵；3—纺丝液喷淋装置；4—喷嘴支架；5—喷头；6，7—收集装置；8a，8b—输送辊子；9—静电发生器；10—双向往复装置；11a—电机；11b—绝缘棒；11c—搅拌器；12—纺丝液放电装置；13—纺丝液输送管；14—去静电辊；15—无纺布；16—收卷辊

当前多针头静电纺丝技术已初步实现工业化，但其存在的问题也很明显，包括已提到的多针头之间的电场干扰问题，这极大地影响了所制备纤维的质量及纺丝效率。除此之外，还需使用数千甚至上万个针头同时纺丝，这也造成了针头清洗及维修困难。

6.1.2
无针多射流静电纺丝设备

多针头静电纺丝装置虽然能增加单位时间内的纤维产量，大幅度提高纺丝效率，但针头易堵、难清洁的问题限制了其进一步发展，而且针头间必要的间隙将会导致装置占地面积增大，不利于产业化生产，因此，基于自由表面自组织的无针静电纺丝技术应运而生。近几年，无针静电纺丝技术得到了很快的发展，其装置可分为多孔管式和液面式，液面式根据发射端运动与否，可分为自由液面式和旋转式两大类。

6.1.2.1
多孔管式

Dosunmu等[6]尝试了多孔空心管静电纺丝，如图6.4所示。电极位于多孔空心管内，纺丝时给电极加上高压静电，利用压缩空气将纺丝液从多孔空心管内挤出，在电场力的作用下，管外壁上会产生多束射流，最终在接收网上收集到纤维。纤维的直径可达到100～400nm，其产量可达到单喷针的250倍。Varabhas等[7]也尝试了类似的装置，如图6.5所示。与单喷针相比，多孔空心管可大幅提高纺丝产量，但依然存在小孔易堵塞的问题，且纺丝时纤维射流方向不可控。

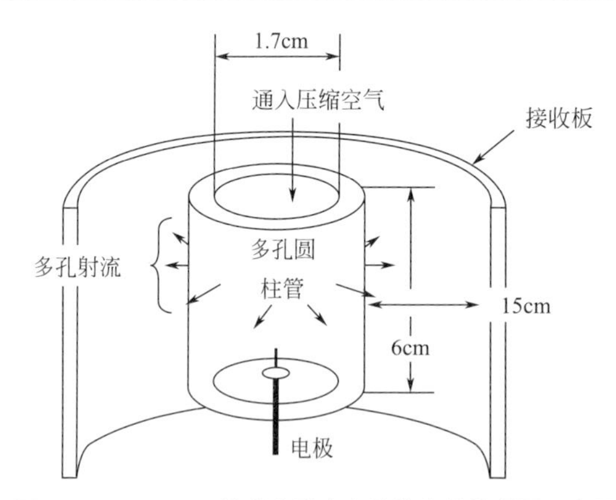

图6.4 Dosunmu等的多孔空心管静电纺丝装置示意图

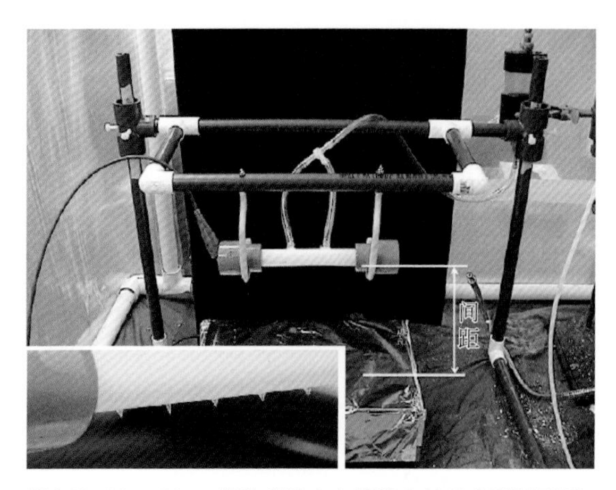

图6.5 Varabhas等的多孔空心管静电纺丝实验装置图

6.1.2.2
自由液面式静电纺丝

自由液面静电纺丝技术的关键在于设法在聚合物溶液的自由液体表面产生扰动，进而产生多个泰勒锥。

如图6.6所示，Yarin等[8]在纺丝液层下放一层磁性流体，通过交变磁场使得磁流层被扰动，纺丝液层表面被同时扰动，此时，在高压电场的作用下，纺丝液表层的扰动峰上将产生射流，最终在接收板上收集到纤维。通过该装置可制得直径200～800nm的纤维，其产量可达传统静电纺丝的12倍。该装置可实现高效纺丝，但需要磁流层与纺丝液层完全不相溶，且磁性流体的采用使得纤维中含有杂质。在专利《一种磁微珠静电纺丝装置》中，陈芳提出用磁珠来代替磁流层，可有效解决这些问题。

覃小红等[9]试验了超声波静电纺丝，如图6.7所示，超声波发射器位于纺丝液中，通过超声波带动纺丝液振动，使得纺丝液表层被扰动，进而在高压电场的作用下产生射流，该装置可制得平均细度在260nm左右的纤维。

刘雍[10]试验了气泡静电纺丝法，如图6.8所示，向纺丝液中通入高压空气，在纺丝液表面形成气泡，在高压电场的作用下，气泡破裂，产生多射流，最终形成纳米纤维。该方法制备的纤维直径可达50nm，大幅提高了纺丝产量。

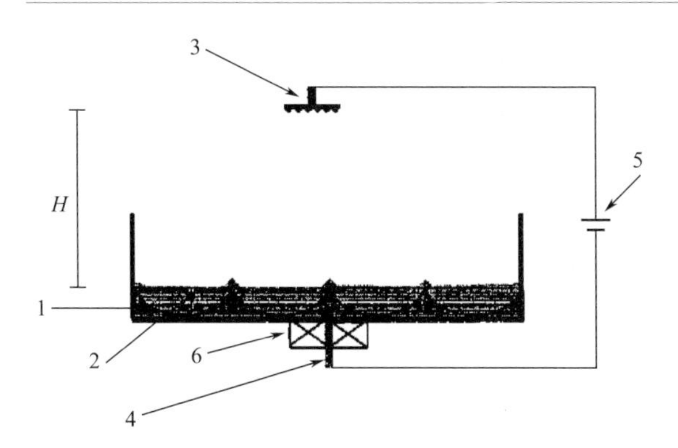

图6.6　电磁喷射静电纺丝装置示意图

1—磁流层；2—纺丝液层；3—接收板；4—电极；5—高压静电场；6—磁铁

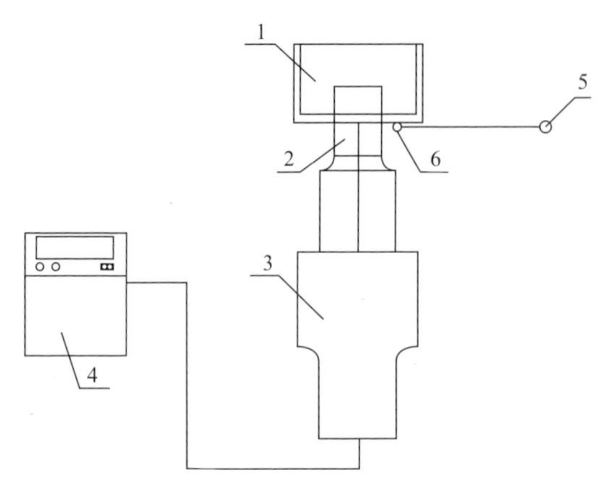

图6.7　超声波静电纺丝装置示意图

1—纺丝液；2—振动头；3—超声波发生器；4—控制器；5—高压正电极；6—接线柱

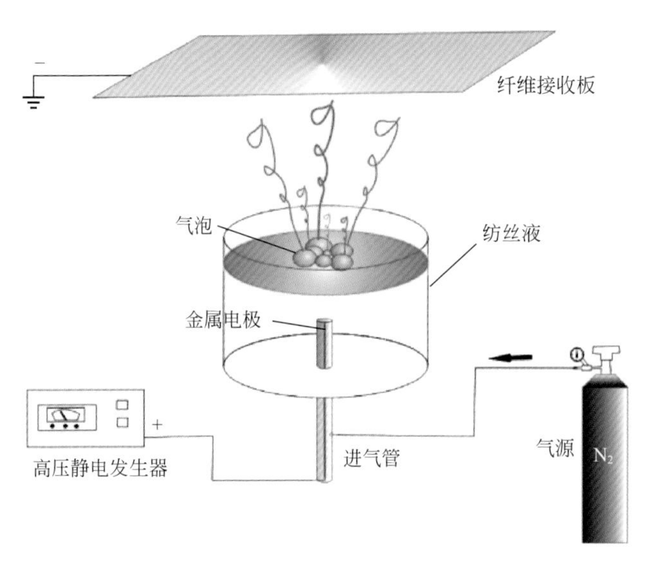

图6.8　气泡静电纺丝装置示意图

Thoppey等[11]试验了杯口静电纺丝方法，如图6.9所示，纺丝液置于金属杯中，液体层高于杯子边缘，金属杯正上侧存在棒状电极，在高压电场的作用下，液体表层和杯子边缘会形成大量射流。该装置的纺丝速度大约是单喷针的40倍。该装置的缺点是，必须持续补充纺丝液，使纺丝液液面高于杯口，否则将不能实现长时间连续纺丝。

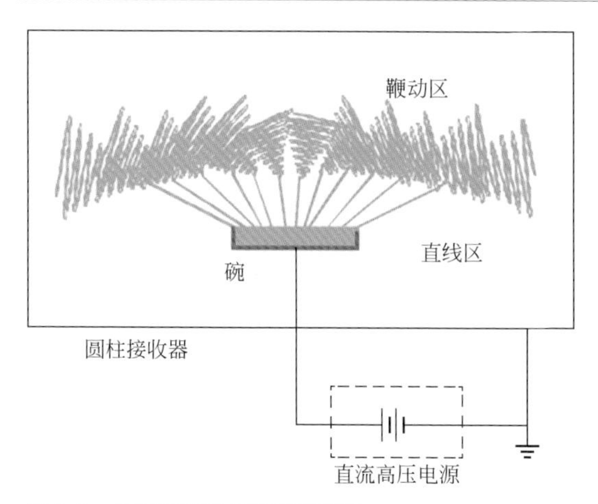

图6.9　杯口静电纺丝装置示意图

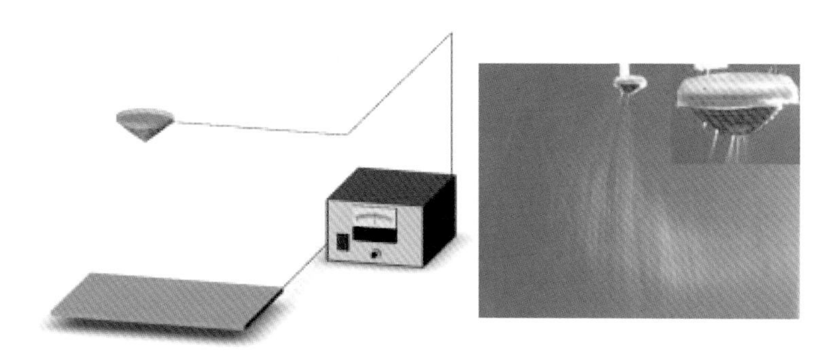
图6.10　圆盘锥形纺丝装置

Wang等[12]开发了圆盘锥形纺丝装置，如图6.10所示，用铜丝缠绕形成一个圆锥盘，圆锥盘中盛纺丝液体，在重力作用下，纺丝液从铜丝之间的缝隙中渗出，在高压电场下形成泰勒锥，最终形成纳米纤维，其纤维直径为275～325nm，纺丝效率可达到单针头静电纺丝的13倍。

6.1.2.3
旋转电极式静电纺丝

很多研究者采用旋转电极来实现从自由液体表面激发射流制备纳米纤维。1979年，Simm等[13]申请的专利中首先提出一种圈式电极静电纺丝设备，如图6.11所示，电机使圈式电极动起来，电极的下侧浸在可纺丝液中，电极板放于圈式电极周围。随着电极的转动，黏附在电极上的纺丝液被带入高压电场中，由于有电场存在，纺丝液表层将产生大量射流，该装置可制得直径在100 ～ 400nm的纤维。

捷克利贝雷茨大学与Elmarco公司共同合作推出的“纳米蜘蛛”纺丝机[14]，如图6.12所示。该纺丝机采用圆辊作为纺丝电极，圆辊下半部浸在纺丝液中，圆辊通过电机带动旋转，在高压电场的作用下，附着在圆辊上的纺丝液表面将产生多束射流。直径为1m的圆辊纺PVA溶液时，制得的纤维直径在50 ～ 200nm，其产量可达到1.5g/min。美中不足的是该纺丝机所需要的纺丝电压较单喷针的高许多，且由于溶剂挥发，随着纺丝时间变长，圆辊上会积累一层聚合物薄膜，影响纺丝效果。

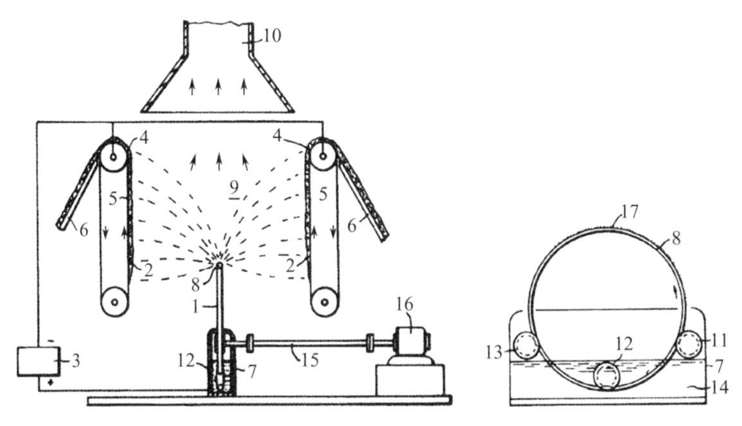

图6.11　圈式电极静电纺丝装置示意图

1—纺丝电极；2—收集电极；3—高压电源；4—收集的纤维材料；5—传送带；6—剥离器；7—储液池；8—环形电极；9—纺丝室；10—排气扇；11 ～ 13—辊子；14—纺丝液；15—绝缘杆；16—传动装置；17—液面凸起

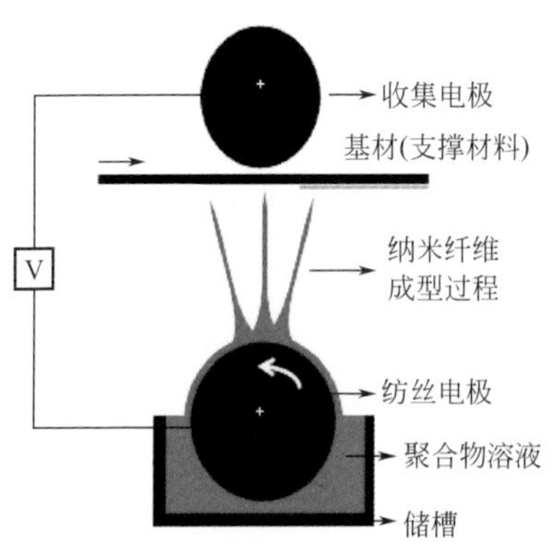

图6.12　纳米蜘蛛——辊筒静电纺丝装置

麻省理工大学的Forward等[15]与李储林尝试了利用金属丝来纺丝，如图6.13所示。该纺丝装置使用金属导线作为纺丝电极。由于瑞恩不稳定现象，附着在金属导线上的纺丝液变成小液珠，小液珠在高压电场的作用下发生喷射，形成射流，进而纺成丝。该装置的缺点是，由于金属导线随着辊转动，导致金属导线与接收板间的距离不固定，电场强度周期性变化，使得最终纺得的纤维直径均匀性差。最近，Elmarco公司推出了第二代纳米纺丝机，也采用了直线型发射端，如图6.14所示。与第一代圆辊静电纺丝机相比，其纤维均匀性有明显提高。

Green等[16]发明了一不锈钢串珠链式静电纺丝装置，如图6.15所示。串珠链在链轮的带动下旋转通过纺丝液池，使串珠表面附着上一层纺丝液，串珠表面的纺丝液在高压电场的作用下产生喷射，最终在上部的传送带上收集到纤维。

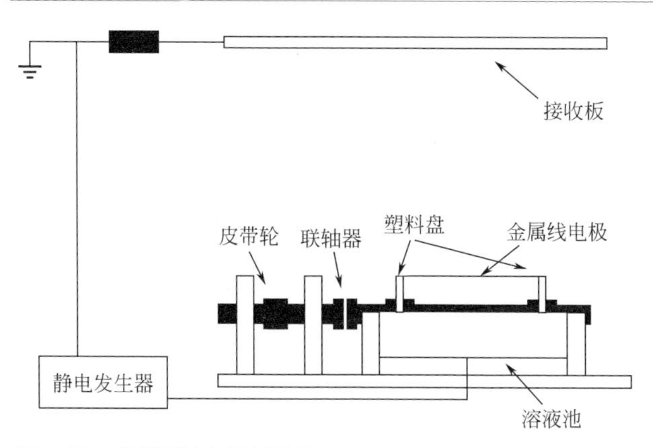

图6.13　直线型静电纺丝装置

图6.14　新型纳米纺丝机

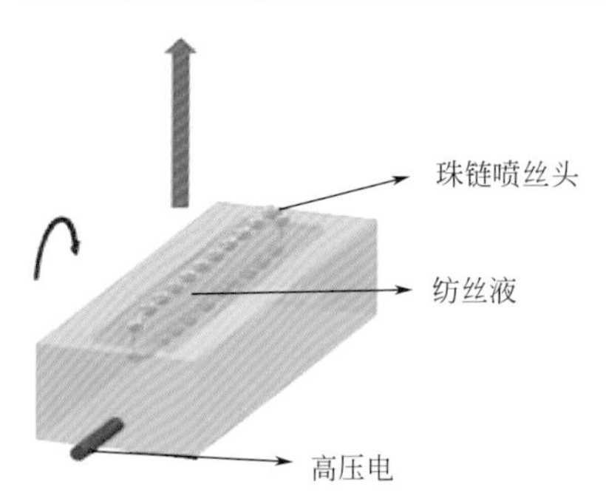

图6.15 串珠链静电纺丝装置示意图

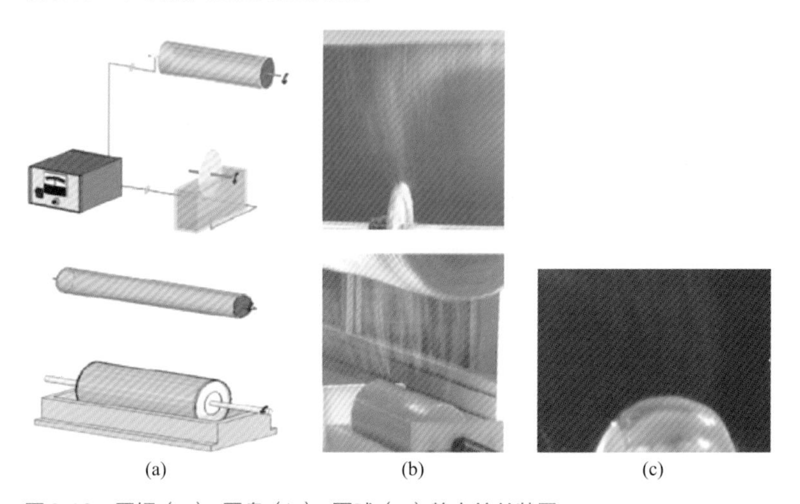

图6.16 圆辊（a）、圆盘（b）、圆球（c）静电纺丝装置

Niu等[17]对比了使用圆辊、圆盘、圆球作为电极时的纺丝过程，如图6.16所示。实验结果发现，当使用PVA溶液纺丝时，三种装置均可实现多射流纺丝，且圆辊电极的纺丝产量最大，而圆盘电极纺得的纤维最细。

Wang等[18]采用螺旋金属线作为发射电极来纺丝，如图6.17所示。实验表明，此装置的纺丝效率比同尺寸规格的圆柱形旋转电极还高。直径为8cm、长度为16cm的一段螺旋金属线，在纺丝电压为60kV时，其纺丝效率可达到9.42g/h。

Lu等[19]采用一个旋转的锥面作为纺丝发射端，如图6.18所示。锥面在电机的带动下旋转，纺丝液经漏斗连续滴加到锥面上，在重力、洛伦兹力、旋转离心力的共同作用下，最终在锥面的下端沿上形成多射流。用此装置可纺得直径在400nm以下的纤维，并且其产量可达到单喷针静电纺丝装置的200倍以上。

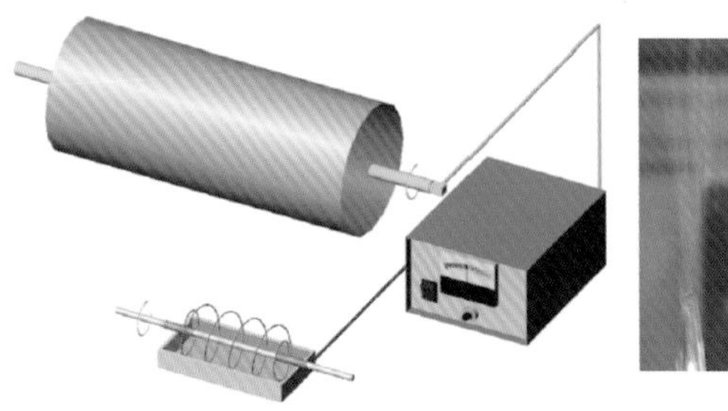
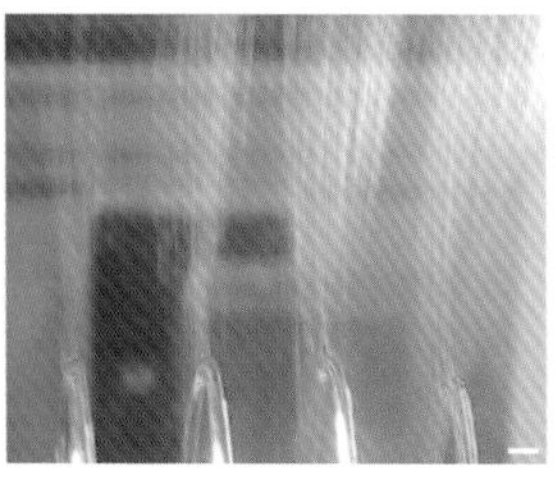

图6.17 螺旋金属线形静电纺丝装置

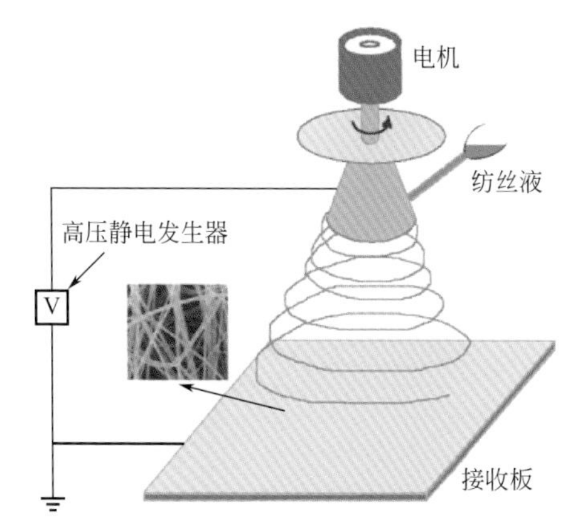

图6.18 旋转锥面静电纺丝装置的结构示意图

孙晓霞[20]等尝试了一种溅射式静电纺丝装置，如图6.19所示。作为发射端的圆辊在电机的带动下旋转，圆辊表面布满钉状突起。纺丝液滴从圆辊的上方缓慢滴落到圆辊上，液滴在电场力与离心力的作用下形成泰勒锥，最终纺成纤维。钉状突起的存在使得纺丝液液滴更易形成泰勒锥。该装置可纺得直径在400nm以下的PEO纤维，并且其产量可达到单喷针静电纺丝装置的20倍以上。该装置的缺点是纺丝液滴到圆辊上时会四下飞溅，造成纺丝液的浪费，同时飞溅到纤维膜上的液滴会降低纤维膜的质量。

多针头阵列和无针多射流等溶液静电纺丝技术已初步实现了纳米纤维的工业化生产。但多针头阵列纺丝存在电场干扰、针头不易清洗、维修等问题，而无针溶液静电纺丝虽然提高了纺丝效率和纤维质量，但溶液静电纺丝依靠溶剂挥发进行纺丝的技术特点导致了其效率低下，且存在溶剂污染等缺点。因此，开发更高效、应用更广泛的工业化静电纺丝技术仍迫在眉睫。

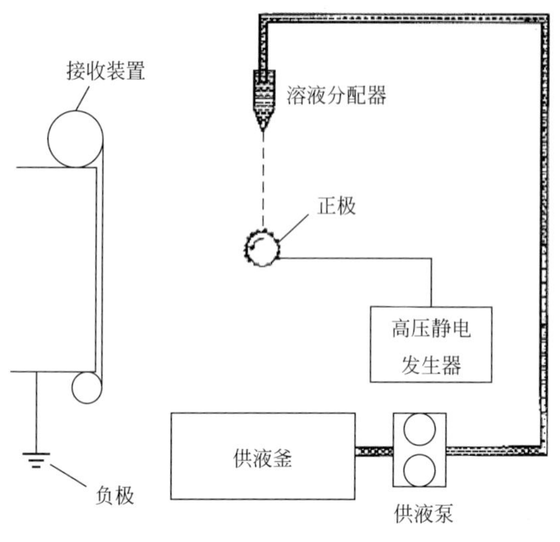

图6.19　溅射式静电纺丝装置示意图

6.2 熔体静电纺丝工业化技术

溶液静电纺丝装置由于工艺简单易行，目前处在自制搭建的状态，但在溶液静电纺丝装置搭建中，容易因装置设计不合理而影响纺丝效果，如电场不对称造成收集不均，环境温、湿度不可控使得成纤质量不稳定，或者纺丝效率过低等，这些都限制了溶液静电纺丝技术的进一步发展。针对更为复杂的熔体静电纺丝装置的搭建，则面临更多需要注意的问题。

因此，本节将针对熔体静电纺丝工艺的基本特征，基于气流辅助的熔体微分静电纺丝工艺，以笔者实验室自制搭建的不同规模的熔体微分静电纺丝装置（单喷头、4喷头和32喷头）为例[21～31]，进行设计说明，最终提出熔体静电纺丝装置设计的基本思路，重点指出在设计中应当注意的关键环节和关键参数，给以后的研究者提供一些经验。

6.2.1
熔体微分静电纺丝单喷头设备

熔体微分静电纺丝单喷头设备适用于实验室研究，可用于新材料开发、纤维膜微小样品快速制备以及熔体微分静电纺丝基本原理及工艺研究。设计如图6.20（a）所示的熔体微分静电纺丝单喷头实验设备，其基本组成主要包括熔体塑化与计量系统、熔体分配流道、微分喷头、辅助气流系统、接收装置、高压静电发生器及辅助控制系统等。

为了使气流入口安装更加便捷，设计并搭建了如图6.20（b）所示的竖直进气侧进料的单喷头纺丝装置，该装置的另一个作用是微分喷头具有互换性。

6.2.1.1
装置基本参数的设计与选择

熔体塑化、计量与输送装置采用了结构紧凑的直连步进电机和微型螺杆系统。选用直连步进电机直接驱动，既满足装置系统微型化要求，减小占地空间，又能

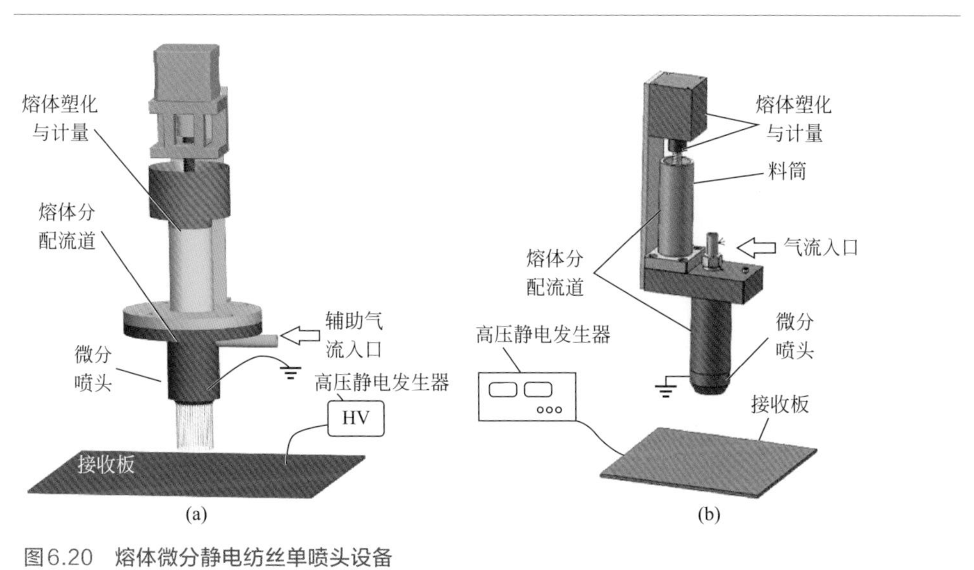

图6.20 熔体微分静电纺丝单喷头设备

（a）中心进料侧进气；（b）中心进气侧进料

实现对微小进给量的有效控制。微型螺杆为自制变导程螺杆（8 ～ 12mm），由于输送量小，设定螺杆外径为12mm，使用的塑料粉料是小于2mm的颗粒，因此，螺槽深度选择2mm，如果螺槽深度选择过大，就会造成螺杆根径过小，强度不够，对加工造成影响。

熔体微分静电纺丝中，需要将单股熔体分布到内锥面周向，这就需要通过流道设计，实现流体均匀分布。在熔体微分静电纺丝工艺中，单喷头多射流条件下，纺丝进给流量范围在4.5 ～ 15g/h，这就需要入口流道较小，如图6.21所示，在设计中采用直径为4mm的入口流道。在单股流向周向流转化中，设计了一个内置气流导管，通过内置导管和外部喷嘴筒之间的环形间隙，建立了环形流道。但是侧面进入的熔体无法充分均布，设计中一方面采用了截面积逐步减小的方法，逐步压缩流体，促进均布；另一方面在入口处设计了过渡斜槽，满足熔体在这一部分既产生沿着槽的周向流，又产生沿着喷嘴向下的轴向流，从而达到最终周向流量一致的效果。

从侧向熔体胶料进入，然后充满环向分流流道，并在下端出来后分布到内锥面，这个过程和注塑工艺中模腔的填充相似，因此，可以采用注塑分析软件

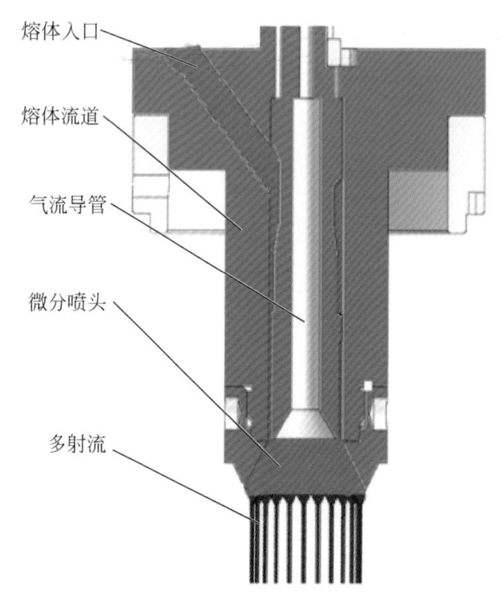

图6.21　熔体微分分配流道截面图

Modex 3D分析有无斜槽对环向流体均布的影响。采用填充分析模块模拟，所选材料为PP，熔体流动速率为30g/10min，入口流率选择定值3mL/s，不加过渡斜槽和加过渡斜槽（1mm深度）时的流速分布如图6.22所示。可以看出在填充率小于50%时，两种流道都呈现靠近入口处流率快的现象，无斜槽的流道两侧流率差别最大；当填充率超过50%时，有过渡斜槽的流道左右两侧流率差异几乎消失，而无斜槽流道的不均匀性一直存在；当填充率达到80%时，无斜槽流道还能观察到不均匀性流场，而带斜槽流道周向流率不均匀性完全消失。因此，斜槽结构有助于流体周向流和环向流的协同过渡。

内锥面微分喷头的尖端锥角决定了泰勒锥产生时所处的最大电场强度，从而影响电荷在锥面尖端聚集的效果，因此，需要对内锥面微分喷头尖端锥角进行优化。在纺丝距离和纺丝电压不变的条件下，通过ANSYS电场模拟分析了20°、30°、45°、60°、90°、100°的尖端锥角，将获得最大电场强度的锥角作为加工参数。如图6.23所示，当锥角为90°时其最大电场强度最大。因此，具体设计中这一角度采用90°。

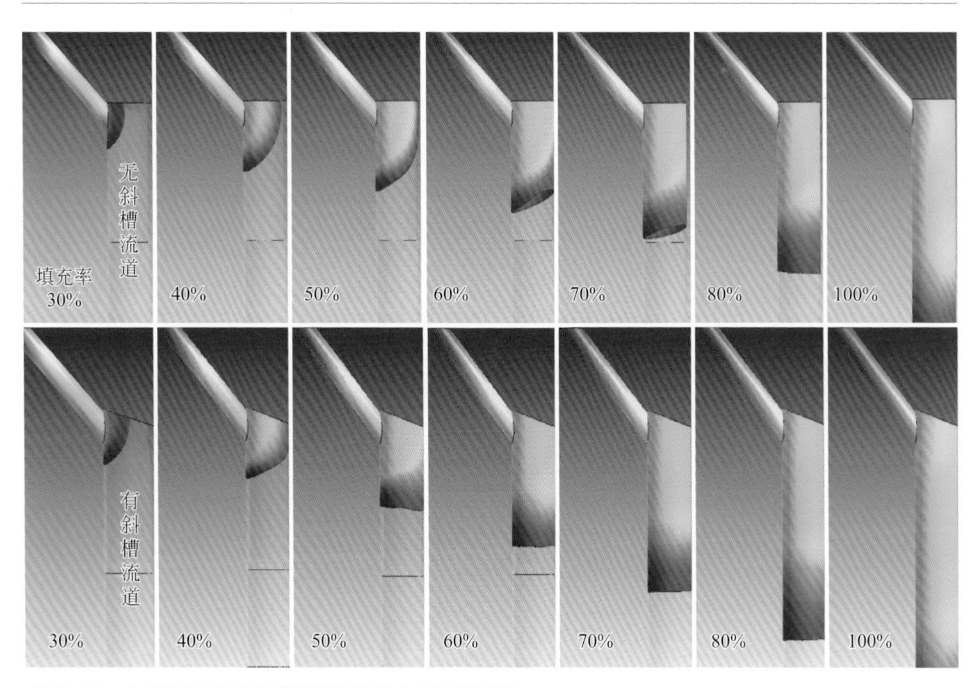

图6.22 内部环形流道有无斜槽结构熔体流率的对比

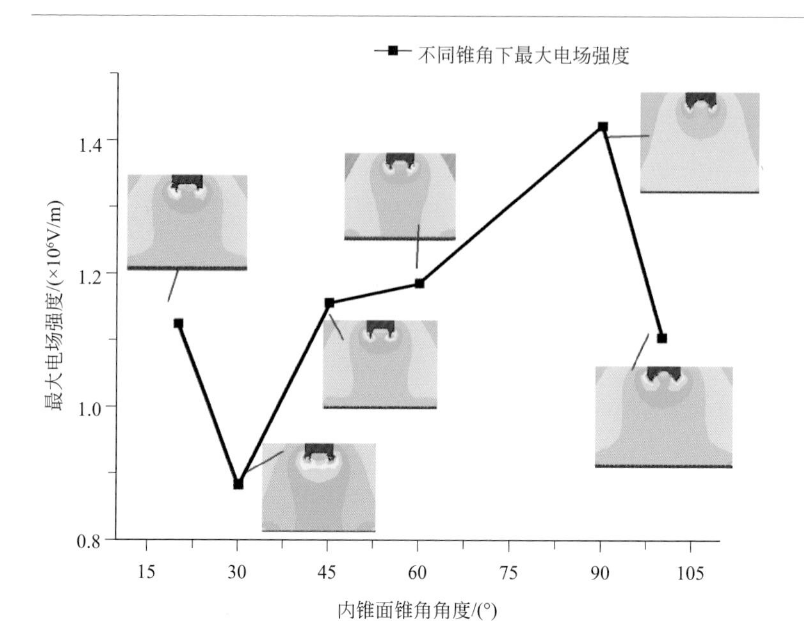

图6.23 最大电场强度和喷嘴不同大小尖端锥角的关系

6.2.1.2
气流辅助系统的设计

为了使纤维进一步细化，在单喷头熔体微分纺丝设备中加入了气流辅助设计。该设计中通过如图6.21所示的气流导管实现气流的输送，当气流从导管输入之后，对电场作用下形成的射流进行加速，从而具有附加拉伸细化的效果。

气流导管出口的气流速度和气体输入流量相关，假设气体输入流量为Q，气流导管内径为D，那么气流速度可由下式得出：

$$\upsilon=\frac{4Q}{\pi D^2}$$

由此公式可以根据目标气流速度范围计算出气体的输入流量范围，从而选择合适的空气压缩机。

本装置选用的导管内径为6mm；以气流速度20m/s为目标，则需要空气流量达到3.4L/min。但是实际使用中，气流在进入开阔空间之后，迅速衰减，因此，设计中减小气流导管内径，有助于获得目标高气流速度。

6.2.1.3
电极与接收方式的改进

为了避免高压静电和喷头各加热设备之间的干扰，一将高压正极接到接收板上，就将微分喷头接地。在溶液静电纺丝中，由于高压电极接到喷头端，接收装置接地，这就带来了接收装置设计的种种便利，可以直接用接地的金属接收辊，甚至可以直接纺丝到手上或者细胞上。但这种高压静电加载方式决定了不能用手或者辊子直接替代接收板去加载几万伏的高压静电，因此，在优化设计中提出了如图6.24（a）所示的一种解放接收方式的设计。即在气流辅助的熔体微分静电纺丝喷头和接收装置之间，直接安置一中心带孔电极板。中心带孔电极板通过加载高压静电，起到激发泰勒锥产生进而喷发多射流的作用，然后在辅助气流的作用下，出现如图5.14（b）所示的现象，即多射流呈现漏斗状形态，克服带孔电极板的吸引，穿过带孔电极板，一旦射流穿过电极板，脱离这一电极板高压电场区域，就可以利用多种方式进行纤维的自由接收，不再受到高压静电的影响。如图6.24（b）所示，可以是高速旋转的辊子接收，也可以将手放进去进行接收，还可以安置一个电极板，加载高于带孔电极的电压，其电场分布电场矢量云图如图6.25所示，形成二级板间电压，有助于射流快速射向接收板，使得收集的纤维更加密实。

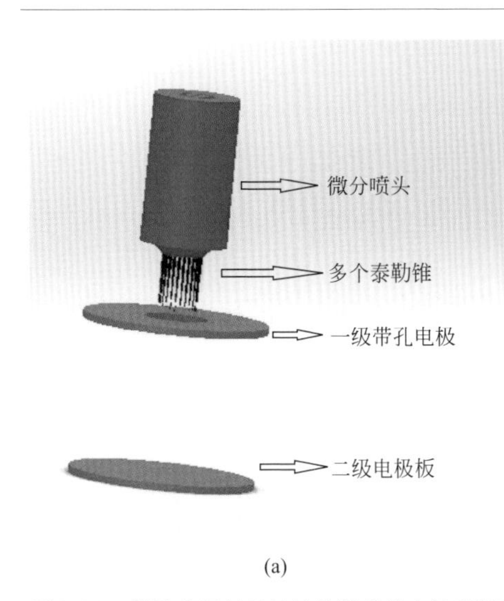

(a)

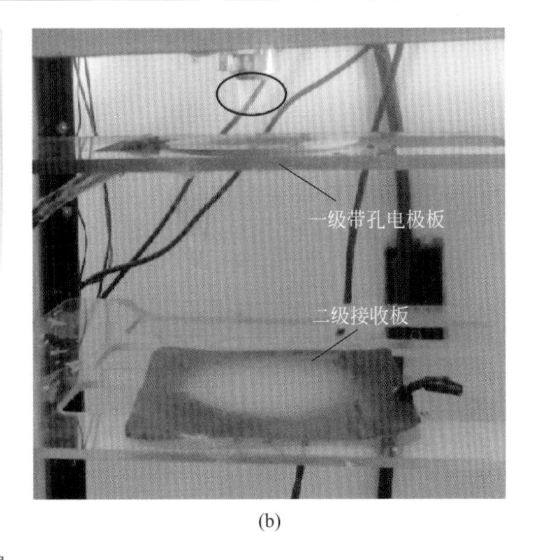

(b)

图6.24 带孔电极辅助的熔体微分静电纺丝装置

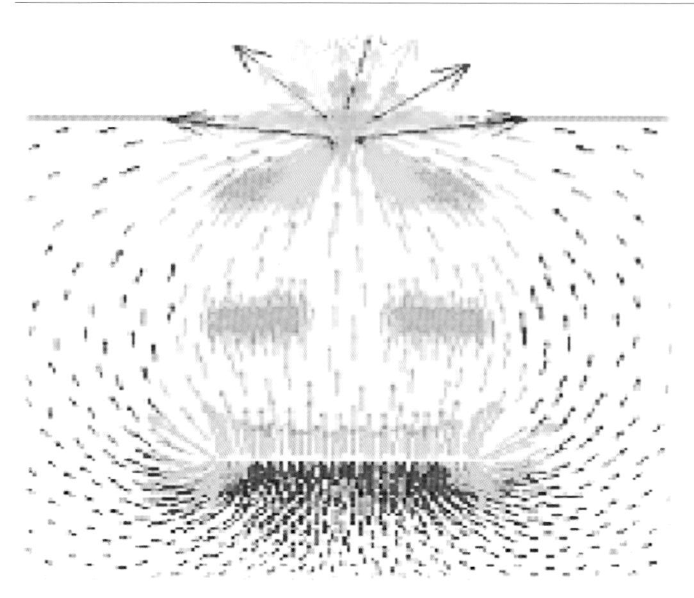

图6.25　具有带孔电极和带电接收板的熔体微分静电纺丝装置的电场强度矢量图

6.2.2
熔体微分静电纺丝4喷头设备

为了满足熔体微分静电纺丝纤维膜应用的研究，实现纤维膜样品的高效快速制备，设计了4喷头集成的熔体微分静电纺丝设备。该设备同时集成了单喷头圆片样品制备和4喷头连续纤维膜样品制备的系统，如图6.26所示，主要包括微流量供给系统、模块化喷头组件、可升降电阻板阻件、控制操作面板、高压静电发生装置、空压机等。由于完成产品化装置成本较高，因此搭建了如图6.27所示的相对简易的实验平台，满足连续纤维膜制备要求。

不同于单喷头实验设备的是4喷头设备属于连续生产，为了满足更多的一次加料量要求，需要对料斗及给料方式进行改进。因此，在设计中采用水平微型螺杆替代单喷头的竖直形式，使用了容量达50g的料筒，满足1h的连续生产，在料筒的安置区域，通过连续水循环冷却，保持料筒温度低于50℃，防止粉料的架桥现象。

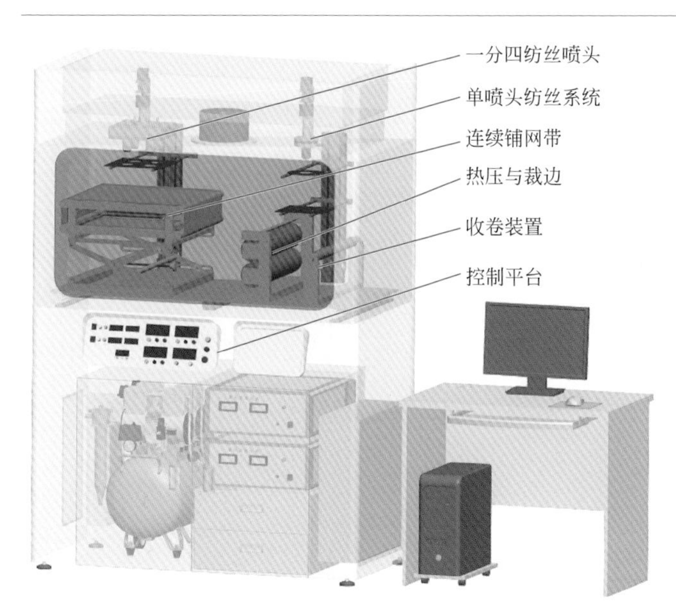

图6.26　4喷头集成的熔体微分静电纺丝设备

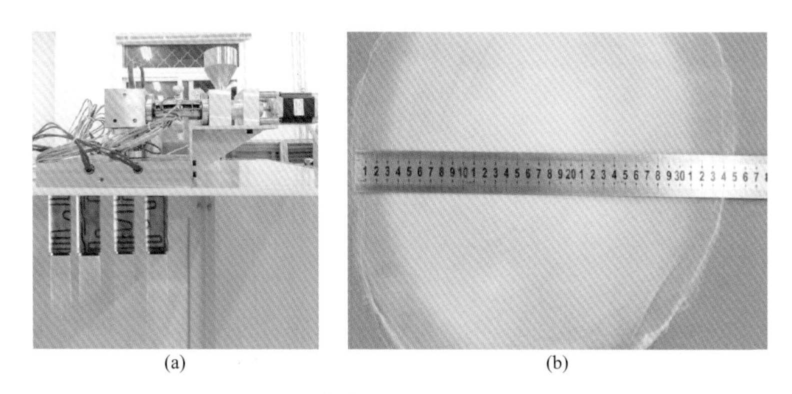

图6.27　4喷头实验装置图片（a）及制备的纤维膜薄片（b）

为实现4个喷头胶料的均匀分配，采用了热流道工字形分流板自然平衡流道的设计，通过多次供料实验发现，工字形分流板流道内壁在7级加工精度和0.8内表面粗糙度的加工精度条件下，当供给流量为30 ～ 60g/h时，各喷嘴之间的质量差别不超过8%，对纤维细度的影响波动标准差小于3%。

为实现一分四气流均分，采用了一分四十字均分流道的气流分配头，同时在气流入口前安置了空气加热系统，满足对辅助气流的温度控制，从而实现了对纺丝环境温度的控制，减缓了射流细化过程中纤维固化速度。

6.2.3
熔体微分静电纺丝32喷头设备

为了实现熔体微分静电纺丝中试水平的生产，满足0.8m幅宽连续纤维膜的制备，设计并搭建了集成32个内锥面微分喷嘴的多喷头阵列设备。该设备的基本组成如图6.28所示，主要包括双螺杆塑化系统、熔体过滤与计量系统、纺丝机头、热气流辅助系统、高压静电发生器、连续铺网系统、排风抽吸系统、热压切边收卷系统及控制系统等。

6.2.3.1
装置基本参数的选择

（1）挤出塑化系统的基本参数

基于单喷头10g/h的工作流量，阵列32喷头就需要满足流量320g/h的双螺杆挤出机。因此，选型φ20的同向双螺杆挤出机，筒体、螺杆采用积木式原理，可根据物料特点进行啮合件的排列组合，使物料充分塑化、熔融和混合。

采用了180目的自动换网器，以对纺丝原料进行过滤，因此，添加的无机颗粒物的粒度必须小于50μm。

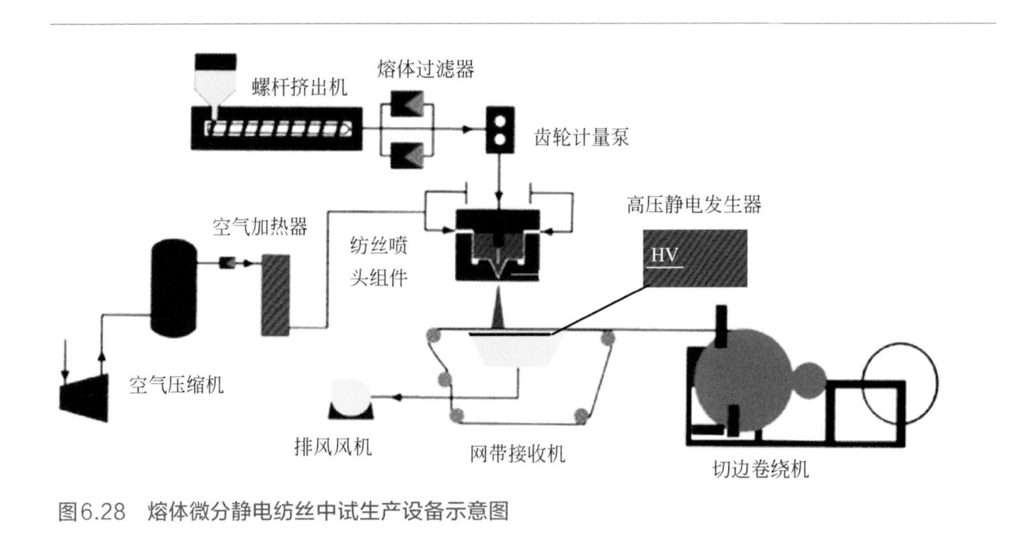

图6.28　熔体微分静电纺丝中试生产设备示意图

为了实现对熔体的精确计量，采用了直连的熔体计量泵，计量根据工艺要求选用耐高温喷丝泵，0.5mL/r，转速0 ～ 60r/min，可调节。

（2）微流分配系统的基本参数

为使32个微分喷头所分获得的微流量一致，采用了自然均衡的热流道技术。自然平衡流道的关键是熔体从主流道入口到分流道出口所流经的流道长度和流道物理参数均匀一致，自然平衡流道由一些基本平衡流道单元组合而成，自然平衡流道如图6.29所示，主要有辐射式流道，如Y形流道、X形流道、H形流道及综合型流道等，本机阵列排布中采用了交叉阵列的方式，考虑到喷头之间的尺寸干涉和电场的均匀性，此处采用X形流道与H形流道相结合的双层流道系统［图6.29（e）］，即通过H流道实现一层一分八的效果，再从八个点通过第二层X形流道实现一分四的均分效果，从而整体上实现四列八排32个喷嘴阵列。

纺丝机头主体采用在一块分流板下阵列组装多个喷头的设计方案，如图6.30所示，可知每个喷头固定纺丝下收集区域是一个10cm左右的圆形区域，在矩阵排列下在圆形区域之间具有明显的分界。因此，在设计中喷头阵列采用除了如图6.31所示的交叉排列的方向，同时在纺丝过程中加入辅助微风，以增加铺网的均匀性。

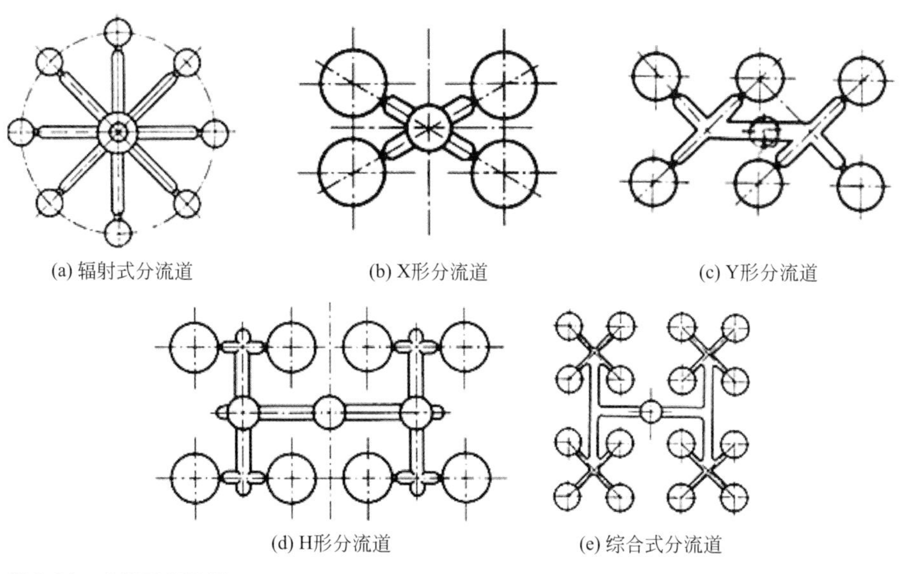

图6.29　自然平衡流道

图6.30 纤维收集分布

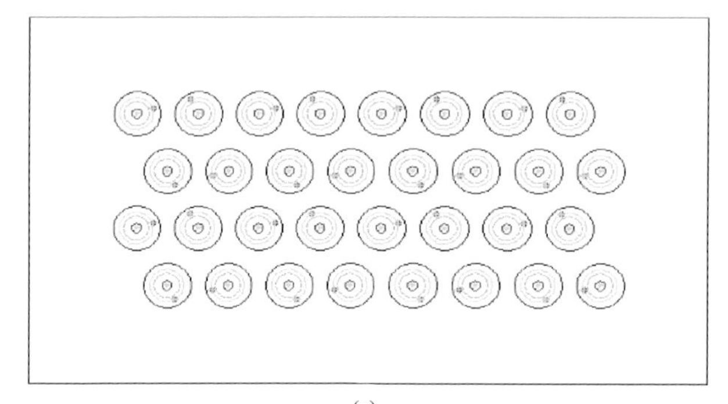

(a)

(b)

图6.31 熔体纺丝中试线机头排布（a）及实体照片（b）

（3）喷头间距的确定

在多毛细管阵列的溶液静电纺丝装置中，由于毛细管之间和射流之间的电场叠加，形成一定程度的相互作用和干涉，这就要求毛细管之间保持一定的距离。熔体微分静电纺丝工艺中，尽管单喷头上多射流之间的对称性排斥保证了射流之间周向的均一性，但是在喷头阵列中，喷头之间的干扰仍然存在，这就需要对喷头之间的距离对电场分布的干扰进行评估以确定合理取值。

利用第3章中介绍的ANSYS有限元法分析方法，以2cm的间隔对不同的喷头间距（4 ～ 10cm）对阵列中邻近四个喷头尖端的电场强度进行分析。模拟条件：微分喷头如图3.6所示的内锥面微分喷头参数，纺丝距离为10cm，纺丝电压为45kV。获得了如图6.32所示的电场分布云图，同时提取了各喷头尖端1、2、3、4点的电场强度进行比较，如图6.33所示。

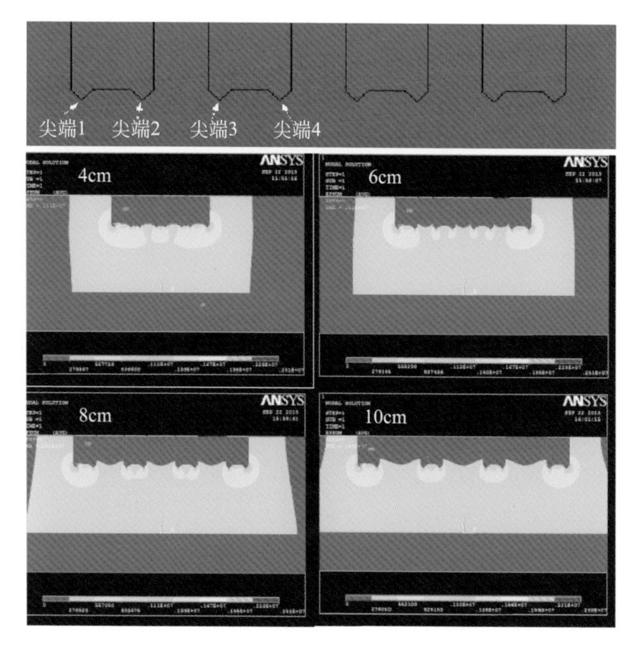

图6.32　不同喷头间距下喷头阵列的电场强度云图

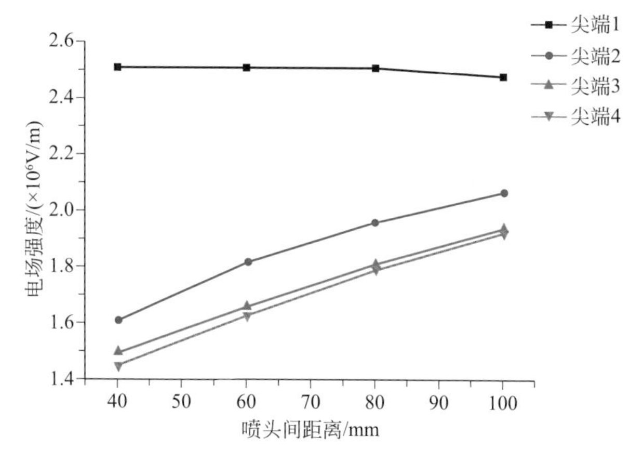

图6.33　阵列喷头在电场中喷头间距和尖端电场强度的关系

点电场强度稍有减弱，所受的电场正叠加效应削弱；内部端点电场强度逐步增加，所受到的负叠加效应逐步削弱；但是当喷头间距增加到10cm时，内部端点的电场强度仍然和外侧端点的电场强度存在16%的差距。综合考虑到纺丝产率、机头成本和纤维质量，选择10cm作为喷头间距。

（4）铺网速度的确定

铺网带传动线速度通过目标纤维膜克重与熔体进给流量的关系可以确定，如果目标纤维膜克重为M=10g/m^2，则根据幅宽W=0.8m，进给流量Q=320g/h，可以确定铺网速度设定为：

$$\upsilon = Q / MW = 40\mathrm{m/h}$$

6.2.3.2
多喷头阵列设备基本参数

基于上述关键参数设计，加工制造了如图6.34所示的熔体微分静电纺丝多喷头阵列设备。其基本参数如下。

① 集成了32个微分喷头；单喷头微流个数超过50根。

② 幅宽0.8m，产量300～600g/h，纤维平均直径500～2000nm。

③ 无纺布厚度10～1000μm可调；工作速度1～10m/min。

④ 熔体连续供给，可在线连续共混。

⑤ 可模块化扩展为6kg/h的生产线。

图6.34　熔体微分静电纺丝多喷头阵列设备照片

6.2.4
设备设计流程与关键点

熔体微分静电纺丝设备的设计，集成了微分喷头设计、分配流道设计和铺网系统设计等多种工艺设计，不同于传统的任何纺丝设备，也区别于溶液静电纺丝批量化装置。熔体微分静电纺丝装置的复杂性首先表现在熔体静电纺丝需要对包括机颈、分流板及微流道在内的多个熔体流道进行加热，其次，铺网系统同时要兼备气流抽吸及高压电极支架的功能，这就对整体设计提出了新的要求。本节基于几种不同规模纺丝系统的设计经验和客观的设计规律，提出以下设计流程。

如图6.35所示，目标设备的参数取决于目标产品纤维膜或棉制品的产品特性和产量规模。产品特性参数包括产品材料物化特性、目标纤维细度、孔隙率、目标膜厚以及是否需要复合其他膜材料。其中材料物化特性决定了挤出塑化部分对温度控制、塑化元件的选择以及分流板材质的选择；目标纤维细度决定了纺丝基本工艺参数的调整范围；孔隙率决定了设计中采取何种热压或者辅助电极工艺；目标膜厚取决于铺网速度和纺丝进给流量以及热压工艺参数；如果要复合其他膜材料，需要考虑复合工艺参数。而产量规模取决于纺丝机头外形尺寸、喷头阵列方式及铺网热压系统的幅宽选择。

熔体微分静电纺丝设备设计的关键在于复杂流道微流量下的熔体温度和流率

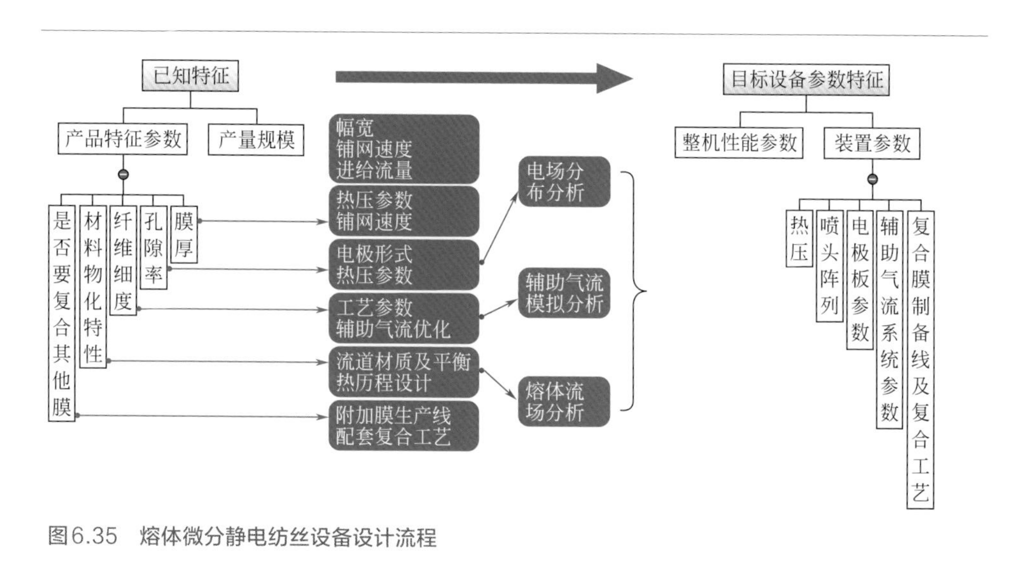

图6.35 熔体微分静电纺丝设备设计流程

分布模拟，通过模拟和优化设计获得均衡的流量分布，减少微流量下各喷头温度和流率的差异，从而制备直径分布更加窄的纤维制品。

对于一个新建立的设备系统，收集装置、喷头阵列、分流板形式及高压电场附近的支架都将引起周边电场的变化，因此，整体的电场模拟分析是设备系统设计的关键，通过电场分析明确结构件绝缘材料的选择，优化整体支撑部件设计，保证纺丝区域电场的对称性和稳定性。

辅助气流是纤维细化的重要因素。在设计中要进行喷嘴附近气流场分布和抽吸部分气流场分布，辅助气流的流速及流场模拟与优化，以获得窄的纤维直径分布和更加均匀稳定的沉积及收集方向。

参考文献

[1] Doshi J, Reneker D H. Electrospinning process and applications of electrospun fibers[C]//Industry Applications Society Annual Meeting, 1993. Conference Record of the 1993 IEEE. IEEE, 1993: 1698-1703.

[2] Angammana C J, Jayaram S H. The effects of electric field on the multijet electrospinning process and fiber morphology[J]. IEEE Transactions on Industry Applications, 2011, 47(2): 1028-1035.

[3] Theron S A, Yarin A L, Zussman E, et al. Multiple jets in electrospinning: experiment and modeling[J]. Polymer, 2005, 46(9): 2889-2899.

[4] Tomaszewski W, Szadkowski M. Investigation of electrospinning with the use of a multi-jet electrospinning head[J]. Fibres and Textiles in Eastern Europe, 2005, 13(4): 22.

[5] Kim H Y. Electronic spinning apparatus, and a process of preparing nonwoven fabric using the same: US 7332050[P]. 2008-02-19.

[6] Dosunmu O O, Chase G G, Kataphinan W, et al. Electrospinning of polymer nanofibres from multiple jets on a porous tubular surface[J]. Nanotechnology, 2006, 17(4): 1123.

[7] Varabhas J S, Chase G G, Reneker D H. Electrospun nanofibers from a porous hollow tube[J]. Polymer, 2008, 49(19): 4226-4229.

[8] Yarin A L, Zussman E. Upward needleless electrospinning of multiple nanofibers[J]. Polymer, 2004, 45(9): 2977-2980.

[9] 覃小红，王衍书，吴韶华. 一种超声波振荡静电纺丝喷头. 中国，202099422U[P]. 2011-06-08.

[10] 刘雍. 气泡静电纺丝技术及其机理研究[D]. 上海：东华大学, 2008.

[11] Thoppey N M, Bochinski J R, Clarke L I, et al. Edge electrospinning for high throughput production of quality nanofibers[J]. Nanotechnology, 2011, 22(34): 345301.

[12] Wang X, Niu H, Lin T, et al. Needleless electrospinning of nanofibers with a conical wire coil[J]. Polymer Engineering & Science, 2009, 49(8): 1582-1586.

[13] Simm W, Gosling C, Bonart R, et al. Fibre fleece of electrostatically spun fibres and methods of making same: US 4143196[P]. 1979-03-06.

[14] Jirsak O, Sanetrnik F, Lukas D, et al. A method of nanofibres production from a polymer solution using electrostatic spinning and a device for

carrying out the method: WIPO 2005024101[P]. 2005-03-18.

[15] Forward K M, Rutledge G C. Free surface electrospinning from a wire electrode[J]. Chemical Engineering Journal, 2012, 183: 492-503.

[16] Green T B, King S L, Li L. Fine fiber electrospinning equipment, filter media systems and methods: U S 7 967 588[P]. 2011-06-28.

[17] Niu H, Wang X, Lin T. Needleless electrospinning: influences of fibre generator geometry[J]. Journal of the Textile Institute, 2012, 103(7): 787-794.

[18] Wang X, Niu H, Wang X, et al. Needleless electrospinning of uniform nanofibers using spiral coil spinnerets[J]. Journal of Nanomaterials, 2012, 2012: 3.

[19] Lu B, Wang Y, Liu Y, et al. Superhigh-Throughput Needleless Electrospinning Using a Rotary Cone as Spinneret[J]. Small, 2010, 6(15): 1612-1616.

[20] 孙晓霞. 无针头式静电纺丝方法与工艺研究[D]. 上海：东华大学, 2010.

[21] Yang W, Li H, Jiao Z, Zhong X, Yan H, Xie P, et al. Melt differential electrospinning device and process. WO/2014/177039.

[22] 杨卫民, 马帅, 李好义, 等. 一种多级外锥面熔体微分静电纺丝喷头:CN103820866B [P]. 2016.

[23] 李好义，马穆德，杨卫民，等. 一种制备多级超细纤维的组合静电纺丝装置及方法: CN104088022B [P]. 2016.

[24] 杨卫民，易婷，焦志伟，等. 一种基于微积分层叠的熔体静电纺丝装置及方法: CN103590122A [P]. 2014.

[25] 杨卫民，李小虎，李好义，等. 一种线性射流无喷头式静电纺丝装置: CN103590121A [P]. 2014.

[26] 杨卫民，钟祥烽，李好义，等. 一种静电纺丝纤维沉积均化装置及方法: CN103469492B [P]. 2015

[27] 杨卫民，李小虎，马帅，等. 一种批量制备纳米纤维的熔体微分电喷纺丝装置及工艺: CN103451754B [P]. 2015.

[28] 杨卫民，陈宏波，李好义，等. 一种气流辅助外锥面型静电纺丝喷头: CN103668486B [P]. 2016.

[29] 杨卫民，张攀攀，李好义，等. 一种熔体微分式注射静电纺丝装置: CN103243483B [P]. 2015.

[30] 杨卫民，钟祥烽，陈宏波，等. 一种多电场耦合强力牵伸的静电纺丝装置及方法: CN103243397A [P]. 2013.

[31] 杨卫民，李好义，焦志伟，等. 熔体静电纺丝法批量生产纳米纤维装置及工艺: CN102839431B [P]. 2014.

NANOMATERIALS

纳米纤维静电纺丝

Chapter 7

第7章
静电纺丝纳米纤维的应用研究进展

7.1 静电纺丝纳米纤维在环境污染治理中的应用

7.2 生物医药领域的应用

7.3 静电纺丝纳米纤维在能源领域的应用

静电纺丝纳米纤维由于其高比表面积、高孔隙率及特殊的物化性能，近年来被广泛应用于环保、健康、能源等领域。本章主要介绍静电纺丝纳米纤维在相关领域研究比较多的例子，如环境污染治理中的油水过滤或分离、能源器件中关于能量的储存和转换材料以及生物医药领域中用于组织培养或药物缓释相关的应用。研究者主要通过形貌控制、材料改性以及多种材料的复合赋予纤维材料多种多样的形态和功能，以适应不同的应用场合。

7.1 静电纺丝纳米纤维在环境污染治理中的应用

随着工业化的发展，大量的污染物排放到环境中，不仅造成生态环境的破坏，而且严重威胁着人类的健康和安全。环境污染问题越来越引起人们的关注。近年来，各式各样的新型材料，如石墨烯/TiO_2复合物[1]、醋酸改性纳米黑碳[2]、多孔碳材料[3]等已被广泛应用于环境领域的各个方面。纳米纤维是一种新型纳米材料，不仅具有高的比表面积、比体积和孔隙率，而且机械稳定性高，可实现多种形状的构筑，应用领域极为广泛，其在环境污染治理中的应用越来越受到人们的关注[4]。

目前，制备纳米纤维的方法主要有水热合成法[5]、模板合成法[6]、原位聚合法[7]、自组装法[8]、分相法[9]、静电纺丝法[10]等，其中静电纺丝法是一种高效制备纳米材料的新技术，相比于传统工艺，它的装置更简单，操作更简便，运行成本更低。此外，静电纺丝技术不仅可实现多种材料一维纳米结构的构筑，而且在纳米纤维的粗糙结构、堆积密度、纤维直径、比表面积和连通性方面精准可控[11]，同时还具有独特的表/界面效应和介质输运性质。丁彬等[11]系统介绍了静电纺纤维材料的研究背景和制备方法，并对其在过滤和吸附、环境监测方面的应用进展进行了总结，为纳米纤维的研究和应用提供了重要的参考。同样地，李雄等[12]对纳米纤维微孔滤膜和纳米纤维基复合滤膜用于污水净化和脱盐方面进行了概述，为膜分离技术的发展提供了新的思路。近年来，新型纳米纤维材料和纳米纤维基复合材料的研发，极大地拓宽了其在环境领域的应用，如催化氧化、吸收声波和电磁波等方面。

本节主要综述了静电纺丝纳米纤维在环境污染治理中的应用研究进展，包括在高效过滤、催化氧化、吸附、固定酶及吸收声波和电磁波等方面的应用。最后，就目前研究存在的问题提出展望，旨在为纳米纤维的研究提供参考，进一步拓宽其在环境领域的应用。

7.1.1 高效过滤

静电纺丝纳米纤维具有较高的比表面积、孔隙率和通透性，可实现微小粒子的截留，是一种理想的过滤材料[13]，已广泛应用于污水过滤、空气净化和抑菌过滤等方面，其过滤原理一般认为是拦截效应、惯性效应、扩散效应、重力效应及静电效应五种效应共同作用的结果[14]。表7.1总结了近年来纳米纤维在过滤领域中的应用。

表7.1　纳米纤维在过滤领域的应用研究

纳米纤维种类	纤维特性	应用领域	处理效果	参考文献
聚乳酸/聚羟基丁酸酯（PLA/PHB）纳米纤维	粒径20～600nm，机械强度高	气体过滤	过滤效果提高	[15]
聚偏氟乙烯/聚丙烯腈（PVDF/PAN）纳米纤维膜	粒径0.784～2.070μm，膜亲水性提高	液体过滤	乳化油截留率为94.04%	[16]
平板热黏合纳米膜纤维	直径250nm，直径分布均匀，纯水通量高	污水过滤	乳化油截留率为98.56%	[17]
PET/CTS抗菌复合纳米纤维膜	平均直径405nm，抗菌性好，力学性能好，紧密度强	气体抑菌过滤	对粒径0.33μm的微粒过滤效率为99.55%	[18]
聚偏氟乙烯（PVDF）纳米纤维膜	平均直径337nm，分离性能好，性能稳定	液体过滤	盐离子截留率为94.4%	[19]
聚酰胺56纳米蛛网纤维膜	平均直径300nm，纳米蛛网分裂良好，覆盖率高	气体过滤	0.3μm超细颗粒物过滤效率达99.99%	[20]
PP纤维过滤膜	平均直径2～3μm，力学性能良好，可重复使用	污水过滤	3μm颗粒截留率达95%	[21]

续表

纳米纤维种类	纤维特性	应用领域	处理效果	参考文献
PA6/66纳米蛛网纤维膜	直径20nm左右，面密度高	污水过滤	染料截留率上升至96.8%	[22]
ZNF纳米纤维膜	直径205～323nm，耐腐蚀和高温且机械强度大	液体过滤	过滤效率达99%以上	[23]
草药提取物纳米纤维	平均直径0.35μm，热稳定性好	气体抑菌过滤	抗菌过滤效率99.98%	[24]
聚苯砜纳米纤维膜	200～1300nm，孔隙率高，机械稳定性好	液体过滤	100%的浊度排斥	[25]
PP/PVA复合纤维膜	平均孔径15.61μm，机械强度高，结晶性高	液体过滤	500nm微粒过滤效率达98.5%	[21]

因自身性能的限制，纳米材料的过滤效果受温度影响很大，特别是超微粒子（粒径小于1μm）的过滤性能很难在高温环境下得到兼顾。针对这个问题，王成等[26]采用高压静电纺丝技术制备了直径为100～500nm的芳纶纳米纤维毡，并与聚苯硫醚（PPS）针刺非织造布复合形成高温超过滤材料，该纳米纤维具有良好的耐高温性能，失重温度可提高至486℃，且对粒径在0.1～0.6μm之间的超微粒子过滤效率仍可达99.9%。

7.1.2
催化氧化

静电纺纳米纤维具有较小的纤维直径、较好的柔韧性和易操作性，可作为一种理想的催化剂的载体。此外，它还能与催化剂产生较强的协同效应，强化催化效果。一些学者通过向纳米纤维加入金属或金属氧化物成功制备出性能优异的催化剂。简绍菊等[27]采用静电纺丝技术制备了Ag/ZnO复合纳米纤维，进一步考察了它在紫外光照下催化降解亚甲基蓝的效果，发现Ag/ZnO复合纳米纤维对亚甲基蓝具有很高的光催化活性，亚甲基蓝降解率可高达95%以上。类似地，杨卫民课题组通过熔体静电纺丝技术，制备了二氧化锰复合催化剂，经甲醛分解实验后测得，3h内复合纤维对甲醛的分解效率高达91%[28]。

在甲醛分解实验中，复合催化剂起了催化氧化的作用。当复合催化剂吸附氧时，氧气分子会有较小程度的吸附以补充复合催化剂表面的氧空位。由于复合催化剂是金属氧化物半导体，而氧的电负性很强，因此吸附后氧会俘获半导体的电子成为负离子。复合催化剂表面的活性基团O_2^-和·OH自由基部分使甲醛氧化生成二氧化碳和水。陈仁忠等[29]发现MnO_2/PAN纳米纤维膜可高效降解废水中的甲醛，反应12h，甲醛去除率可达44%。

赵凤雯[30]通过熔体静电纺丝法制备了MnO_2-PP复合材料并在最佳纺丝条件下纺丝，确定无机颗粒最佳用量（质量分数）为1%；当MnO_2含量（质量分数）为1%时，经过6h催化净化，对模拟室内空气的甲醛去除率可达98.84%；经过水洗后，熔体静电纺催化净化甲醛纤维去甲醛效果几乎没有变化，4h去除甲醛率就可达96.59%。从图7.1中可看出，MnO_2无机粒子小部分嵌入PP纤维中，剩余部分裸露在纤维表面，而正是这部分MnO_2粒子对甲醛有催化净化的效果。虽然添加MnO_2无机粒子的PP纤维直径变粗，但直径仍处于几微米级别，比表面积仍然很大，对游离在空气中的甲醛吸附作用依然很强，可以起到辅助MnO_2催化净化甲醛的作用。

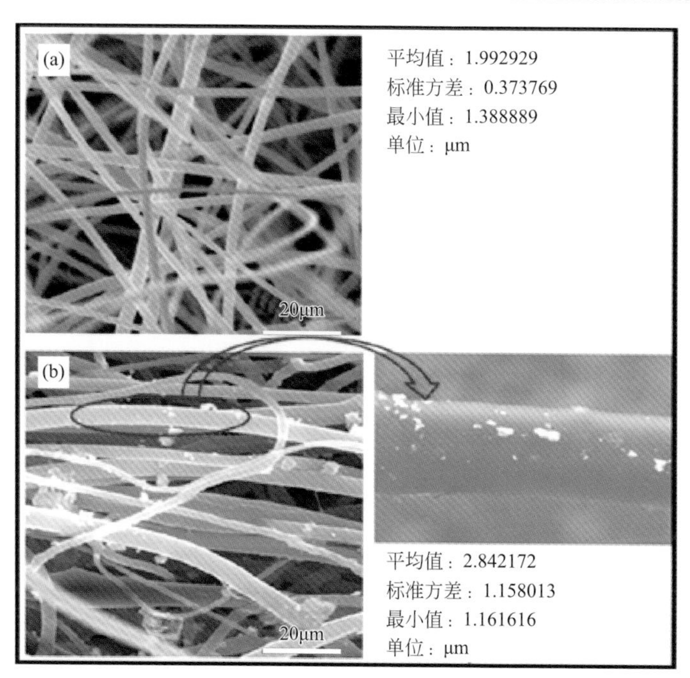

图7.1 （a）未添加MnO_2和（b）添加MnO_2的PP熔体静电纺丝复合纤维SEM图[30]

此外，一些研究表明掺杂金属的纳米纤维［如CNTs/La^{3+}共掺杂TiO_2（CLCT）纳米纤维］对重金属的还原转化和去除具有良好效果[31]。

在大气污染治理方面，一些学者已经开发出具有高催化活性的纳米纤维复合材料，包括含铂多孔纳米二氧化钛纳米纤维、CeO_2-TiO_2复合纳米纤维等，这些催化剂在降解室内甲醛和发动机尾气治理方面发挥着重要的作用[32,33]。可见，以纳米纤维为载体制备的催化剂对复杂污染成分具有明显的催化氧化效果，在环境催化领域具有很好的应用前景。

7.1.3
吸附

静电纺丝纳米纤维也是一种理想的吸附材料，对油脂、重金属、有机染料等污染物具有良好的吸附性能。如碳硅纳米纤维海绵、聚丙烯纤维棉和聚甲醛（POM）纳米纤维等吸油材料的开发，为油类回收与海洋溢油紧急处理提供了一种新途径[34,35]。

林金友等[36]在溶液静电纺丝法制备吸油材料领域有深入的研究，并认为纤维间的孔隙和纤维上的微孔多级结构是影响纤维类吸油材料的重要条件。同时该团队还探讨了微纳多级结构超细纤维的形成机理。为了解决PS超细纤维重复使用性差的问题，林金友等人通过多喷头静电纺丝法将PS纤维和聚氨酯（PU）纤维进行混纺，提高了微纳纤维样本的弹性和力学性能。另外，林金友等人还用同轴溶液静电纺丝把PS作为壳溶液，以PU作为核溶液，制备出核壳结构的超细纤维，其吸油倍率可达64.4%，在五次吸油循环后，依然可以保持与PP无纺布相同的吸油倍率（图7.2）。王文华[37]在2013年研究了纳米聚丙烯纤维对汽油、柴油、机油和原油的吸油倍率，然后利用纳米聚丙烯纤维的吸附动力学数据进行Lagergren二级吸附动力学模型拟合，并推算出纳米纤维的饱和吸油倍率和饱和吸附时间。

吴卫逢等[38,39]利用熔体静电纺丝法制备了聚乳酸超细纤维（PLA），纯PLA纤维对机油、原油、柴油、花生油的吸附倍率分别为99g/g、72g/g、56g/g和66g/g。添加蔗糖脂肪酸酯（SE）细化电纺纤维制得的PLA/SE纤维对这些油品的吸油倍率分别为129g/g、98g/g、63g/g和87g/g，明显高于纯PLA纤维；PLA/SE纤维的油水吸附选择性高达1000倍，同时具有良好的浮力和一定的可重复使用性。聚乳

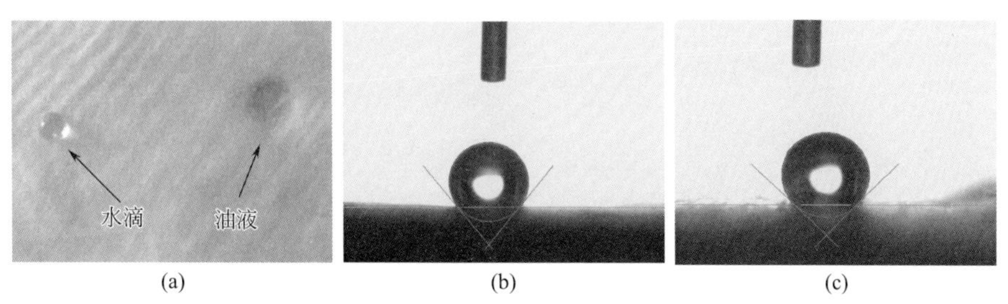

图7.2 水和油与超细聚丙烯纤维毡PP4、PP5的接触实图（a）、水和超细聚丙烯纤维毡PP4、PP5的接触角（b）（c）[39]

酸材料具有生物可降解性、生物兼容性，能够从可再生的植物资源（如玉米、小麦）所提取出的淀粉原料中大规模制得，且生产过程无污染，是吸油材料一种理想的原料。此外，还对熔体静电纺丝聚丙烯材料的吸油性能进行了实验研究，利用熔体微分静电纺丝装置制备出的超细聚丙烯纤维毡疏水亲油，吸收机油和花生油的最高吸油倍率分别为132g/g和94g/g，是商用聚丙烯吸油棉的4～5倍。同时电纺纤维具有良好的可重复使用性，5次使用后的吸油倍率仍保持为95g/g（图7.3）。

在重金属吸附方面，纳米纤维膜对重金属离子的吸附是一种传质过程，重金属离子通过物理作用或化学反应从液相转移到纤维膜。纳米纤维膜对水溶液中重金属离子的吸附主要为物理吸附和化学吸附，如图7.4。其中物理吸附主要是通过静电相互作用（带正电荷的重金属离子与带负电基团之间的静电相互作用，2～4个负性基团结合1个重金属离子），将重金属离子吸附到纤维表面。而化学吸附则是纤维表面的功能基团对重金属离子的螯合吸附作用（由纤维膜上的功能基团提

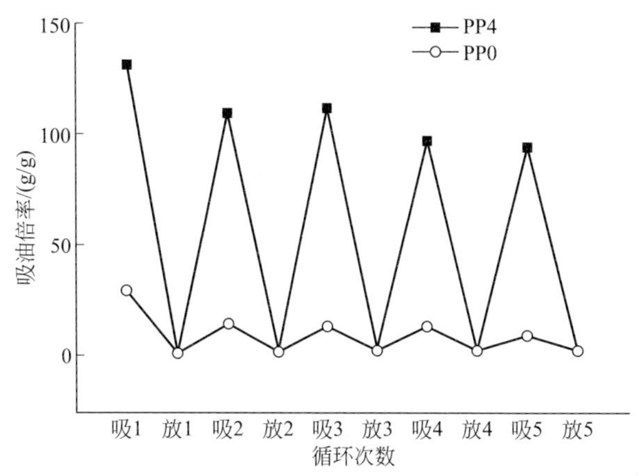

图7.3 商用吸油棉与超细聚丙烯纤维毡的吸/放油循环[39]

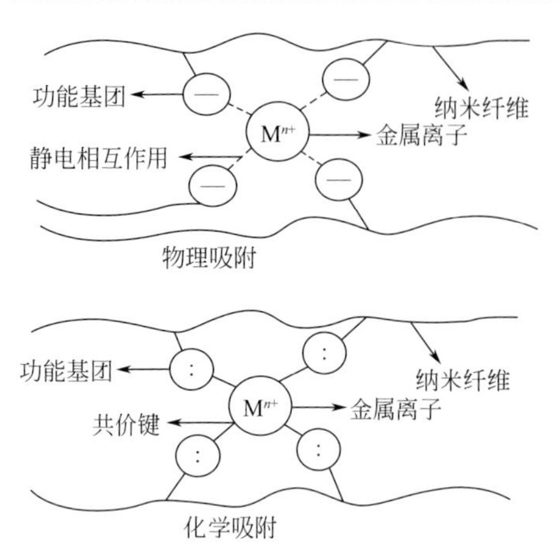

图7.4 纳米纤维吸附重金属离子原理示意图[40]

供孤对电子与重金属离子形成配位共价键）。由于纳米纤维膜具有较高的比表面积，从而使纤维表面暴露出更多的功能基团，明显增加了纤维表面对重金属离子的吸附位数量[40]。

Shahram等[41]开发的尼龙66纳米纤维膜对Ag和Cr的最大吸附量可高达1946.91mg/g、650.41mg/g。张慧敏等[42]开发的壳聚糖/聚乙烯醇（CS/PVA）纳米纤维膜对溶液中Cu^{2+}、Ni^{2+}和Cd^{2+}吸附容量分别为98.65mg/g、116.89mg/g、124.23mg/g，且无吸附选择性，适用范围更为广泛。表7.2可以看出近年来研究静电纺丝材料吸附重金属的最新进展。

表7.2 纳米纤维在吸附重金属领域的应用研究

纳米纤维种类	吸附类型	重金属类型	处理效果	参考文献
P（MA-AA）纳米纤维膜	化学吸附	Pb^{2+}	平衡吸附量为269.35mg/g	[43]
PA6纳米纤维膜	化学吸附	Cr	pH值为2时，除铬性能较好	[44]
聚丙烯腈共聚物（PAN）纳米纤维	物理吸附	Cu^{2+}	常温下最大吸附量可达54.08mg/g	[45]
聚酰胺66纳米纤维膜	物理吸附	Ag和Cr	最大吸附量可高达1946.91mg/g、650.41mg/g	[41]
壳聚糖/聚乙烯醇（CS/PVA）纳米纤维膜	化学吸附	Cu^{2+}、Ni^{2+}和Cd^{2+}	吸附容量分别为98.65mg/g、116.89mg/g、124.23mg/g	[42]
聚吲哚纳米纤维	化学吸附	Cd^{2+}	pH=6，Cd^{2+}平衡吸附量最大，约140.36mg/g	[46]

在染料吸附和脱色方面，Li等[47]以刚果红（CR）、亚甲基蓝（MB）、甲基橙（MO）和伊红（ER）为模拟染料分子，研究二氧化钛/多孔碳纳米纤维对染料废水的吸附能力，结果表明该纳米纤维可高效吸附染料废水中的染料，且在高浓度溶液条件下仍能保持高吸附和脱色能力。还有研究表明，静电纺丝纳米纤维吸附剂表面带正电荷，同时具有多孔的结构，对阴离子污染物具有良好的吸附性能。Ma等[48]以静电纺丝法制备的纳米纤维聚乙烯亚胺和聚偏氟乙烯（PVDF）共混物可高效处理含阴离子染料废水，阴离子染料甲基橙（MO）的最大吸附量可高达633.3mg/g，且经碱性溶液浸泡即可实现再生，具有很强的工程适用性。

除了含水系统中有机染料的吸附回收，另外，纳米纤维也已成功应用于非水系统中染料的吸附，Zhang[49]等通过静电纺丝法成功制备了内孔均匀且表面光滑的PIM-1纳米纤维，该纤维对于非水系统中的有机染料具有良好的吸附能力。根据N_2吸附-解吸分析表明，通过静电纺丝法制备的PIM-1纤维表面积远高于PIM-1粉末，这样高的比表面积主要来自于静电纺丝中溶剂的快速蒸发而形成的纤维内孔。并且，PIM-1纤维具有比PIM-1膜更多更均匀的内孔，因此，PIM-1纤维对染料的吸附速率远大于PIM-1膜和PIM-1粉末。在纺丝过程中，当PIM-1聚合物浓度增加，溶液黏度增加，表面张力减小，液珠从球形变成心轴状，如图7.5（a）～（c），

图7.5　不同PIM-1浓度溶液纺成PIM-1纤维的FESEM图像
（a）F7；（b）F8；（c）F9；（d）F10[49]

最终在浓度（质量分数）10% [图7.5（d）]，获得直径和内孔均匀、表面光滑的纳米纤维。实验结果表明，PIM-1纤维对有机溶剂蓝35的吸附速率是PIM-1膜的4倍，且达到吸附平衡的时间仅20min，PIM-1膜则需要6000min。

7.1.4
固定酶及其他

酶是一种具有高度特异性的催化剂，可高效催化降解多种有机污染物，但由于对环境敏感，易失活，一般应用前先将酶固定到载体上以提高其稳定性。相比其他载体，静电纺纳米纤维具有高比面积和孔隙率，可有效地缓解基体的扩散阻力，从而提高载酶的催化能力[14]。Li等[50]采用静电纺丝技术制备PMA-*co*-PAA/FP复合纳米纤维，固定过氧化氢酶处理硝基酚（PNP），35天酶活仍可保持80%，重复使用5次，酶活仍能保持70%。一些研究发现，纳米纤维与金属进一步配合可提高酶活性和稳定性。

崔静等[51]用钴离子配合的纳米纤维为载体固定漆酶降解对苯二酚，发现在50℃，pH值为4的条件下，漆酶相对活性可达到100%，重复使用3次，对苯二酚的降解率仍能保持52.12%、47.94%、47.49%。也有研究者指出采用乳液法静电纺丝技术制备的纳米纤维固定的漆酶具有更高的酶活性和操作稳定性，漆酶被包埋在纤维内部，纤维的聚合物外壳结构可以保护漆酶，减少外界环境对漆酶的影响，而纤维表面的多孔结构可以为漆酶与BPA的接触反应提供通道。代云容等[52]采用乳液静电纺丝技术原位固定漆酶，漆酶被成功包埋固定于纤维内部，且保留了79.8%的酶催化活性，对双酚A的降解率达80%左右，与游离漆酶相比，固定化漆酶对pH值和温度均表现出更好的耐受性。

通过静电纺工艺的优化和溶液性质的调控，可实现对纳米纤维结构的构筑及微观控制，使纳米纤维具有某些特定的功能特性。近年来，将静电纺纳米纤维应用于物理性污染治理的应用研究也有报道。在减声降噪方面，贾巍等[53]发现在聚氨酯PU纳米纤维膜添加非织造材料可提高其最大吸声系数，使共振频率向低频方向移动，并指出在相同面密度和空腔条件下，不同结构的PU纳米纤维最大吸声系数从大到小依次为：PU多孔膜>PU纳米纤维膜>PU流延膜，如图7.6所示。Wu等[54]通过在聚偏氟乙烯（PVDF）纳米纤维膜添加石墨烯，提高了纳米纤维

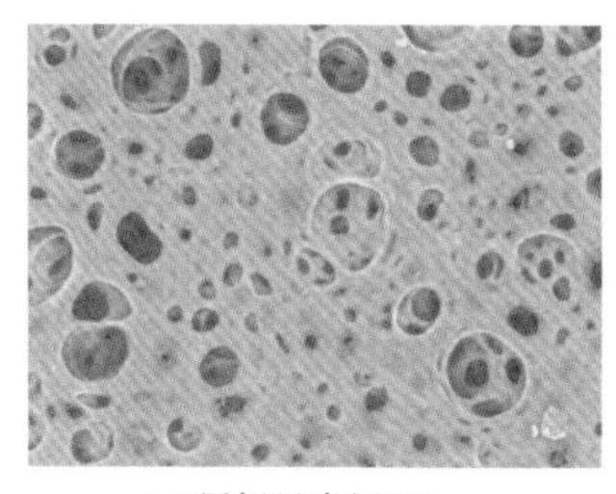
(a) 居标尺中间200μm

(b) 居标尺中间100μm

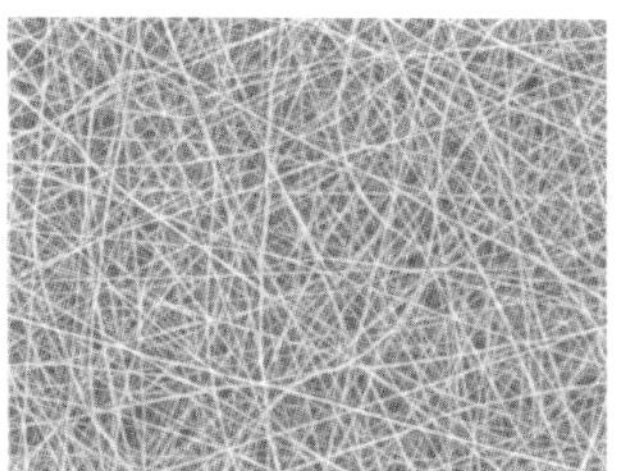
(c) 居标尺中间100μm

图7.6　静电纺PU试样的SEM及同多孔模流延膜的对比图[53]

（a）PU多孔膜；（b）PU纳米纤维膜；（c）PU流延膜

吸声材料声波接触频率，进而提高了声音在中频区域通过摩擦和内部纤维振动的能量吸收，最终达到降噪的效果。

此外，静电纺纳米纤维材料在电磁辐射污染控制领域的应用研究也得到了显著的发展。Wang等[55]通过同轴静电纺丝的方法合成了一种密度低、微波吸收性能高的锶铁氧体纳米纤维。经测试，当吸收涂层厚度为3.4mm，电磁频率为11.68GHz时，该纳米纤维对电磁辐射的反射损失可达12.69dB。Wang等[56]研发的Fe-C纳米纤维/石蜡复合材料在4.2GHz时，最低反射损失（RL）为44dB，且受电磁波频率影响较小，频率范围从2.2GHz变化到13.2GHz，反射损失峰值低于10dB，这表明静电纺丝制备的Fe-C纳米纤维可作为一种理想的轻量级微波吸收材料，通过磁性铁粒子和轻量级的碳组合使其具有复杂的磁导率和介电常数，从而产生了良好的微波吸收特性。

7.2
生物医药领域的应用

静电纺纤维超细的纤维细度赋予纤维网较小的纤维网孔，较高的孔隙率以及较大的比表面积，如用于生物医药，可以实现药物缓释、细胞生长引导、组织细胞生长支撑、杀菌或防护等功能。学者目前在组织工程支架、表面敷料、药物缓释、医用绷带、呼吸面罩等方面进行了丰富的应用基础研究。

7.2.1 药物缓释

药物缓释的关键是负载量大的情况下，能够实现稳定计量的缓慢释放。在单根纯纤维上加载药物时，药物的加载效率不高，同时药物也会有突释的现象[57]。Zeng等[58]对药物在单根纤维上的释放规律进行了研究，针对药物的突释现象提出选取与药物兼容的纤维材料能够有效改善药物前期的突释，从而实现药物的持续释放，这说明药物与纤维材料的兼容性会影响纤维对药物的包覆以及药物的释放速率。Valle等[59]对聚己内脂-聚乳酸均聚物进行溶液静电纺丝，研究了疏水性抗菌剂二氯苯氧氯酚在亲水介质中的释放行为。实验结果表明通过降低介质的亲水性或者增加纤维中聚乳酸的含量有利于二氯苯氧氯酚的释放，证明了药物的释放行为与其本身的亲水特性有关。

很多研究进一步充分揭示纳米纤维材料亲水特性和药物释放之间的关系。许吉庆等[60]采用喷雾和静电纺丝法制备出以壳聚糖和聚乳酸两种生物降解性高分子材料作为药物载体的内层和外层的复合纤维，其中壳聚糖载药微球均匀地分布在静电纺丝纤维内部，实验分别研究了以牛血清蛋白（BSA）作为亲水性模型药物，以安息香酸作为疏水性模型药物，研究结果表明，对于聚乳酸静电纺丝纤维，亲水性的药物有轻微的突释现象，而疏水性的药物能够长期稳定的释放，并且加入聚乙烯吡咯烷酮（PVP）可以调节药物的释放速率。Still等[61]研究表明电纺纤维中的药物释放速度一方面与电纺纤维材料的亲水与疏水特性有关，另一方面还与药物加载的位置、纤维中药物的含量以及纤维的直径等因素有关。不过Lorens等[62]研究发现在疏水性的纤维上加载疏水性的药物时，药物的总释放量仅有13%，远少于药物在纤维中的加载量，是因为部分疏水性的药物被疏水性的纤维吸附，从而导致无法释放。

同轴静电纺丝技术的提出为药物缓释提供了新的工具，一些学者将药物与纺丝液混合后进行纺丝[63]，以此来实现电纺纤维对药物的搭载。崔静等[64]分别采用共混静电纺丝法和同轴静电纺丝法制备了负载盐酸四环素药物的聚乙烯醇-苯乙烯吡啶盐（PVA-SbQ）/玉米醇溶蛋白（Zein）复合纳米纤维，对比结果表明共混静电纺丝法制得的载药纤维具有突释现象，而同轴静电纺丝法获得的载药纤维则具有明显的缓释效果。王兢等[65]采用同轴静电纺丝的方法制得了以聚乳酸-羟基乙酸共聚物（PLGA）为壳层材料，聚乙烯吡咯烷酮（PVP）、PLGA为核层材料的同轴复合纳米纤维。研究发现这种核壳结构的纳米载药纤维通过将药物填埋于纤维壳中，减少了对药物结构和性能的破坏，24h后药物释放仅为普通纤维的50%，明显缓解了前期药物的突释行为，更适合作为药物释放载体的使用。Li等[66]利用同轴纤维的核壳结构，通过在核层和壳层搭载不同的药物实现了药物的双相释放调节。

Hongliang Jiang等[67]采用同轴纺丝的方法，以牛血清蛋白（BSA）/葡萄聚糖作为芯层材料，以生物可降解的聚乳酸（PLA）为壳层材料，制得了生物可降解的芯-壳结构纤维，通过调节芯层材料的进料速率，可以调节纤维中BSA的含量以及释放速率，另外在壳层结构中加入PEG可以更好的调节BSA的释放速率，从而实现了药物的控制释放。在同轴电纺的基础上，Han等[68]提出了一种基于三轴静电纺丝装置（如图7.7）的双重载药系统，在药物释放量达到80%的情况下，对比了三轴纤维和两轴纤维的药物释放速率，得出三轴纤维芯层药物的释放比两轴的慢24倍，同时由于不同层的释放速率不一样，可用于多阶段的药物释放治疗。

Tang等[69]用同轴静电纺丝的方法在不同类型的纤维上搭载与其相兼容的药物，实现了药物的缓释，同时也扩大了在纺丝纤维上可载药物的范围。一些学者通过在壳聚糖/聚乙烯醇（PVA）纤维中加入明胶纳米粒子来实现双重药物的释

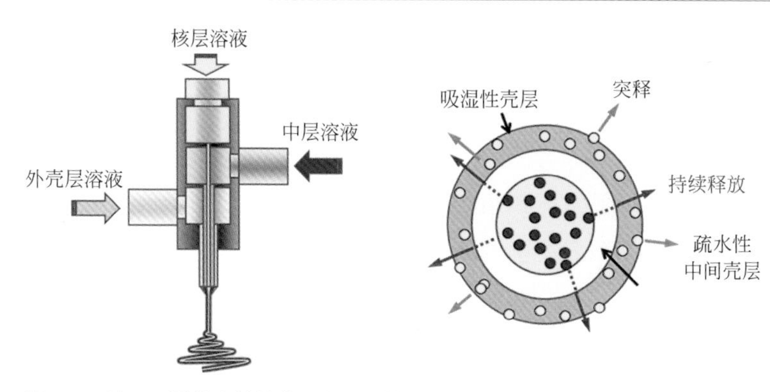

图7.7 基于三轴静电纺丝装置的双重载药系统

放[70]。也有一些学者在电纺纤维过程中形成囊泡将亲水和疏水性的药物进行包裹从而达到在同一根纤维上加载不同药物的目的[71]。

7.2.2 组织工程

静电纺丝纳米纤维可通过装置优化或者材料改进，实现不同功能的取向纤维及图案化纤维膜，因此被广泛应用在骨软骨、血管、心脏、神经等组织工程研究领域。

7.2.2.1 软骨及骨组织工程支架

Rajzer等[72]用加入磷酸钙纳米粒子（SG5）的明胶（Gel）改性PCL，获得了Gel/SG5/PCL复合纤维支架，细胞培养结果表明Gel/SG5的加入增强了支架的矿化作用，从而提高了其与骨组织的亲和性。

Li等[66]用PLGA进行电纺得到软骨组织工程支架，在其上进行细胞培养，结果表明PLGA支架具有良好的孔隙结构和力学性能，细胞在该支架上生长能够保持原貌，并且沿着纤维的伸展方向生长，有望作为软骨组织再生的支架。

还有很多学者用羟基磷灰石（HA）、生物玻璃（BG）和β-磷酸三钙（β-TCP）等对PLA进行改性，这些方法对PLA的力学性能、降解速率、细胞黏附性以及存在的炎症反应等缺点进行了改善，提高了其作为骨组织工程支架的生物相容性和生物活性[73～78]。

Yao等[79]将PCL和PLA以4：1的比例混合溶液静电纺丝，得到了PCL/PLA-3D混合支架，孔隙率达到95.8%。在PCL中加入了PLA，支架获得了更好的力学性能，在体外细胞培养中，支架表现出了很好的细胞亲和能力，并且促进了成骨细胞的分化；在头盖骨缺陷的小鼠模型中进行细胞支架体内移植，6周之后支架内部有头盖骨组织的形成。

Dalton等[80]利用熔体静电纺丝的方法，以体外培养纤维母细胞的培养皿作为接收极，获得了熔体电纺纤维。进行6天的细胞培养之后，纤维母细胞从细胞外基质中脱离，黏附在了纤维上，而且细胞沿着纤维弯曲的方向生长，这就为利用熔体电纺的方法制备多层细胞支架结构奠定了基础。

李好义等[81]在其综述文章中总结了静电纺丝在组织工程支架上的应用，指出生物体内各组织有其自身的特点，在利用电纺技术制备细胞支架时应该更加注重仿生设计在电纺中的应用，将其和电纺、快速成型相结合有助于推动取向优化的组织支架的应用和研究。

Farrugia等[82]将熔体静电纺丝和可编程运动接收平台相结合，制作了三维聚己内脂（PCL）网格纤维支架（如图7.8所示），该支架的孔隙率高达87%。在支架上进行体外细胞培养，14天之后纤维母细胞渗入支架内部，并且在每一层均有细胞生长。

Visser J等人[83]将熔体电纺直写技术获得的三维支架与水凝胶相结合，二者的协同作用提高了支架的机械刚度和弹性强度，能满足人体关节软骨组织的要求；在这种复合支架上体外接种人关节软骨细胞，培养14天后，基因检测结果表明有多种mRNA的生成，并且形成了新的软骨组织。

由杨卫民领导的研究小组发明了一种用于生产医用组织工程支架的装置[84]，该装置的核心就是利用可生产纳米级纤维的电纺设备，结合快速成型中的精密接收装置，形成宏观和微观孔隙的生物组织工程支架，可实现对纤维直径、支架孔隙率和孔径的实时控制，有望构建更加符合天然骨软骨性能的组织支架。

Ristovski等[85]提出了一种新型的熔体静电纺丝装置，采用双重电极，结合

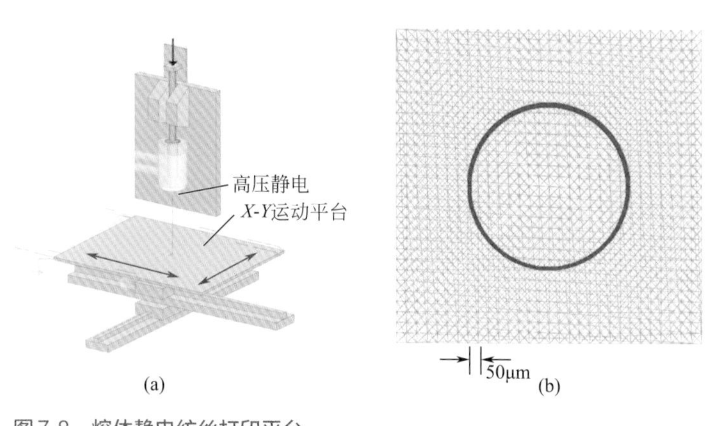

图7.8　熔体静电纺丝打印平台

*x-y*运动接收平台，成功制备了多层熔体支架，在支架上进行鼠颅骨细胞的体外培养实验证明，该三维立体支架有利于鼠颅骨细胞的生长与渗透，并且纤维的排列对细胞的生长有很大影响。

7.2.2.2
用于神经组织的培养

Mohamadi等[86]用溶液静电纺丝的方法获得了聚己内脂/明胶/生物玻璃（PCL/collagen/NBG）复合电纺支架，神经细胞培养结果表明细胞前期在支架上的生长不明显，7天之后细胞活性展现出了显著的增长。一些学者[87]则认为明胶的加入虽然在体外进行神经细胞培养时能够促进神经的再生，但是在体内培养时由于不同材料的机械性能和降解速率的不同，复合神经导管对神经的再生不能起到促进作用。

Liu等[88]通过同轴静电纺丝的方法，以左旋聚乳酸-聚乳酸共聚物P(LLA-LA)为外壳，以牛血清蛋白（BSA）或神经生长因子（NGF）为内核制得了同轴复合纤维，在此复合纤维上进行外部神经再生的实验，结果表明P(LLA-LA)/NGF复合纤维的神经再生情况与神经自体移植的再生情况类似，并且远好于纯P(LLA-LA)以及注射了NGF的P(LLA-LA)复合管状支架。

7.2.2.3
血管组织

Heydarkhan-Hagvall等[89]在PCL中加入了胶原蛋白、弹性蛋白和明胶等天然高分子进行静电纺丝，获得了多种复合三维支架，结果表明PCL/gelatin支架相比于其他组合的支架具有更高的抗拉强度，细胞培养结果证明了PCL/gelatin支架更有利于心血管组织的形成。后来Kai等[90]人用静电纺丝的方法获得了有序的PCL/gelatin复合支架，这种有序PCL/gelatin支架表现出了各向异性的润湿特性以及很好的力学性能，刚好符合心脏细胞的各向异性的特点，在该种支架上进行兔子心肌细胞的培养，结果表明有序的PCL/gelatin支架促进了心肌细胞的黏附与有序生长。

通过溶液静电纺丝制作的血管支架一般比较困难，因为在溶液静电纺丝过程中纤维鞭动厉害，无法有效的控制纤维的沉积。Brown等[91]用熔体静电纺丝的方法，以可以平动的旋转辊子为接收极，通过调整辊子转速和平动速率与纤维下落

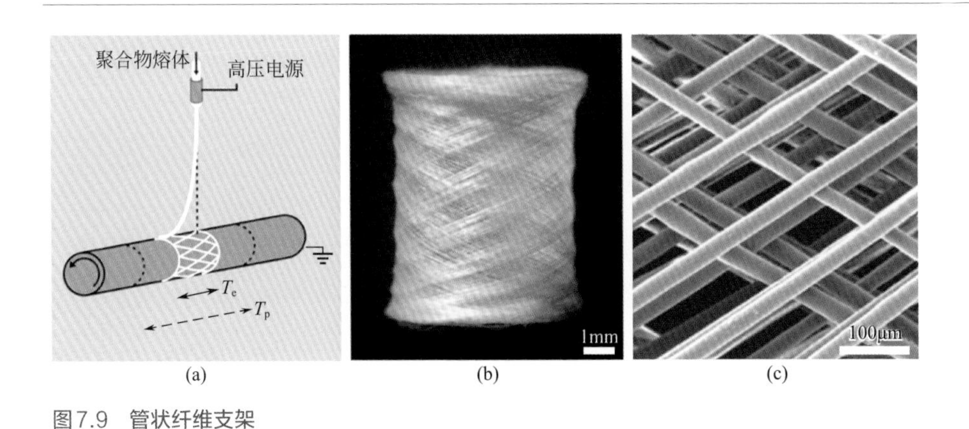

图7.9 管状纤维支架

速率之间的关系，获得了有序排列的管状纤维（如图7.9）。在这种血管支架上进行三种细胞的体外培养，14天后细胞的死亡率低于40%。为熔体静电纺丝在血管支架上的应用提供了很好的应用前景。

7.2.3 伤口敷料

Min等[92]将聚乳酸-羟基乙酸共聚物（PLGA）和几丁质（chitin）混合纺获得了生物可降解的纳米纤维PLGA/chitin，以此作为基质进行人皮肤角质细胞和纤维母细胞的体外接种培养，细胞培养结果表明人皮肤角质细胞在PLGA/chitin基质中能够很好地生长和扩散，细胞对纤维也表现出了很好的黏附性能，这对PLGA/chitin支架在伤口敷料上的应用提供了可能。

Schneider等[93]开发了一种可以让伤口愈合时间加快的电纺纱布，其原理就是在普通PEO电纺纤维中加入了表皮生长因子（EGF），结果表明静电纺丝过程并没有使EGF失效，并且在电纺纱布敷在伤口处时，纱布表面的表皮生长因子有一个突释效应，这种突释效应对角质细胞的形成有很强的促进作用，并且最终伤口的愈合时间比其他方法提高了90%。

Hacker等[94]利用熔体电纺的方法，通过在热塑性聚氨酯（TPU）中加入了聚乙二醇（PEG）和银纳米粒子提升了纤维膜表面质量、吸水性以及抗菌性。

Long的团队[95]提出了一种手持式熔体静电纺丝机，用PCL和PLA纺出了直径在15 ～ 45μm的纤维膜。以猪肝切口为模拟伤口进行原地纺丝，分别从纺丝膜和猪肝之间的黏结力以及纺丝膜的温度这两个方面考察了这种手持式静电纺丝机在伤口敷料上应用的可行性，实验结果表明纤维膜与肝脏的黏结力达到了1.2N，纺丝膜的温度在30℃左右，贴近人体表面温度，说明这种手持式静电纺丝机在伤口敷料上有一定的应用前景。

7.2.4 小结

静电纺丝凭借其独特的纺丝工艺，能够得到连续的纳米纤维，该工艺形成的纤维膜孔隙率高，比表面积大，并且通过装置的改进，可以对其结构形态和组分进行调控。纤维或纤维膜形成的一定结构形态扩展了纳米纤维的应用范围，尤其是在生物医药领域的应用。近年来溶液静电纺丝在生物医药领域的研究已经趋于成熟，但仍存在一些难以克服的缺点：① 大多数溶剂存在一定的毒性，并且得到的纤维膜容易有溶剂残留；② 纺丝过程伴随着溶剂的挥发，纤维鞭动大，纺丝过程可控性不好。

而熔体静电纺丝正处于起步阶段，具有很好的发展前景。熔体静电纺丝效率高，纺丝过程稳定，鞭动小，可以形成微米孔隙，更加利于细胞生长与穿梭。其工艺的不断进步也为熔体电纺在生物医药方面的应用带来了新的希望。但目前也存在一些问题和改进之处：① 对于近距离纺丝时存在静电排斥作用，纺丝过程重复性差，精度有待提高。② 对于一些特定的组织，一方面细胞的大小不同，另一方面细胞的密度分布不尽相同，需要支架的孔隙密度也不同，因此实现对纺丝过程孔隙和密度的精确实时控制，获得孔隙和密度可变的细胞支架有利于电纺生物支架的进一步完善。

7.3
静电纺丝纳米纤维在能源领域的应用

纳米长纤维能够形成多孔网格结构，具有高比表面积。虽然制备纳米结构的方法很多，但是静电纺丝技术是唯一能够制备超长纳米纤维的技术。这一特性使其在能源相关设备如锂离子电池、燃料电池及超级电容器等领域获得应用。

7.3.1
锂离子电池材料

锂离子电池实质是一种浓差电池，Li^+在电池内部正、负极之间往返嵌入和脱逸，正负电极提供锂离子的嵌入场所和锂源。正极材料是目前锂离子电池中锂离子的唯一或主要提供者，要求正极材料能可逆脱嵌尽量多的锂离子，且过程中材料结构保持不变。静电纺丝纳米纤维能增大活性物质的比表面积，提高利用率，增大电池比容量，还因其多孔和纤维相互连接形成互穿网络等结构特点，从而加快离子、电子传导，使电池具有优异的循环性能及倍率性能。

7.3.1.1
锂离子电池正极材料

静电纺丝技术在锂离子电池正极材料的应用主要有LiMO型正极材料和$LiMPO_4$型正极材料两类。Gu等人[96]以醋酸盐和柠檬酸为原料，利用静电纺丝结合溶胶-凝胶技术制备了$LiCoO_2$，纤维直径在500nm ～ 2μm之间，当充放电电流为20mA/g时，材料的首次充放电容量分别为216mA · h/g和182mA · h/g，充放电20次后，放电容量损失高达32%，降为123mA · h/g。Liu等人[97]以醋酸盐和PVP为原料，制备了$LiCoO_2$纳米材料，具有比传统方法制备的电极材料高很多的充放电容量。为了提高电化学性能，Gu等人[98]利用静电纺丝结合溶胶-凝胶技术

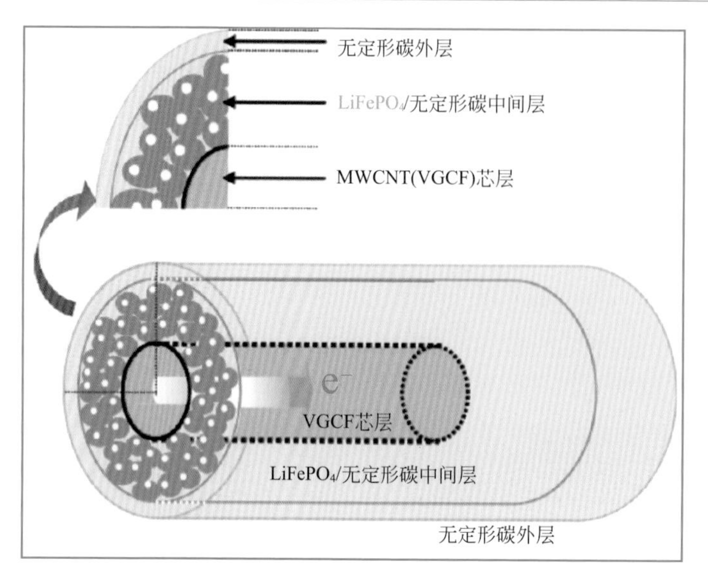

图7.10　三轴向锂离子电池正极材料

制备了皮芯结构的MgO-$LiCoO_2$材料，虽然材料的首周充放电容量比$LiCoO_2$材料稍低，但是循环稳定性能要远远比$LiCoO_2$材料高。

磷酸根基团的存在使得$LiMPO_4$型正极材料比LiMO型正极材料具有更高的能量密度和更加优越的热稳定性，但是$LiMPO_4$型正极材料的电子电导率和离子传导率都比较低，限制了材料容量的充分利用。Zhu等[99]以硝酸铁、磷酸二氢锂和聚氧乙烯为原料，静电纺丝制备了直径在100nm的碳包覆的$LiFePO_4$纳米线，0.1C倍率下的放电容量为169mA·h/g，基本等于$LiFePO_4$的理论容量。为了进一步提高其电化学性能，Hosono等[100]利用静电纺丝技术制备了三轴向的正极材料（如图7.10），芯层为碳纳米管材料，外层为无定形碳，中间层是硝酸盐、磷酸二氢铵和聚丙烯酸为原料制备的$LiFePO_4$/C材料，最外层的无定形碳可以抑制二价铁的氧化从而提高材料的电化学性能，在0.01C倍率下的放电容量可以达到160mA·h/g。

7.3.1.2
锂离子电池负极材料

锂离子电池负极材料分为碳基和非碳基两大类，目前，商业锂离子电池采用的负极材料主要是石墨。锂离子电池负极材料需要提供一个可供Li^+可逆嵌入的层状结构，传统方法得到的碳基负极材料存在电压滞后的缺点。纳米纤维比表面积大，孔隙率高，作为负极材料具有Li^+脱嵌的深度小、行程短和迁移速率高等优点，使电池负极在大放电功率情况下电极极化程度小、可逆比容量大且寿命长，从而有望达到锂离子动力电池的性能要求。

聚丙烯腈（PAN）和聚乙烯吡咯烷酮（PVP）常作为碳纤维的前驱体，其溶液静电纺丝纤维碳化可得到碳纳米纤维（CNF）或碳纳米管（CNT）。在碳纤维表面负载或中空内部包覆金属离子能够提高离子导电性，在负极材料中的应用越来越广。Zhou等[101]使用氧化锡的纳米颗粒与PAN的DMF溶液混合共同纺丝，得到SnO_x均匀分散的纳米纤维结构U-SnO_x/carbon。由于Sn的比容量高，并且其氧化物在纳米纤维中的均匀分散能提高离子和电子导电效率，因此U-SnO_x/carbon用于锂电池负极材料能大幅提高电池的可逆充放容量和充放电速率。Bonino等[102]将$SnSO_4$溶液PAN纺丝液后电纺得到$SnSO_4$/PAN复合纳米纤维，600℃热处理后得到的SnO_2/C复合材料用作电池负极，测试表明纳米纤维表面无定形区域增大，通过Li与Sn的合金化作用40个循环后电容量仍有较大保持。

7.3.1.3 锂离子电池隔膜材料

隔膜作为电池中的一个重要组成部分，其性能的优劣直接影响电池的性能。隔膜的作用是隔离正负极，并为离子交换提供通道。电池隔膜的孔隙率、孔径、稳定性、吸液率等性能直接影响电池的电池容量、循环性能、充放电电流密度等关键特性。静电纺丝法制备的纤维无纺布具有孔径小、孔径分布均匀、孔隙率高等特点，利于微小粒子通过。将其制成电池隔膜，既能起到阻隔正负极，防止短路的目的，又能保证正负极间的锂离子能够自由穿梭，是一类理想的电池隔膜材料[103,104]。

研究较多的用作锂离子电池隔膜的静电纺丝聚合物体系主要有：PVDF、PAN、PMMA、聚氧乙烯（PEO）等。Choi等[105]将PVDF作为隔膜材料应用于锂电池中，首先将PVDF溶于DMAA（二甲基乙酰胺）中得到纺丝液，纺丝并热处理得到直径100～800nm的纳米纤维，电化学性能测试显示PVDF能显著提高隔膜力学和热学稳定性。为了进一步提高隔膜的离子传导性，并改善PVDF容易结晶的缺点，Xiao等[106]将PMMA引入PVDF中，得到一种里层为PVDF两外层为PMMA的三层结构膜。PVDF介电常数高、稳定性好但结构规整、结晶度高，

PMMA的加入不仅能破坏PVDF的结晶性从而提高离子电导率，同时由于PMMA存在酯基，与碳酸酯电解液具有亲和性，能大幅提高隔膜的吸液率。实验得到的三层结构隔膜离子电导率可达到1.93×10^{-3}S/cm，在高于4.5V的电压下仍具有很高的电化学稳定性，在锂电池隔膜中具有很大的应用前景。

7.3.2 燃料电池材料

7.3.2.1 燃料电池电极材料

静电纺丝纳米纤维在燃料电池电极中的应用主要是通过静电纺丝技术将金属催化剂负载或包覆在纳米纤维中，由于纳米纤维比表面积大并具有多孔结构，可以使金属催化剂最大效率发挥作用，不仅提高催化效率，也能减少贵重金属催化剂的使用。Guo Bin等[107]发现，通过静电纺技术制备的PAN纳米纤维上负载的Au纳米颗粒对甲醇的电催化性能要比纯的Au电极好，这是因为Au纳米颗粒在纳米纤维表面负载形成了三维结构。Wang Dawei等[108]通过碳化静电纺的PAN纳米纤维得到碳纳米纤维，然后在室温下溶液法还原Na_2PtCl_6，可以在碳纳米纤维表面均匀地形成Pt纳米颗粒，这种结构的Pt/CNF比商业的E-TEK Pt/C催化剂对甲醇有更好的催化效果。Shui等[109]用PVP作为Pt催化剂负载纺丝材料，同时加入$Fe(NO)_3$，纺丝后碳化得到直径仅为10～20nm的$PtFe_5$纳米线合金。这种纳米线合金用于燃料电池阳极材料时，相比于单纯的Pt/C阳极材料，$PtFe_5$合金包含于纳米线中催化活性提高了4倍，并且具有更高的稳定性和耐受性。

7.3.2.2 燃料电池隔膜材料

静电纺丝纳米纤维在燃料电池隔膜材料中的应用主要集中于质子交换膜燃料电池。质子交换膜燃料电池（PEMFC）作为一种清洁高效的发电技术，在新能源汽车、便携式小型电源和家庭用热电联供系统等领域有着广阔的应用前景[110]。质子交换膜是PEMFC中的核心部件，不但起着隔离燃料和氧化剂的作用，而且起着隔绝电子、传递质子的功能[111]。

纳米纤维在质子交换膜中的应用能够显著提高膜的力学性能、尺寸稳定性和寿命。Choi等[112]率先报道了一种全新的质子交换膜制备方法，即静电纺纳米纤维引入体系的策略。成功地将磺化聚芳醚砜电纺成纳米纤维膜，并与已经商品化的Nafion膜进行了比较，发现纳米纤维膜抗氧化性和力学性能都更加优越。Dong等[113]制备了直径为400nm的高纯度Nafion纳米纤维，在30℃和90%相对湿度下，质子传导率达1.5S/cm，比商品Nafion膜高10多倍。此外，因溶剂挥发速率快，静电纺纳米纤维的力学性能（如强度、韧性）、耐溶剂性能等不是很理想，交联化有利于解决这一问题。Li等[114]将聚苯并咪唑（PBI）与聚苯并噁嗪（PBZ）混合共纺，并热处理使噁嗪基团发生开环加成反应获得交联纳米纤维，然后与PBI复合。复合膜显示了良好的力学性能和耐溶剂性。此复合膜的单电池最大功率密度可达670mW/cm^2，比单一的PBI膜增加了34%。

除了在锂离子电池和燃料电池中的电极和隔膜中的应用外，静电纺丝纳米纤维也应用于太阳能电池的电极材料。随着电池的发展，静电纺丝技术在电池领域中的应用会越来越多，并对电池性能的提升起到重要的作用。

7.3.3
超级电容器材料

电容器一般由两片导体中间夹一层绝缘层构成，目前研究热点为超级电容器。超级电容器单位体积电容量比传统电容器要高好几个数量级，相比电池其功率密度高，能量密度低[115]。静电纺丝纳米纤维易于构建，具有纳米纤维层及纳米孔隙结构，有利于提高超级电容器的能量密度。

目前较多的超级电容器电极材料采用碳化处理，然后经过蒸汽或者氢氧化钾（KOH）活化处理的静电纺丝PAN、聚苯咪唑（PBI）及聚酰胺酸（PAA）纳米纤维[116～118]。采用复合了导电纳米颗粒的纳米纤维材料具有更高的比电容，有些研究者在碳纳米纤维上负载纳米钒、纳米银、氧化铜、氧化镍颗粒，有些研究者在其中掺杂一定的$ZnCl_2$，目前该类材料比电容最高可达到250F/g[119]。利用静电纺丝技术制备金属氧化物纳米线材料用于超级电容器电极材料可显著提高比电容，Li等采用静电纺丝技术制备了二氧化锰纳米线材料，其比电容在放电电流密度为0.5A/g的条件下可达645F/g[120]。为了应对可穿戴设备对柔性超级电容器的需求，Yu-sheng Wang等采用静电纺丝技术制备了尼龙66（PA66）的纳米纤维，并将还原氧化石墨烯片（RGO）浸渍涂覆在纳米纤维，通过对比，发现纳米纤维是微米纤维比电容的好几倍[121]。Tai发现碳纳米纤维中石墨烯纳米片的加入有利于比电容的提高[122]，Sawangphruk等直接采用喷涂方法将还原氧化石墨烯及二氧化锰加入电纺碳纳米纤维中，制备的电容器比电容在放电电流密度为0.1A/g的条件下达到393F/g[123]。

参考文献

[1] 张宏忠, 秦小青, 王明花. 石墨烯/TiO_2复合物的制备及其光催化性能[J]. 环境工程学报, 2016, 10(1): 169-174.

[2] 于亚琴, 成杰民. 醋酸改性纳米黑碳对Cu^{2+}、Cd^{2+}吸附能力的研究[J]. 环境污染与防治, 2015, 37(5): 22-26.

[3] 周旭健, 李晓东, 徐帅玺, 等. 多孔碳材料对二噁英吸附性能的研究评述及展望[J]. 环境污染与防治, 2016, 38(1): 76-81.

[4] Angammana C J, Jayaram S H. Fundamentals of electrospinning and processing technologies[J]. Particulate Science and Technology, 2016, 34(1): 72-82.

[5] 王文帝, 徐化云, 刘金华, 等. MoO_3纳米纤维电极材料的水热合成和电化学表征[J]. 功能材料, 2006, 37(3): 434-436.

[6] 钱海生. 碳、硅基功能纳米纤维的模板合成与性能研究[D]. 合肥: 中国科学技术大学, 2006.

[7] 董宪君, 魏取福. 原位聚合法制备PANI-TSA/PA6核壳纳米纤维[J]. 化工新型材料, 2012, 40(6): 42-44.

[8] 宣宗伟. 含N化合物、聚合物及CdS纳米材料的合成及自组装研究[D]. 南京: 南京理工大学, 2012.

[9] 姜艳. 高温硅基陶瓷分离膜材料的制备与表征[D]. 合肥: 合肥工业大学, 2015.

[10] 覃小红, 王善元. 静电纺丝纳米纤维的工艺原理、现状及应用前景[J]. 高科技纤维与应用, 2004, 29(2): 28-32.

[11] 丁彬, 斯阳, 俞建勇. 静电纺纳米纤维材料在环境领域中的应用研究进展[J]. 中国材料进展, 2013, 32(8): 492-502.

[12] 李雄, 王雪芬. 静电纺纳米纤维材料在膜分离领域的应用研究进展[J]. 中国材料进展, 2014, 33(8): 475-483.

[13] 曹鼎, 付志峰, 李从举. 静电纺丝技术在过滤中的应用进展[J]. 化工新型材料, 2011, 39(8): 15-18.

[14] 丁彬, 余建勇. 静电纺丝与纳米纤维[M]. 北京: 中国纺织出版社, 2011: 238-369.

[15] Nicosia A, Gieparda W, Foksowicz F J, et al. Air filtration and antimicrobial capabilities of electrospun PLA/PHB, containing ionic liquid[J]. Separation & Purification Technology, 2015, 154(9): 154-160.

[16] 赵文敏, 蒋国军, 李方, 等. 静电纺PVDF/PAN共混纳米纤维膜对含油污水的过滤性能[J]. 东华大学学报(自然科学版), 2015, 41(5): 565-571.

[17] 娄莉华. 高效低阻PAN静电纺微纳米滤膜制备与性能研究[D]. 上海: 东华大学, 2016.
[18] 马利婵, 王娇娜, 李丽, 等. 静电纺空气过滤用PET/CTS抗菌复合纳米纤维膜的制备[J]. 高分子学报, 2015, (2): 221-227.
[19] 徐国荣. 基于纳米纤维的反渗透复合膜的制备及性能研究[D]. 北京: 北京化工大学, 2014.
[20] 刘波文. 尼龙56纳米蛛网纤维膜的可控制备及其空气过滤应用研究[D]. 上海: 东华大学, 2016.
[21] 李小虎. 熔体静电纺丝制备高效过滤微纳膜及其水过滤性能研究[D]. 北京: 北京化工大学, 2015.
[22] 汪小亮. 双喷静电纺PA6/66纳米蛛网纤维膜的制备及其过滤性能[D]. 苏州: 苏州大学, 2015.
[23] Chen Y C, Mao X, Shan H R, et al. Free-standing zirconia nanofibrous membranes with robust flexibility for corrosive liquid filtration[J]. RSC Advances, 2013, 4(6): 2756-2763.
[24] Choi J, Yang B J, Bae G N, et al. Herbal extract incorporated nanofiber fabricated by an electrospinning technique and its application to antimicrobial air filtration.[J]. ACS Applied Materials & Interfaces, 2015, 7(45): 25313-25320.
[25] Kiani S, Mousavi S M, Shahtahmassebi N, et al. Preparation and characterization of polyphenylsulfone nanofibrous membranes for the potential use in liquid filtration[J]. Desalination & Water Treatment, 2015, 69(6): 1-10.
[26] 王成, 姚理荣, 陈宇岳. 芳纶纳米纤维毡/聚苯硫醚高温超过滤材料的制备及其性能[J]. 纺织学报, 2013, 34(7): 1-4.
[27] 简绍菊, 杨为森, 林维晟, 等. Ag掺杂ZnO纳米纤维的制备及其光催化性能[J]. 现代化工, 2015(10): 84-86.
[28] 刘勇, 江莉, 赵凤雯, 等. 熔体电纺制备无光去除甲醛功能纤维的研究[J]. 纺织科学研究, 2011(3): 44-50.
[29] 陈仁忠, 胡毅, 袁菁红, 等. 静电纺MnO_2/PAN纳米纤维膜的制备及其催化氧化甲醛性能[J]. 纺织学报, 2015, 36(5): 1-6.
[30] 赵凤雯. 高效催化净化甲醛超细纤维的制备研究[D]. 北京化工大学, 2012.
[31] 王芳芳, 郝露, 徐山青, 等. CNTs/La^{3+}掺杂TiO_2纳米纤维对Cr(Ⅵ)的催化性能研究[J]. 纺织导报, 2015(12): 72-75.
[32] Nie L H, Yu J G, Fu J W. Complete decomposition of formaldehyde at room temperature over a platinum-decorated hierarchically porous electrospun titania nanofiber mat[J]. Chemcatchem, 2014, 6(7): 1983-1989.
[33] 胡明江. CeO_2-TiO_2复合纳米纤维光催化降解醛酮类污染物的研究[J]. 环境科学学报, 2015, 35(1): 215-221.
[34] Tai M H, Tan B Y L, Juay J, et al. A self-assembled superhydrophobic electrospun carbon-silica nanofiber sponge for selective removal and recovery of oils and organic solvents[J]. Chemistry, 2015, 21(14): 5395-5402.
[35] 曾良滨, 何雪涛, 谭晶, 等. 熔体微分静电纺丝聚丙烯纤维的吸油性能研究[J]. 北京化工大学学报(自然科学版), 2015, 42(6): 66-71.
[36] Lin J, Shang Y, Ding B, et al. Nanoporous polystyrene fibers for oil spill cleanup.[J]. Marine Pollution Bulletin, 2012, 64(2): 347-352.
[37] 王文华, 王静, 寇希元, 等. 纳米聚丙烯纤维吸油特性及对水面浮油的吸附研究[J]. 海洋技术学报, 2013, 32(2): 106-109.
[38] 吴卫逢, 丁玉梅, 李好义, 等. 熔体静电纺丝制备聚乳酸纤维的吸油性能研究[J]. 北京化工大学学报自然科学版, 2014, 41(4): 71-75.

[39] 吴卫逢，李好义，张爱军，等. 熔体静电纺丝制备吸油材料[J]. 化工新型材料，2015(1): 46-48.

[40] 闫成成，贾永堂，曾显华，等. 静电纺纳米纤维膜用于重金属离子吸附的研究进展[J]. 材料导报，2014, 28(9): 139-143.

[41] Shahram Forouz F, Ravandi S A H, Allafchian A R. Removal of Ag and Cr heavy metals using nanofiber membranes functionalized with aminopropyltriethoxysilane(APTES)[J]. Current Nanoscience, 2016, 12(2): 266-274.

[42] 张慧敏，阮弦，胡勇有，等. 静电纺壳聚糖/聚乙烯醇纳米纤维膜对Cu^{2+}、Ni^{2+}及Cd^{2+}的吸附特性[J]. 环境科学学报，2015, 35(1): 184-193.

[43] 李长龙，周磊，刘新华，等. P(MA-AA)纳米纤维膜的制备及其吸附铅离子的研究[J]. 化工新型材料，2014(4): 113-115.

[44] 马利婵，王娇娜，李从举. PA6/Fe_xO_y复合纳米纤维膜制备及其去除重金属铬的性能研究[J]. 化工新型材料，2015(3): 64-67.

[45] 任元林，刘甜甜，王灵杰. PAN纳米纤维的改性及其对铜离子的吸附性能[J]. 天津工业大学学报，2015, 34(6): 1-6.

[46] 蔡志江，杨海贞，徐熠，等. 静电纺聚吲哚纳米纤维的制备及其对镉离子的吸附行为[J]. 高分子学报，2015(5): 581-588.

[47] Li X, Lin H M, Chen X, et al. Fabrication of TiO_2/porous carbon nanofibers with superior visible photocatalytic activity[J]. New Journal of Chemistry, 2015, 39(10): 7863-7872.

[48] Ma Y, Zhang B, Ma H J, et al. Polyethylenimine nanofibrous adsorbent for highly effective removal of anionic dyes from aqueous solution[J]. Science China Materials, 2016, 1(59): 38-50.

[49] Zhang C, Li P, Cao B. Electrospun polymer of intrinsic microporosity fibers and their use in the adsorption of contaminants from a nonaqueous system[J]. Journal of Applied Polymer Science, 2016, 133(22): 1-10.

[50] Li C L, Zhou L, Wang C, et al. Electrospinning of PMA-co-PAA/FP biopolymer nanofiber: enhanced capability for immobilized horseradish peroxidase and its consequence for p-nitrophenol disposal[J]. RSC Advances, 2015, 5(52): 41994-41998.

[51] 崔静，张平，魏取福. 金属配合纳米纤维固定漆酶及其应用[J]. 化工新型材料，2015, 43(5): 258-260.

[52] 代云容，袁钰，于彩虹，等. 静电纺丝纤维膜固定化漆酶对水中双酚A的降解性能[J]. 环境科学学报，2015, 35(7): 2107-2113.

[53] 贾巍，覃小红. 聚氨酯静电纺纳米纤维膜的吸声性能[J]. 东华大学学报(自然科学版)，2014, 40(5): 509-514.

[54] Wu C M, Chou M H. Sound absorption of electrospun polyvinylidene fluoride/graphene membranes[J]. European Polymer Journal, 2016, 82: 35-45.

[55] Wang Z H, Zhao L, Wang P H, et al. Low material density and high microwave-absorption performance of hollow strontium ferrite nanofibers prepared via coaxial electrospinning[J]. Journal of Alloys & Compounds, 2016, 687: 541-547.

[56] Wang T, Wang H D, Chi X, et al. Synthesis and microwave absorption properties of Fe-C nanofibers by electrospinning with disperse Fe nanoparticles parceled by carbon[J]. Carbon, 2014, 74: 312-318.

[57] Boelgen N, Vargel I, Korkusuz P, et al. In vivo performance of antibiotic embedded electrospun PCL membranes for prevention of abdominal adhesions[J]. Journal of Biomedical Materials Research Part B-Applied Biomaterials, 2007,

81B(2): 530-543.

[58] Zeng J, Yang L, Liang Q, et al. Influence of the drug compatibility with polymer solution on the release kinetics of electrospun fiber formulation[J]. Journal of Controlled Release, 2005, 105(1-2): 43-51.

[59] del Valle L J, Camps R, Diaz A, et al. Electrospinning of polylactide and polycaprolactone mixtures for preparation of materials with tunable drug release properties[J]. Journal of Polymer Research, 2011, 18(6): 1903-1917.

[60] 许吉庆. 基于聚乳酸静电纺丝纤维的双药物释放系统的研究[D]; 暨南大学, 2012.

[61] Still T J, von Recum H A. Electrospinning: applications in drug delivery and tissue engineering[J]. Biomaterials, 2008, 29(13): 1989-2006.

[62] Lorens E, Ibanez H, Del Valle L J, et al. Biocompatibility and drug release behavior of scaffolds prepared by coaxial electrospinning of poly(butylene succinate)and polyethylene glycol[J]. Mater Sci Eng C Mater Biol Appl, 2015, 49: 472-484.

[63] Son Y J, Kim W J, Yoo H S. Therapeutic applications of electrospun nanofibers for drug delivery systems[J]. Arch Pharm Res, 2014, 37(1): 69-78.

[64] 崔静, 邱玉宇, 卢杭诣, 等. 共混与同轴静电纺载药纳米纤维的制备、表征及比较[J]. 功能材料, 2016, 04): 4055-4059.

[65] 王兢. PLGA 载药纤维的制备及释药行为的研究[D]; 北京化工大学, 2011.

[66] Li C, Wang Z-H, Yu D-G, et al. Tunable biphasic drug release from ethyl cellulose nanofibers fabricated using a modified coaxial electrospinning process[J]. Nanoscale Research Letters, 2014, 9(1): 258.

[67] Hongliang Jiang Y H, Pengcheng Zhao, Yan Li, Kangjie Zhu. Modulation of protein release from biodegradable core-shell structured[J]. Journal of Biomedical Materials Research Part B: Applied Biomaterials, 2005, 79(1): 1-8.

[68] Han D, Steckl A J. Triaxial electrospun nanofiber membranes for controlled dual release of functional molecules[J]. ACS Applied Materials & Interfaces, 2013, 5(16): 8241-8245.

[69] Tang Y, Chen L, Zhao K, et al. Fabrication of PLGA/HA(core)-collagen/amoxicillin(shell) nanofiber membranes through coaxial electrospinning for guided tissue regeneration[J]. Composites Science and Technology, 2016, 125: 100-107.

[70] Fathollahipour S, Abouei Mehrizi A, Ghaee A, et al. Electrospinning of PVA/chitosan nanocomposite nanofibers containing gelatin nanoparticles as a dual drug delivery system[J]. Journal of biomedical materials research Part A, 2015, 103(12): 3852-3862.

[71] Li W, Luo T, Yang Y, et al. Formation of controllable hydrophilic/hydrophobic drug delivery systems by electrospinning of vesicles[J]. Langmuir, 2015, 31(18): 5141-5146.

[72] Rajzer I, Menaszek E, Kwiatkowski R, et al. Electrospun gelatin/poly(epsilon-caprolactone) fibrous scaffold modified with calcium phosphate for bone tissue engineering[J]. Mater Sci Eng C Mater Biol Appl, 2014, 44: 183-190.

[73] Noh K-T, Lee H-Y, Shin U-S, et al. Composite nanofiber of bioactive glass nanofiller incorporated poly(lactic acid)for bone regeneration[J]. Materials Letters, 2010, 64(7): 802-805.

[74] Prabhakaran M P, Ghasemi-Mobarakeh L,

Ramakrishna S. Electrospun Composite Nanofibers for Tissue Regeneration[J]. Journal of Nanoscience and Nanotechnology, 2011, 11(4): 3039-3057.

[75] Kim H-W, Lee H-H, Chun G-S. Bioactivity and osteoblast responses of novel biomedical nanocomposites of bioactive glass nanofiber filled poly(lactic acid)[J]. Journal of Biomedical Materials Research Part A, 2008, 85A(3): 651-663.

[76] McCullen S D, Zhu Y, Bernacki S H, et al. Electrospun composite poly(L-lactic acid)/tricalcium phosphate scaffolds induce proliferation and osteogenic differentiation of human adipose-derived stem cells[J]. Biomedical Materials, 2009, 4(3): 035002.

[77] Dinaryand P, Seyedjafari E, Shafiee A, et al. New Approach to Bone Tissue Engineering: Simultaneous Application of Hydroxyapatite and Bioactive Glass Coated on a Poly(L-lactic acid) Scaffold[J]. Acs Applied Materials & Interfaces, 2011, 3(11): 4518-4524.

[78] Ma Z, Chen F, Zhu Y J, et al. Amorphous calcium phosphate/poly(D, L-lactic acid)composite nanofibers: electrospinning preparation and biomineralization[J]. Journal of Colloid and Interface Science, 2011, 359(2): 371-379.

[79] Yao Q, Cosme J G L, Xu T, et al. Three dimensional electrospun PCL/PLA blend nanofibrous scaffolds with significantly improved stem cells osteogenic differentiation and cranial bone formation[J]. Biomaterials, 2017, 115: 115-127.

[80] Dalton P D, Klinkhammer K, Salber J, et al. Direct in vitro electrospinning with polymer melts[J]. Biomacromolecules, 2006, 7(3): 686-690.

[81] 李好义, 刘勇, 何雪涛, 等. 应用于组织工程支架制备的电纺技术[J]. 生物工程学报, 2012, 28(1): 15-25.

[82] Farrugia B L, Brown T D, Upton Z, et al. Dermal fibroblast infiltration of poly(epsilon-caprolactone)scaffolds fabricated by melt electrospinning in a direct writing mode[J]. Biofabrication, 2013, 5(2): 025001.

[83] Visser J, Melchels F P W, Jeon J E, et al. Reinforcement of Hydrogels Using Three-Dimensionally Printed Microfibres[J]. Nat Commun, 2015, 6: 6933.

[84] 谭晶, 迟百宏, 刘丰丰, 等. 一种用于生产医用组织工程支架的装置及方法, CN104842560A[P/OL]. 2015-08-19].

[85] Ristovski N, Bock N, Liao S, et al. Improved fabrication of melt electrospun tissue engineering scaffolds using direct writing and advanced electric field control[J]. Biointerphases, 2015, 10(1): 011006.

[86] Mohamadi F, Ebrahimi-Barough S, Nourani M R, et al. Electrospun Nerve Guide Scaffold of Poly(epsilon-caprolactone)/Collagen/Nano-Bioglass: An in-vitro Study in Peripheral Nerve Tissue Engineering[J]. Journal of biomedical materials research Part A, 2017, 105(7): 1960-1972.

[87] Cirillo V, Clements B A, Guarino V, et al. A comparison of the performance of mono- and bi-component electrospun conduits in a rat sciatic model[J]. Biomaterials, 2014, 35(32): 8970-82.

[88] Liu J-J, Wang C-Y, Wang J-G, et al. Peripheral nerve regeneration using composite poly(lactic acid-caprolactone)/nerve growth factor conduits prepared by coaxial electrospinning[J]. Journal of Biomedical Materials Research Part A, 2011, 96A(1): 13-20.

[89] Heydarkhan-Hagvall S, Schenke-Layland K, Dhanasopon A P, et al. Three-dimensional electrospun ECM-based hybrid scaffolds for cardiovascular tissue engineering[J]. Biomaterials, 2008, 29(19): 2907-2914.

[90] Kai D, Prabhakaran M P, Jin G, et al. Guided orientation of cardiomyocytes on electrospun aligned nanofibers for cardiac tissue engineering[J]. Journal of Biomedical Materials Research Part B-Applied Biomaterials, 2011, 98B(2): 379-386.

[91] Brown T D, Slotosch A, Thibaudeau L, et al. Design and Fabrication of Tubular Scaffolds via Direct Writing in a Melt Electrospinning Mode[J]. Biointerphases, 2012, 7(1-4): 1-16.

[92] Min B. Formation of nanostructured poly(lactic-co-glycolic acid)/chitin matrix and its cellular response to normal human keratinocytes and fibroblasts[J]. Carbohydrate Polymers, 2004, 57(3): 285-292.

[93] Schneider A, Wang X Y, Kaplan D L, et al. Biofunctionalized electrospun silk mats as a topical bioactive dressing for accelerated wound healing[J]. Acta Biomaterialia, 2009, 5(7): 2570-2578.

[94] Hacker C, Karahaliloglu Z, Seide G, et al. Functionally Modified, Melt-Electrospun Thermoplastic Polyurethane Mats for Wound-Dressing Applications[J]. Journal of Applied Polymer Science, 2014, 131(8): 1179-1181.

[95] Qin C C, Duan X P, Wang L, et al. Melt electrospinning of poly(lactic acid)and polycaprolactone microfibers by using a hand-operated Wimshurst generator[J]. Nanoscale, 2015, 7(40): 16611-16615.

[96] Gu Yuanxiang, Chen Dairong, Jiao Xiuling. Synthesis and electrochemical properties of nanostructured $LiCoO_2$ fibers as cathode materials for lithium-ion batteries[J]. The Journal of Physical Chemistry B. 2005, 109(38): 17901-17906.

[97] Liu Yanyi, Taya Minoru, editors. Electrospinning fabrication and electrochemical properties of lithium cobalt nanofibers for lithium battery cathode. SPIE Smart Structures and Materials+ Nondestructive Evaluation and Health Monitoring; 2009: International Society for Optics and Photonics.

[98] Gu Yuanxiang, Chen Dairong, Jiao Xiuling, Liu Fangfang. $LiCoO_2$-MgO coaxial fibers: co-electrospun fabrication, characterization and electrochemical properties[J]. Journal of Materials Chemistry. 2007, 17(18): 1769-1776.

[99] Zhu Changbao, Yu Yan, Gu Lin, Weichert Katja, Maier Joachim. Electrospinning of Highly Electroactive Carbon-Coated Single-Crystalline $LiFePO_4$ Nanowires[J]. Angewandte Chemie International Edition. 2011, 50(28): 6278-6282.

[100] Hosono Eiji, Wang Yonggang, Kida Noriyuki, Enomoto Masaya, Kojima Norimichi, Okubo Masashi, et al. Synthesis of triaxial $LiFePO_4$ nanowire with a VGCF core column and a carbon shell through the electrospinning method[J]. ACS applied Materials & Interfaces. 2009, 2(1): 212-218.

[101] Zhou Xiaosi, Dai Zhihui, Liu Shuhu, Bao Jianchun, Guo Yu guo. Ultra-uniform SnO_x/carbon nanohybrids toward advanced lithium-ion battery anodes[J]. Advanced Materials. 2014, 26(23): 3943-3949.

[102] Bonino Christopher A, Ji Liwen, Lin Zhan, Toprakci Ozan, Zhang Xiangwu, Khan Saad A. Electrospun carbon-tin oxide composite nanofibers for use as lithium ion battery

anodes[J]. ACS Applied Materials & Interfaces. 2011, 3(7): 2534-2542.

[103] 张传文，严玉蓉，区炜锋，朱锐钿. 静电纺丝法制备锂离子电池隔膜的研究进展[J]. 产业用纺织品. 2009, (01): 1-6.

[104] Li Dan, McCann Jesse T, Xia Younan, Marquez Manuel. Electrospinning: a simple and versatile technique for producing ceramic nanofibers and nanotubes[J]. Journal of the American Ceramic Society. 2006, 89(6): 1861-1869.

[105] Choi Sung-Seen, Lee Young Soo, Joo Chang Whan, Lee Seung Goo, Park Jong Kyoo, Han Kyoo-Seung. Electrospun PVDF nanofiber web as polymer electrolyte or separator[J]. Electrochimica Acta. 2004, 50(2): 339-343.

[106] Xiao Qizhen, Li Zhaohui, Gao Deshu, Zhang Hailiang. A novel sandwiched membrane as polymer electrolyte for application in lithium-ion battery[J]. Journal of Membrane Science. 2009, 326(2): 260-264.

[107] Guo Bin, Zhao Shizhen, Han Gaoyi, Zhang Liwei. Continuous thin gold films electroless deposited on fibrous mats of polyacrylonitrile and their electrocatalytic activity towards the oxidation of methanol[J]. Electrochimica Acta. 2008, 53(16): 5174-5179.

[108] Wang Dawei, Liu Yang, Huang Jianshe, You Tianyan. In situ synthesis of Pt/carbon nanofiber nanocomposites with enhanced electrocatalytic activity toward methanol oxidation[J]. Journal of Colloid and Interface Science. 2012, 367(1): 199-203.

[109] Shui Jiang lan, Chen Chen, Li James. Evolution of nanoporous Pt-Fe alloy nanowires by dealloying and their catalytic property for oxygen reduction reaction[J]. Advanced Functional Materials. 2011, 21(17): 3357-3362.

[110] Steele Brian CH, Heinzel Angelika. Materials for fuel-cell technologies[J]. Nature. 2001, 414(6861): 345-352.

[111] Rikukawa M, Sanui K. Proton-conducting polymer electrolyte membranes based on hydrocarbon polymers[J]. Progress in Polymer Science. 2000, 25(10): 1463-1502.

[112] Choi Jonghyun, Lee Kyung Min, Wycisk Ryszard, Pintauro Peter N, Mather Patrick T. Nanofiber network ion-exchange membranes[J]. Macromolecules. 2008, 41(13): 4569-4572.

[113] Dong Bin, Gwee Liang, Salas-de La Cruz David, Winey Karen I, Elabd Yossef A. Super proton conductive high-purity Nafion nanofibers[J]. Nano Letters. 2010, 10(9): 3785-3790.

[114] Li Hsieh-Yu, Liu Ying-Ling. Polyelectrolyte composite membranes of polybenzimidazole and crosslinked polybenzimidazole-polybenzoxazine electrospun nanofibers for proton exchange membrane fuel cells[J]. Journal of Materials Chemistry A. 2013, 1(4): 1171-1178.

[115] Dudney Nancy J, Li Juchuan. Using all energy in a battery[J]. Science. 2015, 347(6218): 131-132.

[116] Kim C, Park S, Cho J, et al. Raman spectroscopic evaluation of polyacrylonitrile-based carbon nanofibers prepared by electrospinning[J]. Journal of Raman Spectroscopy, 2004, 35(35): 928-933.

[117] Kim C, Yang K S. Electrochemical properties of carbon nanofiber web as an electrode for supercapacitor prepared by electrospinning[J]. Applied Physics Letters, 2003, 83(6): 1216-1218.

[118] Chan K, Choi Y O, Lee W J, et al.

Supercapacitor performances of activated carbon fiber webs prepared by electrospinning of PMDA-ODA poly(amic acid) solutions[J]. Electrochimica Acta, 2004, 50(2–3): 883-887.
[119] Wee G, Soh H Z, Yan L C, et al. Synthesis and electrochemical properties of electrospun V_2O_5 nanofibers as supercapacitor electrodes[J]. Journal of Materials Chemistry, 2010, 20(32): 6720-6725.
[120] Li X, Wang G, Wang X, et al. Flexible supercapacitor based on MnO_2 nanoparticles via electrospinning[J]. Journal of Materials Chemistry A, 2013, 1(35): 10103-10106.
[121] Wang Y S, Li S M, Hsiao S T, et al. Integration of tailored reduced graphene oxide nanosheets and electrospun polyamide-66 nanofabrics for a flexible supercapacitor with high-volume- and high-area-specific capacitance[J]. Carbon, 2014, 73(7): 87-98.
[122] Tai Z, Yan X, Lang J, et al. Enhancement of capacitance performance of flexible carbon nanofiber paper by adding graphene nanosheets[J]. Journal of Power Sources, 2012, 199(1): 373-378.
[123] Sawangphruk M, Srimuk P, Chiochan P, et al. High-performance supercapacitor of manganese oxide/reduced graphene oxide nanocomposite coated on flexible carbon fiber paper[J]. Carbon, 2013, 60(12): 109-116.

NANOMATERIALS

纳米纤维静电纺丝

Chapter 8

第8章 静电纺丝纳米捻线

8.1 概述

8.2 纳米纤维捻线的制备方法

8.3 展望

8.1
概述

纳米纤维捻线是指对一定长径比的取向纳米纤维束施加一定捻度后制备的纳米纤维集合体[1]。纳米纤维捻线有很多优点：纳米纤维捻线中的纤维结构具有各向异性和取向性，因此在光学、电学和太阳能电池方面存在很大的应用价值；而且通过机织、针织等进行二次加工后可以使纳米纤维更好地融入到纺织品市场中[2]。

静电纺丝是一种使带电荷的高分子溶液或者极化熔体在静电场中形成泰勒锥，在泰勒锥上形成射流而后细化，经溶剂蒸发或熔体冷却固化得到纤维状物质的工艺过程[3]。1934 ～ 1944年间，Formhals利用静电力制备了聚合物纤维，并将该技术称为静电纺丝，同时申请了一系列的专利[4]。然而，直到近20年来，人们才对静电纺丝技术进行了比较系统的理论和实验研究。目前静电纺丝技术已经成为制备超细纤维和取向纤维的重要方法。纳米纤维拥有比表面积高、孔隙率高、渗透性好、柔韧性好等特点，因此在生物医学材料比如敷料、组织支架[5 ～ 7]，化学材料比如催化剂负载，能源材料比如动力锂电池隔膜等方面有着重要的作用[8 ～ 10]。目前，纳米纤维的制备方法有牵伸法、模板合成法、相分离法、复合纺丝法、生物制备法、静电纺丝法以及自组装法等。近年来，熔体静电纺丝因无溶剂挥发、安全、绿色、易于产业化以及可以加工难溶解热塑性聚合物的特点已成为制备纳米纤维最重要也是最基本的方法之一[11 ～ 13]。

针头静电纺丝方法制备的纳米纤维都是以无纺布的形式存在的，表现出力学性能差、二次加工困难等问题，严重限制了纳米纤维的应用领域。相对于无纺布，纳米纤维捻线具有更广阔的应用领域，比如在人工血管、准备手术缝合线、生物传感器、纳米管、力学拉伸试验等方面，纳米纤维捻线的适用性更广泛。此外，纳米纤维捻线有利于纳米纤维沿轴向取向排列，提高了纳米纤维的力学性能[14]，使纳米纤维可以通过针织、机织和编织等进行二次加工，便于纳米纤维更好地融入到纺织领域中去。因此，改进针头静电纺丝装置，通过控制纺丝区域的电场分布，制备具有一定取向度和捻度的纳米纤维捻线，将对提高纺织品的科技含量、扩大纳米纤维的应用领域具有十分重要的意义。另外，纳米纤维捻线中的纤维结构具有各向异性和取向性，在光学、电学和太阳能电池方面存在很大的应用价值[15]。综上所述，纳米纤维捻线的制备对扩大纳米纤维的应用领域和增加纺织产品的科技含量具有重要的意义。

目前，静电纺丝纳米纤维的成纱方法普遍存在的问题包括：纳米纤维射流速度快，导致捻线在制备过程中很难连续稳定的集束；纳米纤维强度低、表面作用力大，导致纳米纤维束加捻困难。

单针头静电纺丝装置的低产量已经成为阻碍该技术进一步发展的瓶颈。资料显示，实现纳米纤维批量化制备的方法可以概括为两种：多针头静电纺丝和无针头静电纺丝，其主要原理分别是通过增加泰勒锥的数量和体积，达到增加纳米纤维产量的目的[16]。

8.2 纳米纤维捻线的制备方法

从捻线的成型原理来看，在纳米纤维捻线的制备过程中主要经过两个过程：首先，制备取向排列、连续收集的纳米纤维束；其次，对纳米纤维束均匀地施加一定捻度制备成纳米纤维纱线并完成连续收集。目前静电纺丝加捻成纱的主要方法有以下几种。

（1）间隙集束机械加捻成纱

Hao等[17]通过电场模拟一定间距的电极间隙收集制备纳米纤维束，并通过两个电极收集圆盘的反向旋转给纤维束施加一定的捻度，最后通过中间罗拉的卷绕实现了纳米纤维捻线的连续收集（图8.1）。用这种方法制作的捻线会因为干扰电场的存在而造成纳米纤维紊乱排列。

（2）静电纺丝圆盘集束机械加捻

Shuakat等[18]利用圆盘集束加捻直接制备了纳米纤维捻线（图8.2）。他们采用两步来制造纳米纤维纱线。首先，旋转圆盘以一定速度旋转并收集纳米纤维膜，

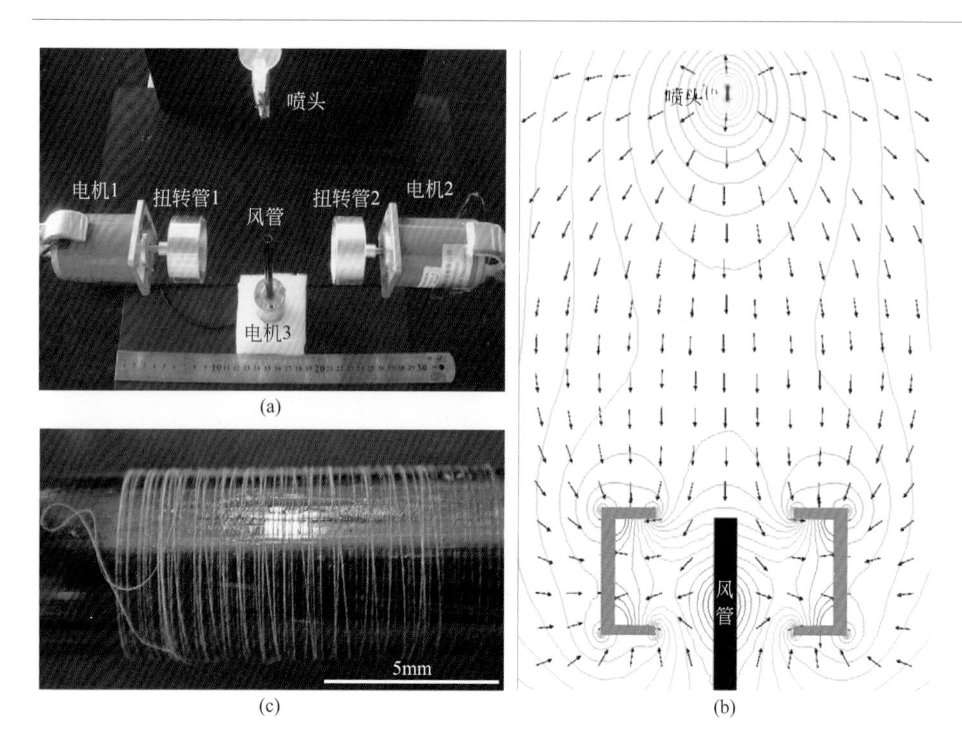

图8.1　间隙集束机械加捻成纱示意图

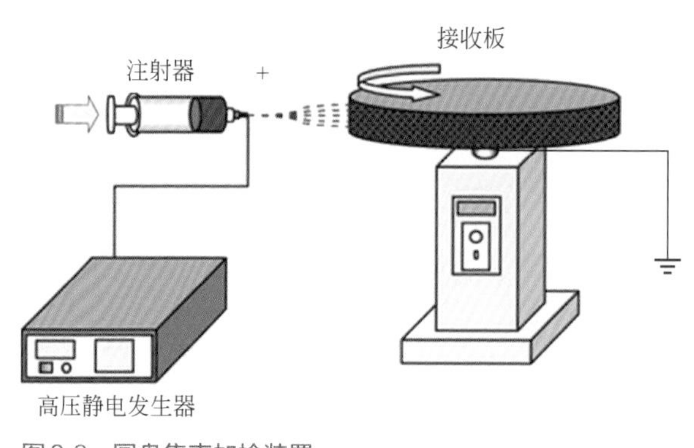

图8.2　圆盘集束加捻装置

纳米纤维膜的厚度由旋转时间控制，根据流量和溶液浓度计算，纤维膜的长度由圆盘直径控制。然后，当纤维膜收集完毕后进行切割，通过轴向旋转单元进行加捻，捻度由轴向旋转单元控制。该方法的特点是装置简单，圆盘的旋转对纤维进行集束，纤维捻度可控。缺点是难以控制纤维完全集束，特别是多射流的不稳定性致使圆盘在收集纤维时难以集束。

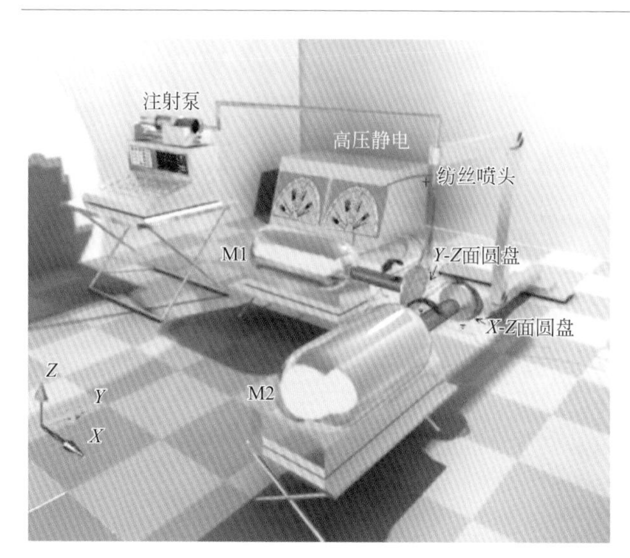

图8.3　静电纺丝圆盘集束机械加捻示意图

Bazbouz等[19]通过控制两个圆盘的相对位置实现了纳米纤维的集束、加捻和卷绕，成功制备了含有碳纳米管的复合纳米纤维捻线，如图8.3所示。研究发现，针头纤维产生装置与两对圆盘的相对位置对纳米纤维的成纱起着关键性作用。具体体现在必须同时满足两个要求：第一，只有当针头纤维产生装置垂直放置于金属圆盘M1上方中心位置才能完成纳米纤维的收集；第二，卷绕装置的金属圆盘M2的顶点位置的投影正好位于纤维收集装置圆盘的圆心位置时，才能保证纤维束的形成和加捻。在纺丝实验中，金属圆盘M1既起到了收集纳米纤维束的作用，也起到了加捻纳米纤维束的作用。而M2起到了加捻纳米纤维束和卷绕纳米纤维捻线的双重作用。这种方法虽然成功地制备了纳米纤维捻线，但是这种制备方法的缺点在于：圆盘之间的相对位置决定了纳米纤维捻线的成型。另外，金属圆盘形成的紊乱电场也会对捻线的成型造成影响。

（3）圆筒加捻成纱

Ko等[20]提出运用圆筒加捻成纱装置，如图8.4所示，该装置主要包括静电纺丝喷头，两个空心圆筒、两个旋转圆筒和一个薄片机。一个空心圆筒对纤维进行牵伸，两个旋转圆筒上面的一个对纤维进行取向排列，另一个对纤维进行收集，薄片机对取向排列的纤维膜减薄，然后在下面的空心圆筒进行加捻。该装置从加捻的原理出发，先对纤维进行细化取向排列再进行加捻，加捻效果较好，纤维规

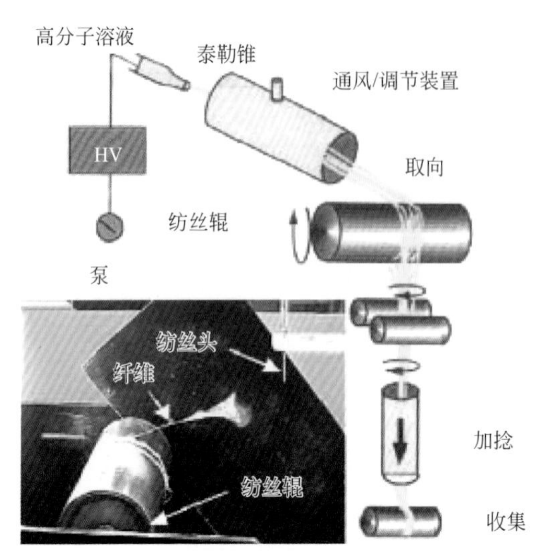

图8.4　圆筒加捻成纱机理图

整。但是纤维的捻角无法控制，捻线中纤维的根数无法控制。

（4）相分离集束水流加捻成纱

Smit等[21]最早提出利用水浴作为静电纺纳米纤维的接收装置（图8.5），连续制备了PVDF、VAC和PAN纳米纤维束。通过纳米纤维束的表面形貌分析发现纤维在纤维束中的取向性较好，但该方法的主要缺点在于纤维束缺乏一定的捻度。Teo等[22]在Smit水浴静电纺丝集束方法的基础上对纺丝装置进行改进，并利用水流经过微孔时的漩涡作用对相分离制备的纳米纤维束进行加捻，实现了纳米纤维捻线的连续制备。但是，实验中发现纺丝速度和纺丝液的流变性能对捻线的微观形貌具有一定的影响。国内苏州大学的刘红波等[23]利用相分离纺丝法成功制备了尼龙6/66纳米纤维纱。研究证明，该纳米纤维纱中的纤维具有一定的取向性以及良好的力学性能和结晶性。苏州大学的项晓飞等[24]利用同样的方法制备了PA6/MWNTs复合纳米纤维纱，而且还研究了多壁碳纳米管的含量对纳米纤维捻线性能的影响。迟冰等[25]从干喷湿法纺丝的原理出发，研究了水浴相分离静电纺成纱方法的适用性，发现不易挥发的有机溶剂（包括室温离子液体和盐溶液等）更适合作为水浴纺纱纺丝液的溶剂。该纳米纤维捻线的制备方法虽然具有一定的适用性，但是凝固浴可能使捻线表面形成晶体从而影响捻线的表面形貌，增加了捻线的脆性，不利于捻线的收集。

（5）静电纺丝气流集束机械加捻成纱

Frank 等[26]将碳纳米管与PAN和PLA混纺，借助静电纺丝的方法制备了复合纳米纤维捻线（图8.6）。纳米纤维首先通过针头静电纺丝装置在气流的作用下集聚形成取向的纳米纤维束，然后在罗拉的导向作用下，经过双罗拉的加捻作用制备形成纳米纤维捻线。随后，捻线先后经过200℃预氧化、750℃在氮气的保护下碳化后形成碳纳米管/复合纳米纤维捻线[27～29]。研究显示，碳纳米管增加了捻线的杨氏模量和熔点，但是导致了捻线表面粗糙，因此，增加碳纳米管的分散性和取向性对提高纳米纤维捻线的性能具有十分重要的意义。另外，虽然经过后处理后的纳米纤维捻线在强度上有了一定的提高，但捻线的应变能力变差。

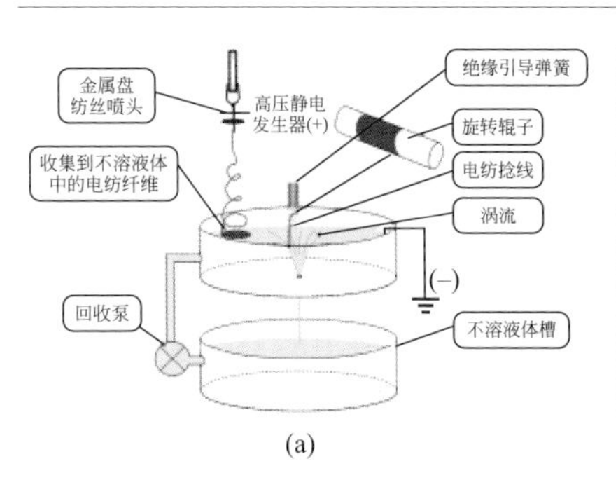

(a)

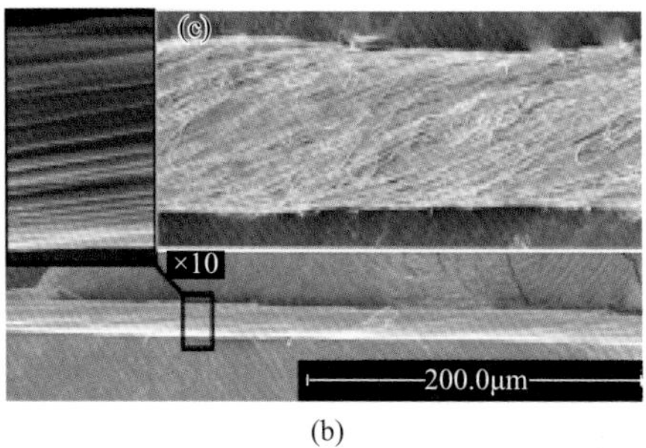

(b)

图8.5　相分离集束水流加捻成纱示意图

（a）装置示意图；（b）纳米纤维捻线电镜图；（c）制备的纳米捻线的电镜放大图

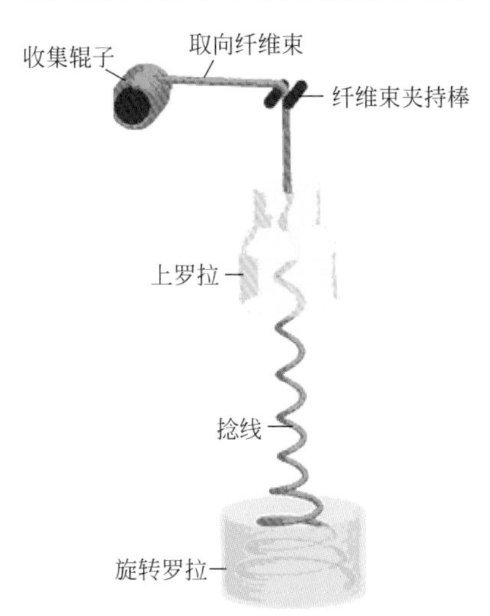

图8.6　静电纺丝气流集束机械加捻成纱

（6）静电纺丝电场集束机械加捻成纱

Dabirian等[30]通过在常规静电纺丝装置成一定角度放置带有异种电荷的金属板和金属棒控制电场的分布，以达到制备PAN纳米纤维束的目的。通过金属棒与金属板形成的相反电场作用制备高取向的纳米纤维束，并通过载有卷绕装置平台的旋转作用对纳米纤维束施加捻度。研究表明，这种纺纱装置可以制备不同种类、线密度和捻度的纳米纤维捻线。

（7）静电纺丝共轭集束机械加捻成纱

Hajiani等[31]通过共轭静电纺丝集束方法将带有异种电荷针头产生的纳米纤维分别通过球状和辊筒状收集装置集束，并通过旋转卷绕装置的平台对纳米纤维束进行加捻，制备了连续的纳米纤维捻线（图8.7）。该装置主要包括针头、高压发生器、纳米纤维捻线、卷绕装置、加捻装置以及分别为球状和辊筒状的纤维收集装置。研究表明，增加加捻速度将使静电纺丝加捻三角区增加，加捻三角区的宽度和高度减少。另外，随着加捻速度的增加，纤维束中纳米纤维的均匀度和取向度变好，捻线的平均直径降低，断裂强度增加。该共轭静电成纱法存在的主要问题有：针头的相对位置将影响纺纱区域电场强度的大小和分布，因此，合理布置针头之间以及针头与纤维收集装置间的位置对纳米纤维捻线的制备具有十分重要的意义[30～32]。

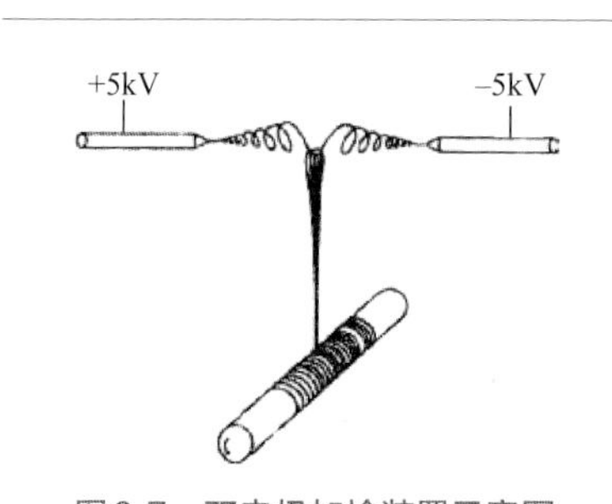

图8.7 双电极加捻装置示意图

（8）气流集束圆盘加捻

基于高分子先进制造微积分思想，启发于大自然中瀑布“水溢自流”的自然现象，杨卫民等[15]首次提出熔体微分静电纺丝技术。利用熔体微分静电纺丝原理[33]，该团队设计了熔体微分静电纺丝气流集束圆盘加捻的纳米捻线机，如图8.8所示，其主要包括小型单螺杆挤出机、分流板、无针熔体微分内锥面喷头、抽吸风装置、旋转圆盘等。抽吸风装置对纤维进行细化与集束，旋转圆盘对纤维束进行加捻，收集辊子对捻线进行取向收集。纤维的捻度可以通过旋转圆盘的旋转速度进行控制。该方法实现了纳米捻线的连续制备，捻度可控，相继制备了如图8.9所示的PP、PLA等纳米捻线[34,35]，为其工业化发展提供了巨大的前景。

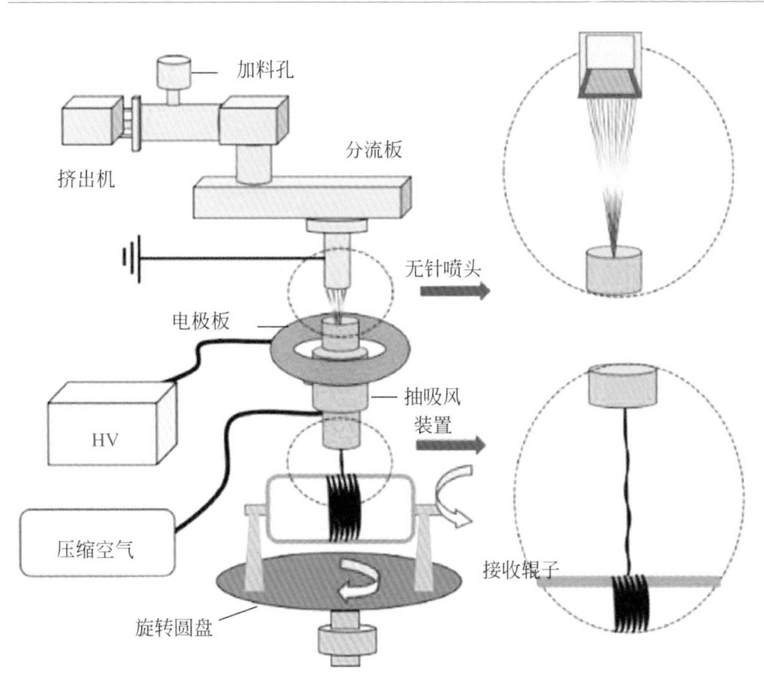

图8.8　熔体微分静电纺丝纳米捻线的制备装置

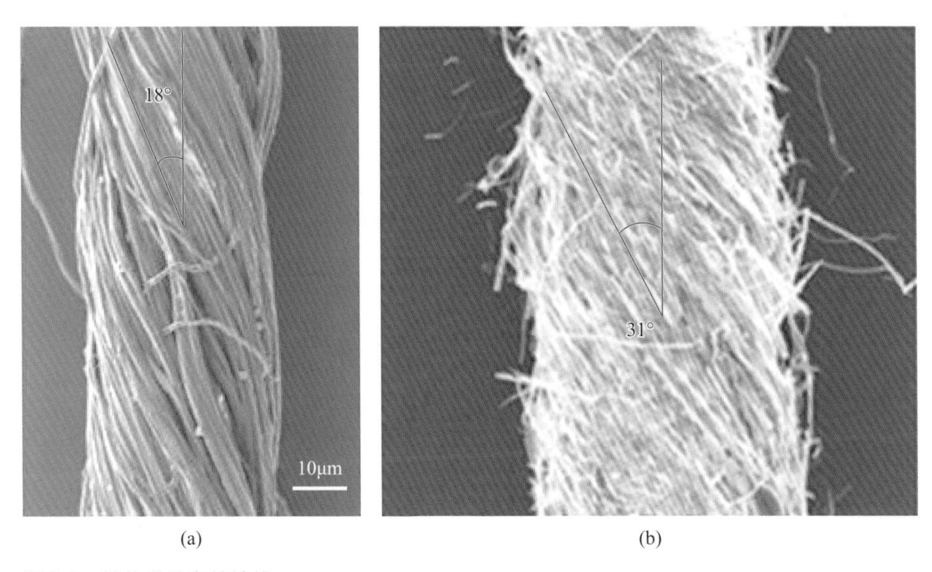

图8.9　熔体微分电纺捻线

（a）PP捻线；（b）PLA捻线

8.3 展望

纳米捻线的制备技术仍然停留在实验阶段，由于纳米纤维来源少，可纺性材料少等因素的限制，要实现工业化制备性能优异的纳米纤维捻线还面临巨大挑战。溶液电纺制备的纳米纤维难以连续加捻，而熔体电纺由于熔体黏度的限制，可纺材料很少，需要通过添加降黏剂来实现材料的可纺性，这限制了熔体电纺纳米捻线的发展。所以，目前纳米捻线的工业化生产仍然面临着巨大的难题，需要研究者们继续探索。

参考文献

[1] 蒲丛丛，何建新，崔世忠，高卫东. 静电纺纳米纤维成纱方法的新进展[J]. 材料导报，2012, 26(3): 153-157.

[2] 陈海宏，江创生，赖明河，等. 静电纺丝制备聚合物/无机物复合纳米纤维研究进展[J]. 产业用纺织品，2012, 9: 002.

[3] 王园园. 火山口状泰勒锥静电纺丝方法及其纳米纤维制备研究[D]. 天津：天津工业大学，2012.

[4] Ramakrishna S, Fujihara K, Teo W E, et al. An introduction to eletrospinning and nanofibers[M] . 上海：东华大学出版社，2012: 3-7.

[5] Lyons, Li C, Ko F. Melt-electrospinning[J] . Polymer, 2004, 45(22): 7597-7603.

[6] Weiss J, Takhistov P, McClements D J. Functional materials in food nanotechnology[J]. J Food Sci, 2006, 71(9): 107-116.

[7] Demir M M, Yilgor I, Yilgor E, et al. Electrospinning of polyurethane fibers[J]. Polymer, 2002, 43(11): 3303-3309.

[8] Feng C, Khulbe K C, Matsuura T. Recent progress in the preparation, characterization, andapplications of nanofibers and nanofiber membranes via electrospinning/interfacial polymerization[J]. Appl Polym Sci, 2010, 115(2): 756-776.

[9] Yan H, Liu L, Zhang Z. Continually fabricating staple yarns with aligned electrospun polyacrylonitrile nanofibers[J]. Materials Letters, 2011, 65(15): 2419-2421.

[10] Huang Z M, Zhang Y Z, Kotaki M, Ramakrishna S. A review on polymer nanofibers byelectrospinning their applications in nanocomposites[J]. Compos Sci Technol, 2003, 63(15): 2223-2253.

[11] Li D P, Margaret W F, aeumner A J. Electrospun polylactic acid nanofiber membranes as substrates for biosensor assemblies[J]. J Membrane Sci, 2006, 279(1): 354-363.

[12] 吴大诚, 杜仲良, 高绪珊. 纳米纤维[M]. 北京: 化学工业出版社, 2003: 5-20.

[13] Bazbouz M B, Stylios G K. Novel mechanism for spinning continuous twisted composite nanofiber yarns[J]. European Polymer Journal, 2008, 44(1): 1-12.

[14] Baji A, Mai Y W, Wong S C, et al. Electrospinning of polymer nanofibers: Effects on oriented morphology, structures and tensile properties[J]. Composites Science & Technology, 2010, 70(5): 703-718.

[15] 杨卫民, 李好义, 吴卫逢, 等. 熔体静电纺丝技术研究进展[J]. 北京化工大学学报: 自然科学版, 2014, (4): 1-13.

[16] Bognitzki M, Czado W, Frese T, et al. Nanostructured fibers via electrospinning[J]. Adv Mater, 2001, 13(1): 70-72.

[17] Yan H, Liu L, Zhang Z. Continually fabricating staple yarns with aligned electrospun polyacrylonitrile nanofibers[J]. Mater Lett, 2011, 65(15): 2419-2421.

[18] Shuakat M N, Wang X, Lin T. Electrospun nanofibre yarns using novel ring collector[C]// Proceedings of the 2013 Fiber Society Spring Conference. Fiber Society, 2013: 238-239.

[19] Bazbouz M B, Stylios G K. Novel mechanism for spinning continuous twisted composite nanofiberyarns[J]. Eur Polym J, 2008, 44(1): 1-12.

[20] Ko F, Gogotsi Y, Ali A, et al. Electrospinning of continuous carbon nanotube-filled nanofiber yarns[J]. Advanced Materials, 2003, 15(14): 1161-1165.

[21] Smit E, Bűttner U, Sanderson R D. Continuous yarns from electrospun fibers[J]. Polymer, 2005, 46(8): 2419-2423.

[22] Teo W E, Gopal R, Ramaseshan R, et al. A dynamic liquid support system for continuous electrospunyarn fabrication[J]. Polymer, 2007, 48(12): 3400-3405.

[23] 刘红波, 潘志娟, 王建民. 静电法纺制尼龙 6/66 纳米纤维纱[J]. 苏州大学学报: 工科版, 2007, 27(2): 36-39.

[24] 项晓飞. 静电纺 PA6/MWNTs 复合纤维纱的纺制及其结构与性能[D]. 苏州: 苏州大学, 2009.

[25] 迟冰, 俞昊, 朱美芳. 干喷湿法静电纺丝研究进展[J]. 合成纤维工业, 2010, (003): 45-48.

[26] Ko F, Gogotsi Y, Ali A, et al. Electrospinning of continuous carbon nanotube-filled nanofiber yarns[J]. Adv Mater, 2003, 15(14): 1161-1165.

[27] 戴怡乐, 戴剑锋, 孙毅彬, 等. 静电纺丝法实现 CNTs 在超长复合纳米丝中的定向排列[J]. 新型炭材料, 2015, 28(2): 101-107.

[28] 孔庆强, 杨芒果, 陈成猛, 等. 石墨烯改性聚丙烯腈基纳米炭纤维的制备及其性能[J]. 新型炭材料, 2015, 27(3): 188-193.

[29] 向军, 艳秋褚, 广振周, 等. $Co_{0.5}Ni_{0.5}Fe_2O_4$纳米纤维的静电纺丝法[J]. 中国有色金属学报(中文版), 2015, 21(8).

[30] Dabirian F, Hosseini Y, Ravandi S A H. Manipulation of the electric field of electrospinning system to produce polyacrylonitrile nanofiber yarn[J]. Journal of the Textile Institute, 2007, 98(3): 237-241.

[31] Hajiani F, Jeddi A A A, Gharehaghaji A A. An investigation on the effects of twist on geometry of theelectrospinning triangle and polyamide 66 nanofiber yarn strength[J]. Fiber Polym, 2012, 13(2): 244-252.

[32] 杨卫民, 钟祥烽, 李好义, 等. 一种熔体微分静电纺丝喷头: 201310159570. 0[P]. 2013-07-31.

[33] 李好义. 熔体微分静电纺丝原理, 方法与设备[D]. 北京 : 北京化工大学, 2014.

[34] Chen H, Li H, Ma X, et al. Large scaled fabrication of microfibers by air-suction assisted needleless melt electrospinning[J]. Fibers and Polymers, 2016, 17(4): 576-581.

[35] Ma X, Zhang L, Tan J, et al.Continuous manufacturing of nanofiber yarn with the assistance of suction wind and rotating collection via needleless melt electrospinnin[J]. Journal of Applied Polymer Science, 2017, 134: 44820.

NANOMATERIALS

纳米纤维静电纺丝

Chapter 9

第9章
聚合物纳米纤维静电纺丝技术的未来

静电纺丝技术经过二十年的发展，从制备机理、纺丝材料、工艺研究、产业化开发到高端应用已经取得了巨大的进步。制备机理方面，研究者围绕泰勒锥产生、射流迸发的阈值、射流弯曲不稳定现象、射流过程的质-能演变规律等，开展了深入的研究，尤其是揭示了溶液静电纺丝的基本机理，使得大部分纺丝过程可预测、可设计；纺丝材料方面，已经实现了几百种单一材料的静电纺丝纳米纤维，也延伸出了上千种复合材料的纺丝液体系；纺丝工艺方面，从最基础的纺丝电压、供给流量、纺丝距离到较复杂的环境因素、材料基本参数进行了较为全面的研究，获得了丰富的基础工艺资料。随着实验室手段的丰富和技术的稳定，涌现出了阵列多针头、自由表面、气泡纺及熔体微分静电纺丝等多种产业化电纺丝技术，如捷克爱尔马科公司先后提出了3代不断进化的纺丝技术，国内涌现出了螺旋盘式无针溶液电纺及无针熔体微分静电纺丝技术；围绕高附加值应用，在实验室里已在微机电器件、高性能过滤、高性能面料、生物医药、高敏催化及传感器件等领域遍地扎根，工业化应用上已在高效过滤、生物医药方面开花结果。静电纺丝技术的快速发展不仅得益于数万高素质的科研队伍，也得益于全社会对该技术的广泛关注、美好预期及大力投入。这些发展让我们欣喜地预期静电纺丝技术将引领一个美好的纳米纤维产业的形成。

在可以预期的未来，基于笔者浅显的认识，静电纺丝技术预计将在以下几个方面进一步发展：① 基础研究领域将逐步整合出系统的理论分析模型，将泰勒锥—射流—收集全过程模型衔接起来，以实现对纺丝过程的深入理解和有效预测及控制；② 纺丝材料方面将向功能化方向扩展，尤其是在面向功能化修饰方面将出现指数级的增长，多功能纳米纤维的高比表面积为性能提升提供巨大空间；③ 工艺研究将向着更加稳定可控的目的发展，目前实验室纺丝工艺实现简单，但是距离稳定可控还有一定的距离，这导致向产业化工艺过渡需要更多的时间成本；④ 产业化工艺开发逐步形成多针和无针两条路径并存的局面，产业化开发以具体市场引导的应用需求为导向，逐步向高附加值领域发展；⑤ 高端应用方面，一方面，应用基础研究从广度向深度发展，另一方面，基础应用从中试向产业化逐步过渡。

也有一些问题限制着静电纺丝技术的进一步发展，需要科研人员集中力量加以攻克。

① 在理论研究方面，学术界还没有明确在电场作用下，射流中净电荷的分布状态以及射流中心和外部流体实际的流动状态，对于引起射流分裂、鞭动等现象

的电荷分布本质及流体流变规律掌握得并不清楚；特别是对于熔体静电纺丝，其带电机理也需要进一步明确，采用分子模拟、介观模拟与实验手段等方法从高黏度电介质电流体动力学的角度进行分析，有助于静电纺丝机理的全面认识。

② 熔体静电纺丝技术，作为一种不使用溶剂的工艺方法，将受到更多的关注和研究。一方面，无明显的鞭动，使其在生物医药领域可控负载结构或三维细胞支架制备方面优势明显，进一步优化材料体系，提高沉积精度，并深入探究拓扑结构和细胞培养功能之间的关系，实现结构和细胞繁殖之间的可控性，可能成为未来研究的重点，在不远的将来，使用该方法制备的人体器官有望进入市场；另一方面，利用该技术突破纳米纤维的批量制备已显现出一定的优势，未来通过材料流动性改进，开发多种熔体电纺丝专用料，拓展其可用的材料范围，有望在过滤领域外的其他领域，获得更多、附加值更高的应用；在此基础上继续深入无针熔体静电纺丝工艺的研究，提高纺丝产量，同时强化辅助气流、辅助电场或辅助振动等方法以实现百纳米以下纤维的高效制备。

③ 目前，溶液法静电纺丝技术制备的纤维大部分还处在亚微米级，只有极少材料在苛刻的条件下能够制备部分几纳米到几十纳米的纤维，和一些制备数十纳米纤维的相分离差异化批量纺丝技术相比，存在一定的差距，一方面应该深入静电纺丝细化机理研究，突破百纳米的制备范围；另一方面可将差异化相分离纺丝技术引入到静电纺丝技术中，可能实现真正的纳米纤维制备。

④ 通过溶液静电纺丝制备的无机/有机复合材料纳米纤维获得的无机多孔材料，常常表现出极低的力学强度，为其在柔性器件、支撑结构的应用造成了障碍，应当通过材料、工艺等手段，克服这一障碍，以使得该领域相关成果向实际的应用迈进。

⑤ 静电纺丝工艺制备的纤维自然形成无纺结构，力学强度差，限制了它在纺织领域高性能织物的应用，无法真正体现高性能功能性纳米纤维的优势。需要通过工艺创新、材料优化和产业化关键技术突破，实现纳米纤维向纱线、捻线的过渡技术，及纳米线的力学性能强化，从而使其真正地在智能功能性织物、可穿戴设备、智能织物领域获得应用。

索引

B

拔河效应 097
杯口静电纺丝 144
鞭动区 086
表面张力 034, 116
表皮生长因子 183
泊松方程 076

C

超级电容器 189
超声波静电纺丝 143
传导电流 022
传统有限元法 078
串珠链式静电纺丝装置 147
磁场辅助静电纺丝设备 030
磁场辅助无针静电纺丝设备 030
催化剂 170

D

单毛细管静电纺丝设备 028
单针纺丝 117
等张比容概念公式 065
电场分析模块 075
电场集束 206
电场控制 073
电场强度 116
电场强度公式 078
电场强度矢量图 083
电磁喷射静电纺丝 143
电导率 034
电势等值线云图 083
电位函数 076
电晕现象 024
对苯二酚 176
多孔管无针静电纺丝设备 031
多孔空心管静电纺丝 142
多喷头静电纺丝 140
多喷头阵列 158

F

芳纶纳米纤维毡 170
纺丝电压 116
纺丝距离 116, 119
纺丝效率 012
分子动力学模型 072
分子量 123
风速测量 132
辅助结构 095
辅助气流 130
复合催化剂 170

G

改性剂 123
高分子减链剂 122
高斯定律 076
高速气流 130
隔膜 187
共轭集束 206
共混静电纺丝法 178
辊筒静电纺丝装置 146
辊子式无针熔体静电纺丝 047
辊子式无针静电纺丝设备 032
过滤 169

H

海岛结构静电纺丝设备 029
耗散粒子动力学 097
合成纤维 003

核壳结构 179
核壳结构纳米纤维纺丝设备 029
化学吸附 173
环境湿度 035
环形流道 152

J

击穿 117, 121
集束加捻 202
挤出塑化系统 158
加捻 201
甲基橙 175
甲醛 170
间隙集束 201
溅射式静电纺丝装置 150
降解 123
介观模拟体系 098
近场直纺静电纺丝设备 029
进给流量 066, 127
进料速率 035
静电纺丝技术 005
静电喷射 126
静电雾化 018
聚氨酯纳米纤维 172, 176
聚丙烯纤维 121, 172
聚己内脂-聚乳酸均聚物 178
聚偏氟乙烯 175
聚乳酸 178
聚乳酸超细纤维 172
聚乙烯亚胺 175

K

壳聚糖 178
空气气流 131

L

拉普拉斯方程 076
拉伸法 004
离心静电纺丝设备 030
锂离子电池 185
立体电极静电纺丝设备 029
链缠结 033
链长 103
临界电压 020
流体动力学方程 073
漏斗外形 131
漏流介电质模型 073
螺旋金属线 148
螺旋线圈无针静电纺丝设备 032

M

面电荷密度 019, 118
模板聚合法 004

N

纳米技术 002
纳米纤维 004
纳米纤维膜 189
纳米纤维捻线 200
纳米蜘蛛 146
内锥面微分喷头 122
能量函数 077
黏度 010, 033, 104, 123
捻度 201

P

盘式熔体静电纺丝装置 047
盘式无针静电纺丝设备 031
喷头间距 160
喷头形状 086
平行板电极静电纺丝设备 028
铺网速度 162

Q

漆酶 176
气流导管 131, 154
气流辅助工艺 130
气流辅助静电纺丝设备 028
气流辅助系统 154
气流集束 205
气流速度 132
气泡静电纺丝法 143
气泡式静电纺丝设备 031
圈式电极静电纺丝 145
蜷曲纤维 121

R

燃料电池 188
染料吸附 175
人造纤维 003
溶液静电纺丝 010, 018
溶液浓度 033
溶质分子量 033
熔体静电纺丝 010
熔体黏度 065
熔体微分静电纺丝法 047
乳液静电纺丝 176
入口流道 152
软骨组织 181
瑞利稳定极限 020

S

三针头线性静电纺丝设备 139
伤口敷料 183
射流 011
射流鞭动 021
射流不稳定 022
射流不稳定模型 073
射流根数 129
射流间距 051
射流偏移 139
射流稳定 020
射流细化 106
射流直径 022
神经组织 182
收集距离 034
手持式风速仪 132
衰减区 086
双酚A 176

T

泰勒锥 005, 019
泰勒锥缺失 120
弹簧系数 101
体电荷密度 019
天然聚合物 025
天然纤维 003
填充率 153
同轴静电纺丝 177
脱色 175

W

网格划分 082
微分喷头阵列 127
微流分配系统 159
稳定区 086
无针静电纺丝 045, 141
物理吸附 173

X

吸附 172
吸油材料 172
细胞支架 181
狭缝式熔体静电纺丝装置 047
纤维 003

纤维细度 011
线性多针头静电纺丝设备 139
线性激光器 046
相分离法 004
相分离集束 204
血管组织 182
旋转电极 145
旋转锥面 149

Y

亚甲基蓝 170
药物缓释 178
一维动态拉伸模型 072
有限元法 074
有限元分析 062
阈值电压 007, 010, 019
圆板电极 094
圆环电极 094
圆盘集束 201
圆盘锥形纺丝装置 145
圆筒加捻 203
匀强电场 060

Z

载药纤维 179
阵列毛细管静电纺丝设备 030
直线无针静电纺丝设备 032
质子交换膜燃料电池 188
中心带孔电极板 155
重金属吸附 173
转移电流 022
锥角 153
锥面形状 087
锥形线圈无针静电纺丝设备 031
自由液面静电纺丝 143
自组装法 004
最大电场强度 117

其他

4喷头设备 156
32喷头设备 158
ANSYS分析 078
CR76 122
DPD模拟 098
Fe-C纳米纤维 177
Fraenkel弹簧力 099
LDPE超细纤维 117
Lyons单毛细管装置 117
MnO_2-PP复合材料 171
Nafion纳米纤维 189
PIM-1纤维 175
PP6820 122, 128